全国机械行业职业教育优质系列教材（高职高专）
经全国机械职业教育教学指导委员会审定

"十三五"江苏省高等学校重点教材
（编号：2017-1-032）

液压与气动技术及应用

主　编　龚肖新　曹建东
副主编　陈　歆　周曲珠
参　编　杨培生　张卫国　卢　强
主　审　芮延年

机械工业出版社

本书根据职业技术教育的教学要求，结合现代企业技术快速发展的需要，采用项目化教学设计和新形态一体化模式进行编写。全书以企业典型自动化设备为载体，共设置9个理实一体化教学项目，分别是：平面磨床液压元件的认识、数控机床液压回路的应用、机床动力滑台液压系统的控制与调节、搬运机械手液压系统的控制与应用、剪切机气动系统的构建、铆合机的气液联合控制、送料机的电气动控制、压合装配机的电气液联合控制、卧式加工中心液压气动系统的维护与维修。每个项目分解为若干任务，各任务均安排任务描述、任务目标、任务实施、任务小结等环节，引导学习者"在做中学"。针对各项目任务的教学要点，配置了二维码。对应每个任务的后续学习，安排了思考与练习。同时还附录有符合国家标准的常用液压与气动元件图形符号。

本书具有鲜明的职教特色和信息化特色。项目化的教学内容便于师生有选择性地开展理实一体化教学活动；充实的企业案例便于学习者及时了解新技术；典型的实训项目便于学习者提高操作技能和综合应用能力；新形态一体化教材提供了大量视频，有效破解教学难点问题，便于学习者随时自主学习。

本书可作为职业技术院校机械类、机电类和自动化类专业及相关专业的教材，也可作为企业工程技术人员的参考用书。

为方便教学，本书配有电子课件、授课视频、模拟试卷及解答等，凡选用本书作为教材的学校，均可来电索取。咨询电话：010-88379375；电子邮箱：cmpgaozhi@sina.com。

图书在版编目（CIP）数据

液压与气动技术及应用/龚肖新，曹建东主编．—北京：机械工业出版社，2018.8（2025.6重印）

全国机械行业职业教育优质系列教材．高职高专　经全国机械职业教育教学指导委员会审定　"十三五"江苏省高等学校重点教材

ISBN 978-7-111-60315-3

Ⅰ.①液…　Ⅱ.①龚…②曹…　Ⅲ.①液压传动-高等职业教育-教材②气压传动-高等职业教育-教材　Ⅳ.①TH137②TH138

中国版本图书馆CIP数据核字（2018）第129487号

机械工业出版社（北京市百万庄大街22号　邮政编码100037）
策划编辑：于　宁　王宗锋　责任编辑：于　宁　王宗锋　章承林
责任校对：肖　琳　　　　　　封面设计：鞠　杨
责任印制：单爱军
北京盛通数码印刷有限公司印刷
2025年6月第1版第9次印刷
184mm×260mm · 16印张 · 403千字
标准书号：ISBN 978-7-111-60315-3
定价：48.00元

电话服务　　　　　　　　　　网络服务
客服电话：010-88361066　　　机　工　官　网：www.cmpbook.com
　　　　　010-88379833　　　机　工　官　博：weibo.com/cmp1952
　　　　　010-68326294　　　金　书　网：www.golden-book.com
封底无防伪标均为盗版　　　　机工教育服务网：www.cmpedu.com

前言

本书的编写主要遵循项目导向、任务驱动、理实一体、技术拓展相结合的原则。

本书以企业典型自动化设备为载体,共设置9个项目,每个项目又分解为若干任务。本书的主要特色与创新之处如下:

1)教材内容的选取,源于自动生产线上液压与气动设备的安装调试与维护维修等工作岗位,是经优选、提炼后的工程项目,能够涵盖职业岗位相关知识、能力和素养的要求,具有鲜明的职业性。

2)在内容安排和组织形式上以工程项目为主线,按项目教学的特点,以任务为驱动,以学生为主体,组织实施理实一体化的课程项目训练,方便学生学习和训练。

3)教学进程设计依据由简到难、由浅入深、螺旋上升的学习训练原则,递进式安排了9个典型项目,每个项目对应安排2~7个任务,根据相应的知识、能力和素质要求,按循序渐进、深入浅出的原则和工作逻辑去编排任务、设计工作步骤,符合学生的认知和能力成长规律。

4)项目的导入紧密联系企业生产和生活实际,将先进的设计理念、典型的工业案例渗透于教学之中,有助于拓宽学生视野,激发学习兴趣。

5)项目的实施模拟了企业工作过程中的职业氛围与情境,以项目为载体,要求学生分工合作、协作完成任务,有助于培养学生的责任心和创新意识、良好的团结合作精神、综合分析问题的能力。

6)**全书配置二维码,并同步建设精品课程网站**,融入丰富的课件、教案、题库、案例库、动画库等优质教学资源,并与典型企业网站相链接,实现动态化企业案例和教学资源的及时更新与建设。

本书由苏州工业职业技术学院龚肖新、曹建东担任主编,苏州工业职业技术学院陈欣和苏州经贸职业技术学院周曲珠担任副主编,苏州瑞思机电有限公司杨培生、苏州维捷自动化有限公司张卫国和纽威数控装备(苏州)有限公司卢强参加编写,苏州大学芮延年担任主审。

苏州纽威数控装备有限公司、苏州瑞思机电有限公司、苏州维捷自动化有限公司、苏州汇川技术有限公司和浙江天煌科技实业有限公司等企业提供了企业案例和技术支持,书中二维码素材大量引用了企业网站的技术资料,众多企业和同行给予了极大支持和帮助,在此一并表示衷心感谢。

编　者

目 录

前 言
项目一 平面磨床液压元件的认识 ……… 1
  任务一 平面磨床工作台液压系统的认识 ……… 1
  任务二 液压油的认识与选用 ……… 6
  任务三 液压动力元件的识别与选用 ……… 14
  任务四 液压执行元件的识别与选用 ……… 23
  任务五 液压控制元件的识别与选用 ……… 35
  任务六 液压辅助元件的识别与选用 ……… 57
  任务七 平面磨床工作台液压系统的连接与控制 ……… 65
项目二 数控机床液压回路的应用 ……… 67
  任务一 液压方向控制回路的应用 ……… 67
  任务二 液压压力控制回路的应用 ……… 74
  任务三 典型数控机床液压系统分析 ……… 82
项目三 机床动力滑台液压系统的控制与调节 ……… 88
  任务一 液压速度控制回路的应用 ……… 88
  任务二 机床动力滑台液压系统的连接与控制 ……… 99
项目四 搬运机械手液压系统的控制与应用 ……… 104
  任务一 多缸动作控制回路的应用 ……… 104
  任务二 搬运机械手液压系统的控制与调节 ……… 110
项目五 剪切机气动系统的构建 ……… 116
  任务一 剪切机气动系统的认识 ……… 116
  任务二 气源装置及气动辅助元件的应用 ……… 122
  任务三 气动执行元件的应用 ……… 135
  任务四 气动控制元件的应用 ……… 153

项目六 铆合机的气液联合控制 ……… 167
  任务一 气动回路的分类及应用 ……… 167
  任务二 单气缸往返运动的全气动控制 ……… 184
  任务三 铆合机气液控制系统的设计 ……… 187
项目七 送料机的电气动控制 ……… 192
  任务一 送料装置的直接控制与间接控制 ……… 192
  任务二 折边装置的"与"逻辑和"或"逻辑控制 ……… 196
  任务三 工件岔道转辙器送料装置的安全操作 ……… 199
  任务四 气缸插销分送机构的行程控制 ……… 202
  任务五 摄影箱加工夹紧装置的顺序控制 ……… 207
  任务六 包扎推送装置的计数控制 ……… 210
项目八 压合装配机的电气液联合控制 ……… 214
  任务一 气缸运动的时间控制 ……… 214
  任务二 压合装配机的控制 ……… 217
项目九 卧式加工中心液压气动系统的维护与维修 ……… 224
  任务一 液压系统的使用与维护 ……… 224
  任务二 气动系统的使用与维护 ……… 230
  任务三 卧式加工中心液压气动系统的故障诊断及维修 ……… 239
附录 ……… 246
  附录A 液压元件图形符号（摘自 GB/T 786.1—2009） ……… 246
  附录B 气动元件图形符号（摘自 GB/T 786.1—2009） ……… 250
参考文献 ……… 252

项目一 平面磨床液压元件的认识

平面磨床液压系统是液压技术应用于机床工业的一个典型实例。图 1-0-1 所示为通用平面磨床,其工作台往复运动采用液压驱动,具有工作台往返速度高、调速范围宽、换向灵敏迅速、冲击小等特点,满足了平面磨床的精加工要求。液压传动常用工作介质是液压油,液压系统主要由动力元件、执行元件、控制元件和辅助元件组成。

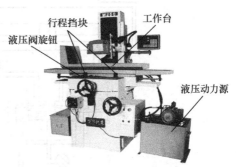

图 1-0-1 通用平面磨床

任务一 平面磨床工作台液压系统的认识

(一) 任务描述

通过现场观摩、视频观看及仿真操作等途径,初步认识平面磨床工作台液压系统;全面了解液压传动的工作原理、系统组成及应用领域;能根据实际工作条件识别与选用工作介质和液压元件;能借助液压仿真软件连接简单的平面磨床液压系统。

(二) 任务目标

了解液压传动与其他传动方式之间的不同,熟悉其优缺点;掌握液压传动系统的工作原理、组成部分及各组成部分的作用,认识其图形符号。

(三) 任务实施

1. 液压传动工作原理的认识

液压传动是以液压油为工作介质,依靠密封容积的变化来传递运动,依靠油液内部的压力来传递动力的一种传动方式,其传动模型如图 1-1-1 所示。密封容器中盛满液体,当小活塞在作用力 F 足够大时即下压,小缸体内的液体流入大缸体内,依靠液体压力推动大活塞,将重物(重力为 W)举升。这种力和运动的传递是通过容器内的液体来实现的。

图 1-1-2 所示为平面磨床工作台液压系统的工作原理。油液由油箱 1 经过滤器 2 被吸入液压泵 3,由液压泵输出的压力油经过节流阀 5、换向阀 6 进入液压缸 7 的左腔(或右腔),液压缸的右腔(或左腔)的油液则

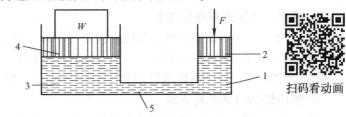

图 1-1-1 液压传动模型

1、3—缸体 2、4—活塞 5—连通管 W—重物重力 F—作用力

经过换向阀后流回油箱，工作台9随液压缸中的活塞8实现向右（或左）移动，当换向阀处于中位时，工作台停止运动。工作台实现往复运动时，其速度由节流阀5调节，克服负载所需的工作压力则由溢流阀4控制。图1-1-2a、b、c所示分别为换向阀处于三个工作位置时，阀口P、T、A、B的接通情况。

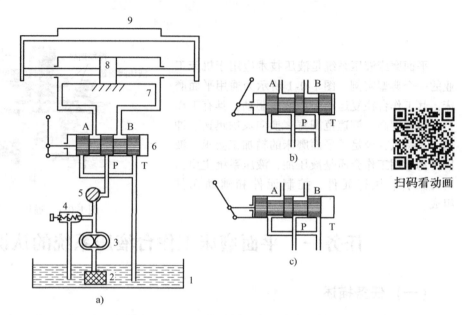

图1-1-2　平面磨床工作台液压系统的工作原理
1—油箱　2—过滤器　3—液压泵　4—溢流阀　5—节流阀　6—换向阀　7—液压缸　8—活塞　9—工作台

2. 液压传动系统的组成

根据平面磨床工作台液压系统的工作原理可知，液压传动是以液体为工作介质的，一个完整的液压传动系统还必须由动力元件、执行元件、控制元件及辅助元件几部分组成，见表1-1-1。

表1-1-1　液压传动系统的组成

组成部分	功　用	举　例
动力元件	将机械能转换为液体的压力能	液压泵
执行元件	将液体的压力能转换为机械能	液压缸、液压马达
控制元件	控制流体的压力、流量和方向，保证执行元件完成预期的动作要求	方向阀、压力阀、流量阀等
辅助元件	起连接、贮油、过滤、测量等作用	油管、油箱、过滤器、压力表等

3. 液压元件图形符号的绘制

图1-1-2所示的平面磨床液压系统结构原理图较直观、容易理解，但图形较复杂，难以绘制，在实际工作中，常用图形符号来绘制，如图1-1-3所示。图形符号不表示元件的具体结构，只表示元件的功能，可使系统图形简化，原理简单明了，便于阅读、分析、设计和绘制。

4. 液压传动的特点及应用

（1）液压传动的优点　液压传动与机械传动、电气传动相比有以下主要优点。

1）液压传动的传递功率大，能输出大的力或力矩。

2）液压执行元件的速度可以实现无级调节，而且调速范围大。

3）液压传动工作平稳，换向冲击小，便于实现频繁换向。

4）液压装置易于实现过载保护，能实现自润滑，使用寿命长。

5）液压装置易于实现自动化的工作循环。

6）液压件易于实现系列化、标准化和通用化，便于设计、制造和推广使用。

（2）液压传动的缺点

1）由于液压传动中的泄漏和液体的可压缩性，使传动无法保证严格的传动比。

2）液压传动能量损失大，因此传动效率低。

3）液压传动对油温的变化比较敏感，不宜在较高或较低的温度下工作。

4）液压传动出现故障时不易找出原因。

（3）液压传动的应用 目前，液压传动技术几乎渗透到现代工程机械的每个领域，包括机床工业、工程机械、矿山机械、建筑机械、农业机械、汽车工业等，其应用领域见表1-1-2。

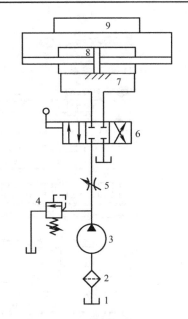

图1-1-3 平面磨床工作台液压传动系统及图形符号
1—油箱 2—过滤器 3—液压泵 4—溢流阀
5—节流阀 6—换向阀 7—液压缸
8—活塞 9—工作台

表1-1-2 液压传动技术的应用领域

行业名称	应用举例	行业名称	应用举例
工程机械	挖掘机、装载机、盾构机	机械制造	组合机床、数控机床、自动线
矿山机械	凿岩机、开掘机、提升机	灌装机械	食品包装机、真空镀膜机
建筑机械	打桩机、千斤顶、平地机	农业机械	联合收割机、拖拉机、平地机
冶金机械	轧钢机、压力机、加热炉	汽车工业	自卸式汽车、汽车起重机
轻纺机械	打包机、注塑机、织布机	智能机械	太阳跟踪系统、海浪模拟装置、船舶驾驶模拟器、火箭助飞发射装置

5. 平面磨床工作台液压系统的仿真连接

（1）FluidSIM的认识 FluidSIM由德国Festo公司Didactic教学部门和Paderborn大学联合开发，是专门用于液压与气压传动的教学软件。FluidSIM分两个部分，其中FluidSIM-H用于液压传动教学，而FluidSIM-P用于气压传动教学。FluidSIM将CAD功能和仿真功能紧密联系在一起，可对液压回路、气动回路及电气控制回路进行设计绘制、仿真运行，并检查各元件之间连接是否可行。

（2）FluidSIM的启动 图1-1-4所示为启动FluidSIM-H后进入的界面。

（3）FluidSIM界面的操作

1）元件库。界面窗口左侧显示出FluidSIM的整个元件库，其中包括新建回路所需的液压元件和电气元件。

2）菜单栏及工具栏。界面窗口顶部的菜单栏列出仿真和新建回路所需的功能，工具栏给出

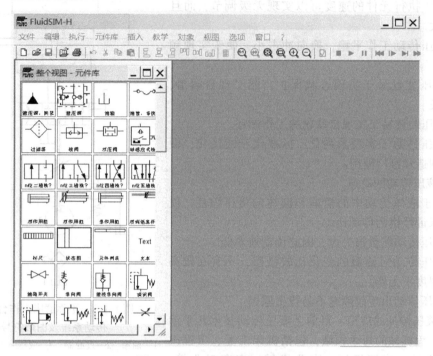

图 1-1-4　FluidSIM-H 的界面

了常用菜单功能。工具栏功能如下：

① 新建、浏览、打开和保存回路。
② 打印窗口内容，如回路和元件图片。
③ 编辑回路。
④ 调整元件位置。
⑤ 显示网格。
⑥ 缩放回路、元件图片和其他窗口。
⑦ 回路检查。
⑧ 仿真回路，控制动画播放（基本功能）。
⑨ 仿真回路，控制动画播放（辅助功能）。

（4）回路的新建和仿真

1）仿真现有回路。

① 打开：方法一，单击按钮 [图] 或在"文件"菜单下，执行"浏览"命令；方法二，通过单击按钮 [图] 或在"文件"菜单下，执行"打开"命令，系统将弹出"文件选择"对话框。

② 仿真：单击按钮 [图] 分别执行"停止""启动""暂停"。

注意：只有当"启动"或"暂停"仿真时，才可能使元件切换；执行"停止"命令，可以将当前回路由仿真模式切换到编辑模式。

2）新建回路。

① 新建：通过单击按钮 [图] 或在"文件"菜单下，执行"新建"命令，新建空白绘图区域，以打开一个新窗口。

② 在编辑模式下新建或修改回路：从元件库中将元件"拖动"和"放置"在绘图区域上→确定换向阀驱动方式→液压管路连接→启动仿真。

③ 仿真：仿真期间，可以计算所有压力和流量；管路被着色；液压缸活塞杆伸缩运动；液压源出口处的溢流阀打开和关闭位置变化；手动或自动操作换向阀；从元件库中选择状态图，状态图记录了关键元件的状态量，并将其绘制成曲线。

④ 物理量值的设定与显示：根据画面感和观察点，选择物理量值的显示状态，举例说明如图 1-1-5 所示。

（5）平面磨床工作台液压系统的连接　按照图 1-1-3 所示平面磨床液压系统，选择液压元件，连接并调试系统运行。

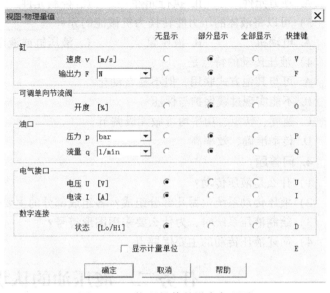

图 1-1-5　物理量值的设定与显示

（四）任务小结

通过对平面磨床工作台液压系统的认识，获得如下结论：

1）液压传动是以液压油为工作介质，依靠密封容积的变化来传递运动，依靠油液内部的压力来传递动力的一种传动方式。

2）液压传动系统主要由动力元件、执行元件、控制元件和辅助元件组成。

3）液压系统图形符号图与结构原理图相比，具有简化、便于设计和绘制等优点。

4）通过与机械传动、电气传动等其他传动方式相比较，液压传动具有传递动力大、传动平稳性高、易于实现自动化控制等显著优点，同时存在易泄漏、传动比不准确、传动效率低等不足，液压传动技术的应用领域很广。

（五）思考与练习

1. 填空题

1）_____是液压传动中常用来传递运动和动力的工作介质。

2）液压传动的工作原理是依靠_____来传递运动，依靠_____来传递动力。

3）液压传动系统除油液外可分为_____、_____、_____、_____四个部分。

4）液压传动具有传递功率_____，传动平稳性_____，能实现过载_____，易于实现自动化等优点；但是有泄漏，容易_____环境，传动比不_____。

2. 判断题

1）液压传动装置实质上是一种能量转换装置。　　　　　　　　　　　　　（　　）

2）液压传动属于流体传动，与机械传动和电气传动不同。　　　　　　　　（　　）

3）液压传动可实现过载保护。　　　　　　　　　　　　　　　　　　　　（　　）

3. 选择题

1）_____是液压系统的辅助元件。

A. 电动机　　　　B. 液压泵　　　　C. 液压缸或液压马达　　　　D. 油箱

2）换向阀属于_____。

A. 动力元件　　　B. 执行元件　　　C. 控制元件　　　　　　　　D. 辅助元件

3）可以将液体的压力能转换为机械能的元件是_____。

A. 电动机　　　　B. 液压泵　　　　C. 液压缸或液压马达　　　　D. 液压阀

4）液压传动的特点是_____。

A. 可与其他方式联用，但不易自动化

B. 不能实现过载保护与保压

C. 速度、转矩、功率均可做无级调节

D. 传动准确、效率高

4. 问答题

1）什么是液压传动？

2）液压传动系统由哪几部分组成？各组成部分的主要作用是什么？

3）绘制液压系统时，为什么要采用图形符号？

4）简述液压传动的主要优缺点。

任务二　液压油的认识与选用

（一）任务描述

平面磨床液压系统的工作介质是液压油。首先，需认识液压油的性质及其正确选用的重要性，因为机械设备总故障有40%发生在液压系统中，其中70%是由于油液污染和选油不当造成的。其次，能识别液压油的牌号并正确选用。最后，能对简单液压系统的压力、流量等参数进行计算。液压油示例如图1-2-1所示。

图1-2-1　液压油示例

（二）任务目标

了解液压系统中工作介质的主要性质及其选用依据，掌握液压系统中压力、流量的基本概念、主要特性和实际应用，初步掌握平面磨床液压系统主要参数的计算方法。

（三）任务实施

1. 液压油的认知

液压系统的工作介质一般称为液压油，主要包括石油基液压油、高水基液压液等，其作用是传递运动与动力、润滑、冷却。液压油最重要的性质为黏性和可压缩性。

（1）黏性　液体在外力作用下流动时，液体分子间的相对运动导致内摩擦力的产生，液体流动时具有内摩擦力的性质被称为黏性。

液体黏性的大小用黏度来表示，黏度是液压油划分牌号的依据。譬如：L-HL32液压油，是指这种油在温度为40℃时的运动黏度平均值为32mm^2/s。表1-2-1是常用液压油的新、旧黏度等级牌号的对照，旧标准以50℃时的黏度值作为液压油的黏度值。

项目一　平面磨床液压元件的认识

表 1-2-1　常用液压油的牌号和黏度

ISO 3448：1992 黏度等级	40℃时运动黏度/ (mm²/s)	现牌号 (GB/T 3141—1994)	过渡牌号 (1983 年—1990 年)	旧牌号 (1982 年以前)
ISO VG32	28.8 ~ 35.2	32	N32	20
ISO VG46	41.4 ~ 50.6	46	N46	30
ISO VG68	61.2 ~ 74.8	68	N68	40

影响液体黏度的主要因素是温度和压力。当液体所受的压力增加时，其分子间的距离将减小，于是内摩擦力将增加，即黏度也将随之增大，但由于一般在中、低压液压系统中压力变化很小，因而通常压力对黏度的影响忽略不计。液压油黏度对温度的变化十分敏感，温度升高，黏度下降，液压油的黏度随温度变化的性质称为黏温特性。一般高温应选择黏度大的液压油，以减少泄漏；低温应选择黏度小的液压油，以减小摩擦。

（2）可压缩性　液体受压力后其容积发生变化的性质，称为液体的可压缩性。一般中、低压液压系统，其液体的可压缩性很小。当液体中混入空气时，可压缩性将显著增加，并将严重影响液压系统的工作性能，因而在液压系统中应使油液中的空气含量减少到最低限度。

2. 液压油的选用

选用液压传动介质的种类，要考虑设备的性能、使用环境等综合因素。如一般机械可采用普通液压油；设备在高温环境下，就应选用抗燃性能好的介质；在高压、高速的工程机械上，可选用抗磨液压油；当要求低温时流动性好，则可用加了降凝剂的低凝液压油。液压油黏度的选用应充分考虑环境温度、工作压力、运动速度等要求，如温度高时选用高黏度油，温度低时选用低黏度油；压力越高，选用油液的黏度越高；执行元件的速度越高，选用油液的黏度越低。

在液压传动装置中液压泵的工作条件最为恶劣，可以根据液压泵的类型及工作情况确定液压油，见表 1-2-2。

表 1-2-2　液压泵用油黏度范围及推荐用油

名　称		黏度范围 /(mm²/s)		工作压力/ MPa	工作温度/ ℃	推荐用油
		允许	最佳			
叶片泵 (1200r/min)		16 ~ 220	26 ~ 54	7	5 ~ 40	L-HM 液压油 32、46、68
					40 ~ 80	
叶片泵 (1800r/min)				7 以上	5 ~ 40	L-HM 液压油 46、68、100
					40 ~ 80	
齿轮泵		4 ~ 220	25 ~ 54	12 以下	5 ~ 40	L-HL 液压油 32、46、68
					40 ~ 80	
				12 以上	5 ~ 40	L-HM 液压油 46、68、100、150
					40 ~ 80	
柱塞泵	径向	10 ~ 65	16 ~ 48	14 ~ 35	5 ~ 40	L-HM 液压油 32、46、68、100、150
					40 ~ 80	
	轴向	4 ~ 76	16 ~ 47	35 以上	5 ~ 40	L-HM 液压油 32、46、68、100、150
					40 ~ 80	
螺杆泵		19 ~ 49		10.5 以上	5 ~ 40	L-HL 液压油 32、46、68
					40 ~ 80	

注：液压油牌号 L-HM32 的含义是，L 表示润滑剂，H 表示液压油，M 表示抗磨型，黏度等级为 VG32。

3. 液压油的污染及控制

液压系统运行中大部分故障是因为油液不清洁引起的。因此，正确使用和防止液压油的污染尤为重要。控制油液的污染，常采用以下措施。

1) 减少外来的污染：液压传动系统的管路和油箱等在装配前必须严格清洗，液压传动系统在组装后要进行全面清洗。油箱通气孔要加空气滤清器，给油箱加油要用滤油装置，对外露件应装防尘密封，并经常检查、定期更换。液压传动系统的维修、液压元件的更换、拆卸应在无尘区进行。

2) 滤除系统产生的杂质：应在系统的相应部位安装适当精度的过滤器，并且要定期检查、清洗或更换滤芯。

3) 控制液压油的工作温度：液压油的工作温度过高会加速其氧化变质，产生各种生成物，缩短它的使用期限。

4) 定期检查更换液压油：应根据液压设备使用说明书的要求和维护保养规程的有关规定，定期检查更换液压油。更换液压油时要清洗油箱，冲洗系统管道及液压元件。

4. 液压系统主要参数的确定

(1) 压力

1) 压力的定义。液体在单位面积上所受的法向力称为压力，通常用 p 表示。若在液体的面积 A 上受均匀分布的作用力 F，则压力可表示为

$$p = \frac{F}{A}$$

压力的国标单位为 N/m^2（牛/米²），即 Pa（帕）；工程上常用 MPa（兆帕）、bar（巴）和 kgf/cm^2，它们的换算关系为

$$1MPa = 10bar = 10^6 Pa = 10.2 kgf/cm^2$$

2) 静压传递。由帕斯卡原理可知，在密闭容器中的静止液体，由外力作用在液面的压力能等值地传到液体内部的所有各点。

如图 1-2-2 所示，A_1、A_2 分别为小活塞缸 1 和大活塞缸 2 的活塞面积，大活塞缸 2 内的活塞上有重力 W，当给小活塞缸 1 的活塞上施加力 F_1 时，液体中就产生了 $p = \frac{F_1}{A_1}$ 的压力。随着 F_1 的增加，当压力 $p = \frac{W}{A_2}$ 时，大活塞缸 2 的活塞开始运动。

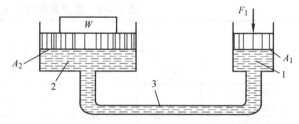

图 1-2-2 帕斯卡原理的应用
1—小活塞缸 2—大活塞缸 3—管道

液压传动可以将力放大，力的放大倍数等于活塞面积之比，即

$$\frac{F_1}{A_1} = \frac{W}{A_2} \text{ 或 } \frac{W}{F_1} = \frac{A_2}{A_1}$$

3) 压力的建立。在图 1-2-3a 中，假定负载阻力 $F = 0$，进入液压缸左腔油液的压力为零（$p = 0$）。在图 1-2-3b 中，受到外界负载 F 的阻挡，液压缸左腔油液的压力由小到大迅速增大，作用在活塞有效作用面积 A 上的液压作用力（pA）也迅速增大；当油液压力 $p = \frac{F}{A}$ 时，推动活塞向右运动。在图 1-2-3c 中，向右运动的活塞接触固定挡铁后，液压缸左腔的密封容积不能继续增大。此时，若液压泵仍继续供油，油液压力会急剧升高，如果液压传动系统没有保护措施，则系统中薄弱的环节将损坏。

在图 1-2-4 中，液压泵出口处有两个负载并联。其中，负载阻力 F_c 是溢流阀的弹簧力，另一负载阻力是作用在液压缸活塞（杆）上的力 F。

项目一 平面磨床液压元件的认识

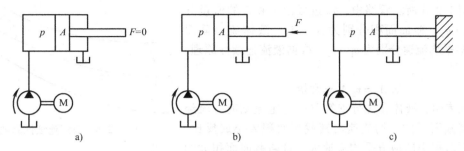

图 1-2-3 液压系统中压力的形成

假设使液压缸活塞运动所需的油液压力为 p，若 $p_c < p$，当液压泵出口处压力升到 p_c 值时，油液通过溢流阀流回油箱，此时活塞不运动。若 $p_c > p$，当液压泵出口处的压力升到 p 值时，液压作用力 pA 克服负载阻力 F，使液压缸活塞向右运动，由于 $p < p_c$，溢流阀关闭，此时液压泵出口处压力为 p。当活塞运动被阻（如接触固定挡铁），负载阻力 F 增大，液压泵出口压力又随之继续增大，至油液压力达 p_c 时，压力油通过溢流阀流回油箱，液压泵出口处压力保持为 p_c。

综合上面分析可知，液压传动系统中某处油液的压力是由于受到各种形式负载的挤压而产生的，压力的大小取决于负载，并随负载变化而变化，当某处有几个负载并联时，压力的大小取决于克服负载的各个压力值中的最小值。

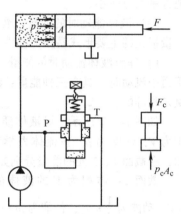

图 1-2-4 液压系统中负载并联

4) 压力的表示方法。压力的表示方法有绝对压力和相对压力两种。

以绝对真空（$p=0$）为基准，所测得的压力为绝对压力；以大气压 p_a 为基准，测得的压力为相对压力。

若绝对压力大于大气压，则相对压力为正值，大多数测压仪表所测得的压力都是相对压力，所以相对压力也称为表压力；若绝对压力小于大气压，则相对压力为负值，比大气压小的那部分称为真空度。

图 1-2-5 给出了绝对压力、相对压力和真空度三者之间的关系。

(2) 流量

1) 流量的概念。流量是指单位时间内流过某一通流截面的液体体积，用 q 表示。流量的国标单位为 m^3/s（米³/秒），工程上常用的单位是 L/min，它们的换算关系为

$$1 m^3/s = 6 \times 10^4 L/min$$

油液通过截面面积为 A 的管路或液压缸时，其平均流速用 v 表示，即 $v = \dfrac{q}{A}$。

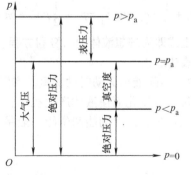

图 1-2-5 绝对压力、相对压力及真空度的关系

活塞或液压缸的运动速度等于液压缸内油液的平均速度，其大小取决于输入液压缸的流量。

2) 液流的连续性。理想状态下，液体在同一时间内流过同一通道两个不同通流截面的体积相等。

如图 1-2-6 所示管路中，流过截面 1 和 2 的流量分别为 q_1 和 q_2，截面面积分别为 A_1、A_2，液体流经截面 1、2 时的平均流速分别为 v_1、v_2。根据液流连续性原理，$q_1 = q_2$，即

$$v_1 A_1 = v_2 A_2 = 常量$$

上式表明，液体在无分支管路中稳定流动时，流经管路不同截面时的平均流速与其截面面积大小成反比。管路截面面积小的地方平均流速大，管路截面面积大的地方平均流速小。

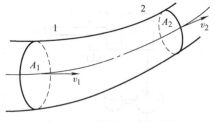

图 1-2-6　液流连续性原理

(3) 液体流动时的能量　液体流动时遵循能量守恒定律，而实际液体流动时具有能量损失，能量损失的主要形式是压力损失和流量损失。

1) 理想液体流动时的能量。所谓理想液体，是指既无黏性又不可压缩的液体。理想液体在管道中流动时，具有三种能量：液压能、动能和位能。按照能量守恒定律，在各个截面处的总能量是相等的。

如图 1-2-7 所示，设液体质量为 m，体积为 V，密度为 ρ。按流体力学和物理学可知，在截面 1、2 处的能量分别如下。

截面 1：体积为 V 的液体的压力能为 $p_1 V$，动能为 $\frac{1}{2} m v_1^2$，位能为 $m g h_1$。

截面 2：体积为 V 的液体的压力能为 $p_2 V$，动能为 $\frac{1}{2} m v_2^2$，位能为 $m g h_2$。

按能量守恒定律：

$$p_1 V + \frac{1}{2} m v_1^2 + m g h_1 = p_2 V + \frac{1}{2} m v_2^2 + m g h_2$$

则单位体积的液体所具有的能量为

$$p_1 + \frac{1}{2} \rho v_1^2 + \rho g h_1 = p_2 + \frac{1}{2} \rho v_2^2 + \rho g h_2$$

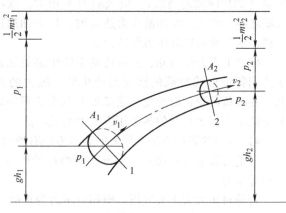

图 1-2-7　伯努利方程示意图
1、2—通流截面　A_1、A_2—截面面积
v_1、v_2—液体平均流速　p_1、p_2—液体压力

上式即为理想液体的伯努利方程。由此可知，伯努利方程是能量守恒定律在流体力学中的一种表达形式。

2) 实际液体流动时的能量。实际液体因为有黏性，所以就存在内摩擦力，而且因管道形状和尺寸有变化而使液体产生扰动，造成能量损失。由于液压系统中的压力能比动能与位能之和大得多，因此动能和位能一般是忽略不计的。因而，伯努利方程在液压系统中的应用形式为

$$p_1 = p_2 + \Delta p$$

式中，Δp 是从通流截面 1 流到截面 2 的过程中的压力损失。

3) 液压系统的能量损失。

① 压力损失：系统存在液阻，油液流动时会引起能量损失，主要表现为压力损失。压力损失包括沿程损失和局部损失。沿程损失是液体在等径直管中流动时，因内、外摩擦力而产生的压力损失。局部损失是液体流经管道的弯头、接头、突变截面以及阀口时，由于流速或流向的剧烈变化，形成漩涡、脱流，因而使液体质点相互撞击而造成的压力损失。如图 1-2-8 所示，油

液从 A 处流到 B 处，中间经过较长的直管路、弯曲管路、各种阀孔和管路截面的突变等，致使油液在 A 处的压力 p_A 与在 B 处的压力 p_B 不相等，显然，$p_A > p_B$，引起的压力损失为 Δp，即

$$\Delta p = p_A - p_B$$

② 泄漏：在液压系统正常工作情况下，从液压元件的密封间隙漏出少量油液的现象称为泄漏。液压系统的泄漏包括内泄漏和外泄漏两种。液压元件内部高、低压腔间的泄漏称为内泄漏。液压系统内部的油液漏到系统外部的泄漏称为外泄漏。图 1-2-9 表示了液压缸的两种泄漏现象。

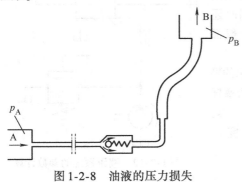

图 1-2-8 油液的压力损失

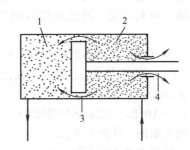

图 1-2-9 液压缸的泄漏
1—低压腔 2—高压腔 3—内泄漏 4—外泄漏

液压系统的泄漏必然引起流量损失，使液压泵输出的流量不能全部流入液压缸等执行元件。液压系统中，系统的压力损失系数 $K_压$ 一般取 1.3~1.5，流量损失系数 $K_漏$ 一般取 1.1~1.3。

(4) 液体流经小孔和间隙时的流量　许多液压元件都有小孔，如节流阀的节流口以及压力阀、方向阀的阀口等，对阀的工作性能都有很大影响。

1) 液体流经小孔的流量。液压传动中常利用流经液压阀的小孔（称为节流口）来控制流量，以达到调速的目的。尽管节流口的形状很多，但根据经验，各种孔口的流量压力特性均可用下列的通式表示：

$$q = KA(\Delta p)^m$$

式中，q 为通过小孔的流量；A 为节流口的通道截面面积；K 为由孔口的形状、尺寸和液体性质决定的系数；m 为由孔的长径比（通流长度 l 与孔径 d 之比）决定的指数 [图 1-2-10 所示的薄壁小孔 $\left(\dfrac{l}{d} \leq 0.5\right)$，$m = 0.5$；图 1-2-11 所示的细长小孔 $\left(\dfrac{l}{d} > 4\right)$，$m = 1$；其他类型的孔，$m = 0.5 \sim 1$]；$\Delta p$ 为小孔前、后的压力差。

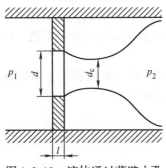

图 1-2-10 液体通过薄壁小孔

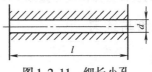

图 1-2-11 细长小孔

油液流经孔径为 d 的薄壁小孔时，由于液体的惯性作用，使通过小孔后的液流形成一个直径为 d_c 的收缩断面，然后再扩散，这一收缩和扩散过程，就产生了压力损失（$\Delta p = p_1 - p_2$）。

实际应用中，油液流经薄壁小孔时，流量受温度变化的影响较小，所以常用作液压系统的节流元件，细长小孔则常作为阻尼孔。

2）液体流经间隙的流量。液压元件内各零件间要保证相对运动，就必须有适当的间隙。间隙的大小对液压元件的性能影响极大，间隙太小会使零件卡死；间隙过大，会造成泄漏，使系统效率和传动精度降低，同时还污染环境。由此可见，液压元件的制造精度要求一般都较高。

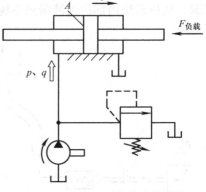

图 1-2-12 液压系统的参数计算

(5) 液压系统主要参数的计算　在图 1-2-12 所示的平面磨床工作台液压系统中，已知活塞直径 $D = 0.1\text{m}$，活塞杆的直径 $d = 0.05\text{m}$，输入液压缸的流量 $q = 8.33 \times 10^{-4}\text{m}^3/\text{s}$，压力 $p = 2 \times 10^5\text{Pa}$。试求活塞带动工作台运动的速度 v，以及所能克服的工作阻力 $F_{负载}$。

解　活塞有效作用面积 A 为

$$A = \frac{\pi(D^2 - d^2)}{4} = \frac{3.14 \times (0.1^2 - 0.05^2)}{4}\text{m}^2 = 5.89 \times 10^{-3}\text{m}^2$$

工作台运动的速度 v 为

$$v = \frac{q}{A} = \frac{8.33 \times 10^{-4}}{5.89 \times 10^{-3}}\text{m/s} = 0.141\text{m/s}$$

所能克服的工作阻力 $F_{负载}$ 为

$$F_{负载} = pA = 2 \times 10^5 \times 5.89 \times 10^{-3}\text{N} = 1178\text{N}$$

（四）任务小结

完成液压油的认识与选用的任务之后，获得如下结论：

1) 液压油是液压传动系统的工作介质，应具有适当的黏度、良好的黏温特性、良好的润滑性、足够的清洁度等多项要求。选用液压油时需要考虑工作压力、运动速度、环境温度、液压泵类型等多种因素。液压油使用过程中应定期检查与维护、严格控制油液污染。

2) 液压传动的主要参数是压力和流量。液压系统中工作压力的大小取决于外界负载，当某处有几个负载并联时，压力的大小取决于克服负载的各个压力值中的最小值。液压系统中活塞或液压缸的运动速度大小取决于输入液压缸的流量。

3) 液体流动时遵循能量守恒定律，实际液体流动时具有能量损失，即压力损失和流量损失。液压装置的设计与操作应尽量减少压力损失和流量损失。

（五）思考与练习

1. 填空题

1) 油液的两个最主要的特性是_____和_____。

2) 液压系统的两个重要参数是_____和_____，它们的乘积表示_____。

3）随着温度的升高，液压油的黏度会_____，_____会增加。
4）压力的大小取决于_____，而流量的大小决定了执行元件的_____。

2. 判断题

1）作用在活塞上的推力越大，活塞的运动速度就越快。（ ）
2）油液流经无分支管道时，横截面面积较大的截面通过的流量就越大。（ ）
3）液压系统压力的大小取决于液压泵的供油压力。（ ）

3. 选择题

1）油液特性的错误提法是_____。
A. 在液压传动中，油液可近似看作不可压缩
B. 油液的黏度与温度变化有关，油温升高，黏度变大
C. 黏性是油液流动时，其内部产生摩擦力的性质
D. 液压传动中，压力的大小对油液的流动性影响不大，一般不予考虑

2）活塞有效作用面积一定时，活塞的运动速度取决于_____。
A. 液压缸中油液的压力
B. 负载阻力的大小
C. 进入液压缸的流量
D. 液压泵的输出流量

3）当液压系统中有几个负载并联时，系统压力取决于克服负载的各个压力值中的_____。
A. 最小值　　　B. 额定值　　　C. 最大值　　　D. 极限值

4）水压机的大活塞上所受的力是小活塞受力的50倍，则小活塞对水的压力与通过水传给大活塞的压力比是_____。
A. 1∶50　　　B. 50∶1　　　C. 1∶1　　　D. 25∶1

5）水压机大小活塞直径之比是10∶1，如果大活塞上升2mm，则小活塞被压下的距离是_____mm。
A. 100　　　B. 50　　　C. 10　　　D. 200

4. 问答题

1）液压系统中的油液污染有何不良后果？应如何预防？
2）液体流动中为什么会有压力损失？压力损失有哪几种？其值与哪些因素有关？
3）什么是液压传动系统的泄漏？其不良后果是什么？如何预防？

5. 计算题

如图1-2-13所示的液压千斤顶中，F是手扳动手柄的力，假定$F=300\text{N}$，两活塞直径分别为$D=20\text{cm}$，$d=10\text{cm}$，试求：

1）作用在小活塞上的力F_1；
2）系统中的压力p；
3）大活塞能顶起重物的重力G；
4）大、小活塞的运动速度之比。

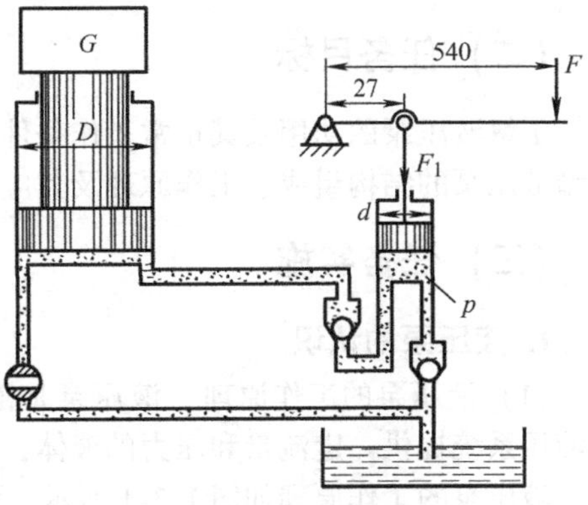

图1-2-13　液压千斤顶

任务三 液压动力元件的识别与选用

（一）任务描述

平面磨床工作台液压系统的动力元件是液压泵。本任务通过视频、动画、拆泵实践等途径，了解液压泵的功能及其工作原理，认识不同类型液压泵的结构组成及其应用特点，能根据不同的工作条件完成液压泵的选型。液压泵的分类及典型结构见表1-3-1。

表1-3-1 液压泵的分类及典型结构

类型	典型结构	
齿轮泵	 外啮合齿轮泵	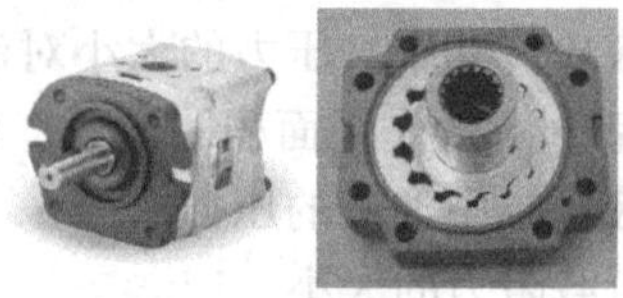 内啮合齿轮泵
叶片泵	 单作用叶片泵	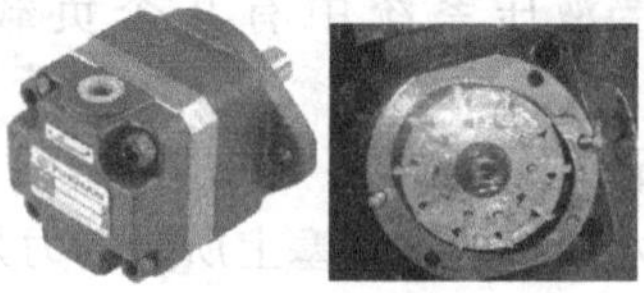 双作用叶片泵
柱塞泵	 径向柱塞泵	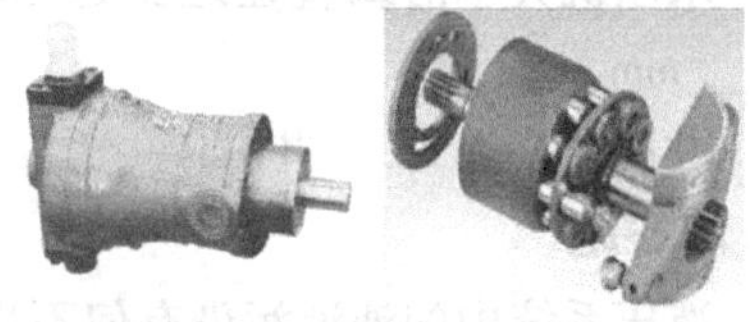 轴向柱塞泵

（二）任务目标

了解液压泵的功用及其正常工作条件，熟悉液压泵的分类，掌握齿轮泵、叶片泵、柱塞泵等典型液压泵的结构组成、工作原理及其应用特点，学习液压泵的正确选用方法。

（三）任务实施

1. 液压泵的认识

（1）**液压泵的工作原理** 液压泵是液压系统的动力元件，它可以将机械能转换为液压能，为液压系统提供一定流量和压力的液体，是系统中的能量转换装置。

液压泵的工作原理如图1-3-1所示，泵体3和柱塞2构成一个密封容积，偏心轮1由原动机带动旋转，当偏心轮由图示位置向下转半周时，柱塞在弹簧6的作用下向下移动，密封容积逐渐增大，形成局部真空，油箱内的油液在大气压作用下，顶开单向阀 4 进入密封腔中，实现吸油；当偏心轮继续再转半周时，它推动柱塞向上移动，密封容积逐渐减小，油液受柱塞挤压而产生压力，使单向阀 4 关闭，油液顶开单向阀 5 而输入系统，这就是压油。液压泵的供油压力为 p，供油流量为 q。

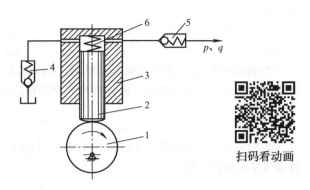

图 1-3-1 液压泵工作原理图
1—偏心轮 2—柱塞 3—泵体 4、5—单向阀 6—弹簧

由上述分析可知，液压泵正常工作必备的条件是：

1) 应具有密封容积。
2) 密封容积的大小能交替变化。
3) 应有配流装置。配流装置的作用是保证密封容积在吸油过程中与油箱相通，同时关闭供油通路；压油时与供油管路相通而与油箱切断。图 1-3-1 中的单向阀 4 和 5 就是配流装置，配流装置的形式随着泵的结构差异而不同。
4) 吸油过程中，油箱必须和大气相通。

(2) 液压泵的性能参数

1) 压力。

① 工作压力：是指泵在工作时输出油液的实际压力，其大小由工作负载决定。

② 额定压力：是指泵在正常工作条件下，连续运转时所允许的最高压力。液压泵的额定压力受泵本身的泄漏和结构强度所制约，它反映了泵的能力，一般泵铭牌上所标的也是额定压力。

③ 最高压力：泵的最高压力可以看作是泵的能力极限，它比额定压力稍高，一般不希望泵长期在最高压力下运行。

由于液压传动的用途不同，系统所需要的压力也不相等，液压泵的压力分为几个等级，见表 1-3-2。

表 1-3-2 压力分级

压力等级	低压	中压	中高压	高压	超高压
压力/MPa	≤2.5	>2.5~8	>8~16	>16~32	>32

2) 流量。液压泵的流量有理论流量、实际流量和额定流量之分。

① 理论流量 $q_{理}$：是指在不考虑泄漏的情况下，泵在单位时间内排出液体的体积，其大小为泵每转排出的液体体积 V（简称排量）和转速 n 的乘积，即

$$q_{理} = Vn$$

② 实际流量 $q_{实}$：是指泵在某一工作压力下实际排出的流量。由于泵存在泄漏，因此泵实际能提供的流量比理论流量小，即

$$q_{实} = q_{理} - \Delta q$$

式中，Δq 为泵的泄漏流量。

③ 额定流量 $q_{额}$：是指泵在正常工作条件下，按试验标准规定（如在额定压力和额定转速下）必须保证的流量。

3) 效率和功率。

① 容积效率 η_V：是指泵因泄漏而引起的流量损失，其大小为泵的实际流量和理论流量之

比，即

$$\eta_V = \frac{q_\text{实}}{q_\text{理}}$$

② 机械效率 η_m：是指由机械运动副之间的摩擦而产生的转矩损失。由于驱动泵的实际转矩总是大于理论上需要的转矩，因此机械效率为理论转矩（$T_\text{理}$）与实际转矩（$T_\text{实}$）之比，即

$$\eta_\text{m} = \frac{T_\text{理}}{T_\text{实}}$$

③ 总效率 η：是指泵的实际输出功率 $P_\text{出}$ 与驱动泵的输入功率 $P_\text{入}$ 之比，它也等于容积效率和机械效率的乘积，即

$$\eta = \frac{P_\text{出}}{P_\text{入}} = \eta_V \eta_\text{m}$$

液压泵的总效率 η，对于外啮合齿轮泵取 0.63~0.80，叶片泵取 0.75~0.85，柱塞泵取 0.80~0.90，或参照液压泵产品说明。

泵的输出功率 $P_\text{出}$：液压泵的实际输出功率为泵的实际工作压力 p 和实际供油流量 q 的乘积，即

$$P_\text{出} = pq$$

泵的输入功率 $P_\text{入}$：也就是驱动液压泵的电动机的功率 $P_\text{电}$，即

$$P_\text{电} = \frac{pq}{\eta}$$

4）图形符号。液压泵的图形符号见表 1-3-3。

表 1-3-3　液压泵的图形符号

类型	单向定量	双向定量	单向变量	双向变量
液压泵				

2. 齿轮泵的结构类型及其应用

齿轮泵按其结构形式可分为外啮合齿轮泵和内啮合齿轮泵。选择某一型号的外啮合齿轮泵和内啮合齿轮泵各一种，对比其外观，识读铭牌标记，拆分齿轮泵，认识其内部结构。

(1) 外啮合齿轮泵

1）工作原理。外啮合齿轮泵的工作原理如图 1-3-2 所示。在泵体内有一对模数相同、齿数相等的齿轮，当吸油口和压油口各用油管与油箱和系统接通后，齿轮各齿槽和泵体以及齿轮前后端面贴合的前后端盖间形成密封工作腔，而啮合齿轮的接触线又把它们分隔为两个互不串通的吸油腔和压油腔。

当齿轮按图 1-3-2 中所示方向旋转时，泵的右侧（吸油腔）轮齿脱开啮合，使密封容积逐渐增大，形成局部真空，油箱中的油液在大气压力作用下被吸入吸油腔内，并充满齿间。随着齿轮的回转，吸入到轮齿间的油

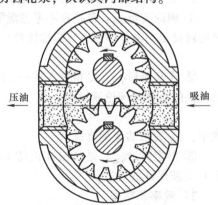

图 1-3-2　外啮合齿轮泵工作原理图

液便被带到左侧（压油腔）。当左侧齿与齿进入啮合时，使密封容积不断减小，油液从齿间被挤出而输送到系统。

2) 结构问题。

① 泄漏：外啮合齿轮泵中容易产生泄漏的部位有三处：齿轮外圆与泵体配合处、齿轮端面与端盖配合处以及两个齿轮的啮合处，其中齿轮端面与端盖配合处的泄漏影响最大，可以通过开封油卸荷槽和泄油孔等途径，使泄漏至间隙处的油液流回吸油腔。

② 困油：为使传动连续，要求齿轮重叠系数 $\varepsilon>1$，则在两对轮齿同时啮合的啮合线之间形成一个单独的密封容积。随着齿轮的回转，该密封容积会发生变化，它与泵的吸、压油腔不通，在容积缩小的阶段压力将急剧升高，而在容积增大阶段将产生气穴，这就是困油现象。困油会引起噪声，并使轴承受到额外负载，为此在端盖上开两个困油卸荷槽，以便减轻困油的不良影响。

③ 径向力不平衡：由于吸、压油区液压力分布不均匀，液压力作用在齿轮及轴上的合力使轴承所受负载增加，影响轴承的使用寿命。为减小不平衡径向力，可以采用缩小压油口的方法。

3) 应用特点。一般外啮合齿轮泵具有结构简单、制造方便、重量轻、自吸性能好、价格低廉及对油液污染不敏感等特点；但由于径向力不平衡及泄漏的影响，一般使用的工作压力较低，另外其流量脉动也较大，噪声也大，因而常用于负载小、功率小的机床设备及机床辅助装置（如送料、夹紧）等不重要的场合，在工作环境较差的工程机械上也广泛应用。高压齿轮泵则针对一般齿轮泵的泄漏大、存在径向不平衡力等限制压力提高的问题做了改进，如尽量减小径向不平衡力，提高轴与轴承的刚度，对泄漏量最大处的端面间隙采用自动补偿装置等。

（2）内啮合齿轮泵 内啮合齿轮泵分为渐开线齿形内啮合齿轮泵和摆线齿形内啮合齿轮泵等，其工作原理如图1-3-3所示。

当小齿轮按图1-3-3所示方向旋转时，轮齿退出啮合时容积增大而吸油，进入啮合时容积减小而压油。在图1-3-3a所示的渐开线齿形内啮合齿轮泵中，主动小齿轮1和从动外齿圈2之间要装一块月牙形隔板5，以便把吸油腔3和压油腔4隔开。如图1-3-3b所示的摆线齿形内啮合齿轮泵又称摆线转子泵，由于小齿轮和内齿轮相差一齿，因而不需设置隔板。

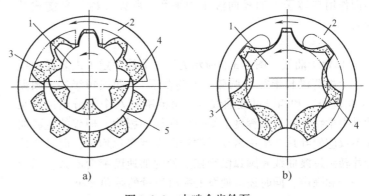

图1-3-3 内啮合齿轮泵
1—主动小齿轮 2—从动外齿圈 3—吸油腔 4—压油腔 5—隔板

内啮合齿轮泵具有结构紧凑、体积小、运转平稳、噪声小等优点，在高转速下工作有较高的容积效率；其缺点是制造工艺较复杂，价格较贵。

3. 叶片泵的结构类型及其应用

叶片泵有双作用叶片泵和单作用叶片泵两类。选择某一型号的双作用叶片泵和单作用叶片泵各一种，对比其外观，识读铭牌标记，拆分叶片泵，认识其内部结构，分析其应用特点。

（1）双作用叶片泵

1) 工作原理。图1-3-4所示为双作用叶片泵的工作原理。它主要由定子1、转子2、叶片3、配流盘4、转动轴5和泵体等组成。定子内表面由四段圆弧和四段过渡曲线组成，形似椭圆，且定子和转子是同心安装的，泵的供油流量无法调节，所以属于定量泵。

转子旋转时，叶片靠离心力和根部油压作用伸出并紧贴在定子的内表面上，两叶片之间和转子的外圆柱面、定子内表面及前后配流盘形成了若干个密封工作腔。

当图中转子顺时针方向旋转时，密封工作腔的容积在左上角和右下角处逐渐增大，形成局部真空而吸油，为吸油区；在右上角和左下角处逐渐减小而压油，为压油区。吸油区和压油区之间有

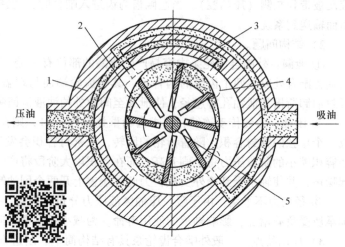

扫码看动画　图 1-3-4　双作用叶片泵的工作原理
1—定子　2—转子　3—叶片　4—配流盘　5—转动轴

一段封油区把它们隔开。这种泵的转子每转一周，每个密封工作腔吸油、压油各两次，故称双作用叶片泵。

双作用叶片泵的两个吸油区和两个压油区是径向对称的，因而作用在转子上的径向液压力平衡，所以又称为平衡式叶片泵。

2）结构问题。

① 定子曲线：图 1-3-5 所示为定子曲线，定子内表面曲线实质上由两段长半径 R 圆弧（α 角范围）、两段短半径 r 圆弧（α' 角范围）和四段过渡曲线（β 角范围）八个部分组成，泵的动力学特性在很大程度上受过渡曲线的影响。理想的过渡曲线不仅应使叶片在槽中滑动时的径向速度变化均匀，而且应使叶片转到过渡曲线和圆弧段交接点处的加速度突变不大，以减小冲击和噪声，同时还应使泵的瞬时流量的脉动最小。

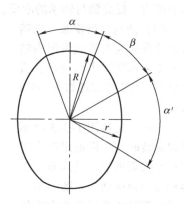

图 1-3-5　定子曲线

② 叶片倾角：从图 1-3-4 中可以看到，叶片顶部随同转子上的叶片槽顺转子旋转方向转过一个角度，即前倾一个角度，其目的是减小叶片和定子内表面接触时的压力角，从而减少叶片和定子间的摩擦磨损。当叶片以前倾角安装时，叶片泵不允许反转。

③ 端面间隙：为了使转子和叶片能自由旋转，它们与配流盘两端面间应保持一定间隙。但间隙过大将使泵的内泄漏增加，容积效率降低。为了提高压力，减少端面泄漏，采取的间隙自动补偿措施是将配流盘的外侧与压油腔连通，使配流盘在液压推力作用下压向转子。泵的工作压力越高，配流盘就越贴紧转子，对转子端面间隙进行自动补偿。

3）应用特点。双作用叶片泵不仅作用在转子上的径向力平衡，而且运转平稳、输油量均匀、噪声小；但它的结构较复杂，吸油特性差，对油液的污染较敏感，一般用于中压液压系统。

（2）单作用叶片泵

1）工作原理。单作用叶片泵的工作原理如图 1-3-6 所示，它与双作用泵的主要差别在于它的定子是一个与转子偏心放置的内圆柱面，转子每转一周，每个密封工作腔吸油、压油各一次，

故称单作用叶片泵。

单作用叶片泵只有一个吸油区和一个压油区,因而作用在转子上的径向液压力不平衡,所以又称为非平衡式叶片泵。

由于转子与定子的偏心距 e 和偏心方向可调,因此单作用叶片泵可作为双向变量泵使用。

2)变量特性。图1-3-7a所示为限压式变量叶片泵的工作原理,图1-3-7b所示为其变量特性曲线。转子的中心 O_1 是固定的,定子2可以左右移动,在限压弹簧3的作用下,定子被推向右端,使定子中心 O_2 和转子中心 O_1 之间有一初始偏心量 e_0,它决定了泵的最大流量。e_0 的大小可用调节螺钉6调节。泵的出口压力 p,经泵体内通道作用于有效面

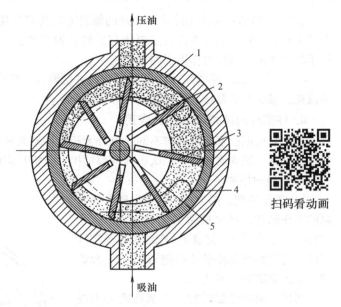

图1-3-6 单作用叶片泵的工作原理
1—定子 2—转子 3—叶片 4—配流盘 5—转动轴

积为 A 的反馈缸柱塞5上,使柱塞对定子2产生一作用力 pA。泵的限定压力 p_B 可通过调节螺钉4改变限压弹簧3的压缩量来获得,设限压弹簧3的预紧力为 F_s。

当泵的工作压力小于限定压力 p_B 时,则 $pA<F_s$,此时定子不做移动,最大偏心量 e_0 保持不变,泵输出流量基本上维持最大,图1-3-7b中曲线 AB 段稍有下降是泵的泄漏所引起的;当泵的工作压力升高而大于限定压力 p_B 时,$pA \geqslant F_s$,定子左移,偏心量减小,泵的流量也减小。泵的工作压力越高,偏心量就越小,泵的流量也就越小;当泵的压力达到极限压力 p_C 时,偏心量接近零,泵不再有流量输出。

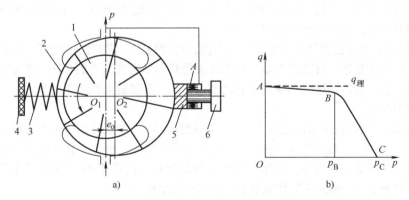

图1-3-7 限压式变量叶片泵的工作原理及其特性曲线
1—转子 2—定子 3—限压弹簧 4、6—调节螺钉 5—反馈缸柱塞

3)结构问题。

① 叶片底部:单作用叶片泵叶片底部的油液是自动切换的,即当叶片在压油区时,其底部通压力油,在吸油区时则与吸油腔通。因此叶片上、下的液压力是平衡的,有利于减少叶片与定子间的磨损。

② 叶片倾角：单作用叶片泵叶片的倾斜方向与双作用叶片泵相反，由于叶片上、下的液压力是平衡的，叶片的向外运动主要依靠其旋转时所受到的惯性力，因此叶片后倾一个角度更有利于叶片在离心惯性力作用下向外伸出。

4）应用特点。单作用叶片泵易于实现流量调节，常用于快慢速运动的液压系统，可降低功率损耗，减少油液发热，简化油路，节省液压元件。

4. 柱塞泵的结构类型及其应用

柱塞泵根据柱塞排列方向不同，可分为径向柱塞泵和轴向柱塞泵。选择不同型号的柱塞泵，观察其外观，识读铭牌标记，认识其内部结构，分析其应用特点。

（1）径向柱塞泵

1）工作原理。图1-3-8所示为径向柱塞泵的工作原理。径向柱塞泵由柱塞1、转子（缸体）2、定子3、衬套4、配流轴5等零件组成。衬套紧配在转子孔内随着转子一起旋转，而配流轴则是不动的。

当转子顺时针旋转时，柱塞在离心力或在低压油作用下，压紧在定子内壁上。由于转子和定子间有偏心量e，故转子在上半周转动时柱塞向外伸出，径向孔内的密封工作容积逐渐增大，形成局部真空，吸油腔则通过配流轴上面的两个吸油孔从油箱中吸油；当转子转到下半周时，柱塞向里推入，密封工作容积逐渐减小，压油腔通过配流轴下面的两个压油孔将油液压出。转子每转一周，每个柱塞底部的密封容积完成一次吸油、压油，转子连续运转，即完成泵的吸、压油工作。

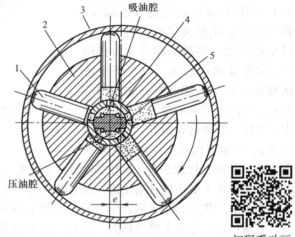

图1-3-8 径向柱塞泵的工作原理
1—柱塞 2—转子 3—定子 4—衬套 5—配流轴

改变径向柱塞泵转子和定子间偏心量的大小，可以改变输出流量；若偏心方向改变，则液压泵的吸、压油腔互换，这时就成为双向变量泵。

2）应用特点。径向柱塞泵输油量大，压力高，性能稳定，耐冲击性能好，工作可靠；但其径向尺寸大，结构较复杂，自吸能力差，且配流轴受到不平衡液压力的作用，柱塞顶部与定子内表面为点接触，容易磨损，这些都限制了它的使用，已逐渐被轴向柱塞泵替代。

（2）轴向柱塞泵

1）工作原理。轴向柱塞泵的柱塞平行于缸体轴线，其工作原理如图1-3-9所示，它主要由斜盘1、柱塞2、缸体3、配流盘4、轴5和弹簧6等零件组成。斜盘1和配流盘4固定不动，斜盘法线和缸体轴线间的交角为γ。缸体3由轴5带动旋转，缸体上均匀分布了若干个轴向柱塞孔，孔内装有柱塞2，柱塞在弹簧力作用下，头部和斜盘靠牢。

当缸体按图1-3-9所示方向转动时，由于斜盘和压板的作用，迫使柱塞在缸体内做往复运动，使各柱塞与缸体间的密封容积做增大或缩小变化，通过配流盘的吸油窗口和压油窗口进行吸油和压油。当缸孔自最低位置向前上方转动（前面半周）时，柱塞在转角$0\sim\pi$范围内逐渐向右压入缸体，柱塞与缸体内孔形成的密封容积减小，经配流盘压油窗口而压油；柱塞在转角$\pi\sim 2\pi$（里面半周）范围内，柱塞右端缸孔内密封容积增大，经配流盘吸油窗口而吸油。

如果改变斜盘倾角γ的大小，就能改变柱塞的行程长度，也就改变了泵的排量；如果改变斜盘的倾斜方向，就能改变泵的吸压油方向，从而成为双向变量轴向柱塞泵。

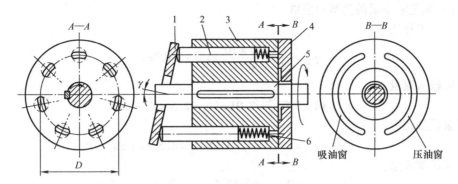

图1-3-9 轴向柱塞泵的工作原理
1—斜盘 2—柱塞 3—缸体 4—配流盘 5—轴 6—弹簧

2）结构特点。

① 端面间隙：由图1-3-9可见，使缸体紧压配流盘端面的作用力，除机械装置或弹簧的推力外，还有柱塞孔底部台阶面上所受的液压力，此液压力比弹簧力大得多，而且随泵的工作压力增大而增大。由于缸体始终受液压力作用，从而紧贴着配流盘，就使端面间隙得到了自动补偿。

② 滑靴及静压支承：如图1-3-9所示的柱塞以球形头部直接接触斜盘而滑动，这种轴向柱塞泵由于柱塞头部与斜盘平面理论上为点接触，因而接触应力大，极易磨损。一般轴向柱塞泵都在柱塞头部装一滑靴，如图1-3-10所示。滑靴是按静压轴承原理设计的，缸体中的压力油经过柱塞球头中间小孔流入滑靴油室，使滑靴和斜盘间形成液体润滑，改善了柱塞头部和斜盘的接触情况，有利于保证轴向柱塞泵在高压、高速下工作。

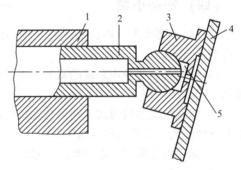

图1-3-10 滑靴式结构
1—缸体 2—柱塞 3—滑靴 4—斜盘 5—油室

3）应用特点。轴向柱塞泵的柱塞与缸体柱塞孔之间为圆柱面配合，其优点是加工工艺性好，易于获得很高的配合精度，因此密封性能好，泄漏少，能在高压下工作，且容积效率高，流量容易调节；但其不足之处是结构复杂，价格较高，对油液污染敏感。轴向柱塞泵一般用于高压、大流量及流量需要调节的液压系统中，多用在矿山、冶金机械设备上。

5. 液压泵的选用

图1-3-11所示为平面磨床液压系统示意图，已知：外界负载 $F=30kN$，活塞有效作用面积 $A=0.01m^2$，活塞运动速度 $v=0.025m/s$，压力损失系数 $K_压=1.5$，流量损失系数 $K_漏=1.3$，$\eta_总=0.80$。试确定：

1）液压泵的类型和规格。（齿轮泵的额定工作压力为 2.5MPa，流量规格为 $2.67\times10^{-4}m^3/s$、$3.33\times10^{-4}m^3/s$、$4.17\times10^{-4}m^3/s$；叶片泵的额定工作压力为 6.3MPa，流量规格为 $2\times10^{-4}m^3/s$、$2.67\times10^{-4}m^3/s$、$4.17\times10^{-4}m^3/s$、$5.33\times10^{-4}m^3/s$）

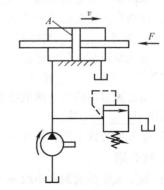

图1-3-11 平面磨床液压系统示意图

2) 与液压泵匹配的电动机功率。

解 1) 确定液压泵的类型和规格。

液压缸的工作压力：

$$p_缸 = \frac{F}{A} = \frac{30 \times 10^3}{0.01} \text{Pa} = 3 \times 10^6 \text{Pa}$$

液压缸输入流量：

$$q_缸 = vA = 0.025 \times 0.01 \text{m}^3/\text{s} = 2.5 \times 10^{-4} \text{m}^3/\text{s}$$

液压泵供油压力：

$$p_泵 = K_压 p_缸 = 1.5 \times 3 \times 10^6 \text{Pa} = 4.5 \times 10^6 \text{Pa}$$

液压泵供油流量：

$$q_泵 = K_漏 q_缸 = 1.3 \times 2.5 \times 10^{-4} \text{m}^3/\text{s} = 3.25 \times 10^{-4} \text{m}^3/\text{s}$$

选择液压泵类型：因为 $p_泵 < p_额$；$q_泵 < q_额$；$p_额 = 6.3 \text{MPa}$；$q_额 = 4.17 \times 10^{-4} \text{m}^3/\text{s}$，所以选择叶片泵。

2) 与液压泵匹配的电动机功率为

$$p_电 = \frac{p_额 q_额}{\eta_总} = \frac{6.3 \times 10^6 \times 4.17 \times 10^{-4}}{0.80} \text{W} = 3284 \text{W} \approx 3.2 \text{kW}$$

（四）任务小结

通过对平面磨床工作台液压系统动力元件的认识，并且对几种常用液压泵进行结构分析，获得如下结论：

1) 液压泵属于液压系统的动力元件，它可以将机械能转换为液压能，在一定工作条件下正常运行。

2) 液压泵按结构形式不同可分为齿轮泵、叶片泵、柱塞泵等，各种形式的液压泵由于结构的差异性较大，其特点和应用各不相同。

3) 选用液压泵时可以根据液压系统所需工作压力和流量的大小以及使用要求，确定液压泵的型号。

4) 合理使用液压泵有利于提高液压系统的工作效率。

（五）思考与练习

1. 填空题

1) 液压泵是将电动机输出的_____转换为_____的能量转换装置。

2) 外啮合齿轮泵的啮合线把密封容积分成_____和_____两部分，一般_____油口较大，为了减小_____的影响。

3) 液压泵正常工作的必备条件：应具备能交替变化的_____，应有_____，吸油过程中，油箱必须和_____相通。

4) 输出流量不能调节的液压泵称为_____泵，可调节的液压泵称为_____泵。外啮合齿轮泵属于_____泵。

5) 按工作方式不同，叶片泵分为_____和_____两种。

2. 判断题

1) 液压泵输油量的大小取决于密封容积的大小。　　　　　　　　　　　　　（　　）

2) 外啮合齿轮泵中，轮齿不断进入啮合的那一侧油腔是吸油腔。　　　　　　（　　）

3）单作用叶片泵属于单向变量液压泵。　　　　　　　　　　　　　　　　（　　）
4）双作用叶片泵的转子每回转一周，每个密封容积完成两次吸油和压油。（　　）
5）改变轴向柱塞泵斜盘的倾角大小和倾向，则可成为双向变量液压泵。　（　　）

3. 选择题

1）外啮合齿轮泵的特点是_____。
A. 结构紧凑，流量调节方便
B. 价格低廉，工作可靠，自吸性能好
C. 噪声小，输油量均匀
D. 对油液污染不敏感，泄漏小，主要用于高压系统

2）不能成为双向变量液压泵的是_____。
A. 双作用叶片泵　　　　B. 单作用叶片泵　　　　C. 轴向柱塞泵　　　　D. 径向柱塞泵

3）通常情况下，柱塞泵多用于_____系统。
A. 高压　　　　　　　　B. 低压　　　　　　　　C. 中压

4. 问答题

1）液压泵在吸油过程中，油箱为什么必须与大气相通？
2）液压泵的工作压力和额定压力分别指什么？
3）何谓液压泵的排量、理论流量、实际流量？它们的关系怎样？
4）试述外啮合齿轮泵的工作原理，并解释齿轮泵工作时径向力为什么不平衡。

任务四　液压执行元件的识别与选用

（一）任务描述

平面磨床工作台液压系统的执行元件是液压缸。本任务通过视频、动画、元件拆装等途径，了解液压执行元件的分类及其功能，掌握不同类型液压缸的工作原理、结构特点及其应用场合，能根据不同的工作条件完成活塞式液压缸主要几何尺寸的设计计算。液压执行元件的分类及典型结构见表1-4-1。

表1-4-1　液压执行元件的分类及典型结构

类型	典　型　结　构	
液压缸	单杆活塞缸　　　双杆活塞缸	
	活塞式液压缸	柱塞式液压缸
		叶片式摆动缸　　　齿轮齿条摆动缸
	伸缩式液压缸	摆动式液压缸

类型	典型结构		
液压马达	齿轮式液压马达	叶片式液压马达	轴向柱塞式液压马达

(续)

(二) 任务目标

了解液压执行元件的功用和分类，熟悉常用液压缸的工作原理和应用特点，认识液压缸的基本结构，熟练掌握其输出力和速度的计算，对液压缸的设计步骤等内容有所了解，初步认识液压马达的类型及应用。

(三) 任务实施

1. 液压缸的分类及应用

液压缸是液压传动系统的执行元件之一，它可以将油液的压力能转换为机械能，实现往复直线运动或摆动。液压缸按结构形式可分为活塞式液压缸、柱塞式液压缸、伸缩式液压缸、摆动式液压缸等，按作用方式分为单作用液压缸和双作用液压缸。

（1）活塞式液压缸　活塞式液压缸可分为单杆活塞缸和双杆活塞缸两种，其安装方式有缸体固定和活塞杆固定两种。

1) 双杆活塞缸。图1-4-1所示为双杆活塞缸的工作原理，活塞两侧都有活塞杆伸出。当缸体内径为 D，且两活塞杆直径 d 相等，液压缸的供油压力为 p，流量为 q 时，活塞（或缸体）两个方向的运动速度和推力也都相等，即

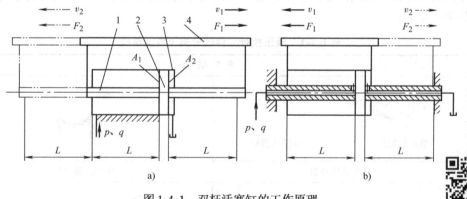

图1-4-1　双杆活塞缸的工作原理
1—活塞杆　2—活塞　3—缸体　4—工作台

扫码看动画

液压缸有效作用面积为 $\quad A_1 = A_2 = A = \dfrac{\pi}{4}(D^2 - d^2)$

往复运动推力为 $\quad F_1 = F_2 = F = pA = p\dfrac{\pi}{4}(D^2 - d^2)$

往复运动速度为

$$v_1 = v_2 = v = \frac{q}{A} = \frac{4q}{\pi(D^2 - d^2)}$$

图 1-4-1a 所示为缸体固定式结构,又称为实心双杆活塞缸。当液压缸的左腔进油,推动活塞向右移动,右腔活塞杆向外伸出,左腔活塞杆向内缩进,液压缸右腔油液回油箱;反之,活塞向左移动。其工作台的往复运动范围约为有效行程 L 的三倍。这种液压缸因运动范围和占地面积较大,故一般用于小型机床或液压设备。

图 1-4-1b 所示为活塞杆固定式结构,又称为空心双杆活塞缸。当液压缸的左腔进油,缸体向左移动,反之,缸体向右移动。其工作台的往复运动范围约为有效行程 L 的两倍,因运动范围不大、占地面积较小,故常用于中型或大型机床或液压设备。

2)单杆活塞缸。图 1-4-2 所示为单杆活塞缸,仅一端有活塞杆,两腔有效作用面积不相等,当向液压缸两腔分别供油,且压力和流量都不变时,活塞在两个方向上的运动速度和推力都不相等。设缸筒内径为 D,活塞杆直径为 d,则液压缸无杆腔和有杆腔有效作用面积 A_1、A_2 分别为

$$A_1 = \frac{\pi D^2}{4}$$

$$A_2 = \frac{\pi(D^2 - d^2)}{4}$$

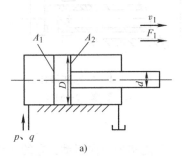 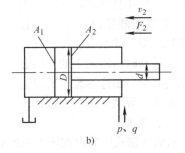

扫码看动画

图 1-4-2 单杆活塞缸

如图 1-4-2a 所示,当无杆腔进油、有杆腔回油时,活塞的推力 F_1 和运动速度 v_1 分别为

$$F_1 = p A_1 = \frac{\pi D^2}{4} p$$

$$v_1 = \frac{q}{A_1} = \frac{4q}{\pi D^2}$$

此时,活塞的运动速度较慢,能克服的负载较大,故常被用于实现机床的工作进给。

如图 1-4-2b 所示,当有杆腔进油、无杆腔回油时,活塞的推力 F_2 和运动速度 v_2 分别为

$$F_2 = p A_2 = \frac{\pi}{4}(D^2 - d^2) p$$

$$v_2 = \frac{q}{A_2} = \frac{4q}{\pi(D^2 - d^2)}$$

此时,活塞的运动速度较快,能克服的负载较小,故常被用于实现机床的快速退回。

在图 1-4-3 中,当单杆活塞缸两腔同时进压力油时,由于无杆腔有效作用面积大于有杆腔有效作用面积,使得活塞向右的作用力大于向左的作用力,因此活塞向右运动,活塞杆向外伸出;与此同时,又将有杆腔的油液挤出,使其流进

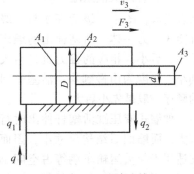

图 1-4-3 差动连接

无杆腔,从而加快了活塞杆的伸出速度,形成差动连接。

差动连接时,活塞的推力 F_3 为

$$F_3 = pA_1 - pA_2 = pA_3 = \frac{\pi}{4}d^2p$$

差动连接时,若活塞的运动速度为 v_3,则无杆腔的进油量 $q_1 = v_3A_1$,有杆腔的出油量 $q_2 = v_3A_2$,因为

$$q_1 = q + q_2$$

即

$$v_3A_1 = q + v_3A_2$$

所以,活塞的运动速度 v_3 为

$$v_3 = \frac{q}{A_1 - A_2} = \frac{q}{A_3} = \frac{4q}{\pi d^2}$$

此时,活塞可获得较大的运动速度,故常用于实现机床的快速进给。

单杆活塞缸可以缸体固定,也可以活塞杆固定,工作台的移动范围都是活塞或缸体有效行程的两倍。

(2) 柱塞式液压缸　活塞式液压缸的缸孔要求精加工,行程长时加工困难,因此在长行程的场合,可采用柱塞式液压缸。如图 1-4-4 所示,柱塞式液压缸由缸筒、柱塞、导向套、密封圈等零件组成,其缸筒内壁不需要精加工,运动时由缸盖上的导向套来导向,而且结构简单,制造容易,所以它特别适用于龙门刨床、导轨磨床、大型拉床等大行程设备的液压系统中。

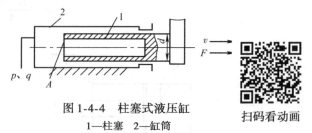

图 1-4-4　柱塞式液压缸
1—柱塞　2—缸筒

扫码看动画

图 1-4-4 所示的柱塞式液压缸在压力油推动下,只能实现单向运动,它的回程需借助自重或其他外力(如弹簧力)来实现。若柱塞直径为 d,则柱塞式液压缸的有效作用面积为

$$A = \frac{\pi}{4}d^2$$

柱塞式液压缸输出的推力 F 和速度 v 分别为

$$F = pA = \frac{\pi}{4}d^2p$$

$$v = \frac{q}{A} = \frac{4q}{\pi d^2}$$

(3) 伸缩式液压缸　图 1-4-5 所示为伸缩式液压缸的结构示意图,它由二级或多级活塞缸套组合而成,图中一级活塞 2 与二级缸筒 3 连为一体。活塞伸出的顺序是先大后小,相应的推力也是由大到小,速度为由慢到快;活塞缩回的顺序一般是先小后大。

伸缩式液压缸活塞杆伸出时行程大,而缩回后结构尺寸小,因而它适用于起重运输车辆等占空间小且可实现长行程工作的机械上,如

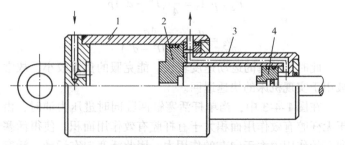

图 1-4-5　伸缩式液压缸的结构示意图
1——级缸筒　2——级活塞　3—二级缸筒　4—二级活塞

起重机伸缩臂缸、自卸汽车举升缸等。

（4）摆动式液压缸　摆动式液压缸可输出转矩，并实现往复摆动，也称为摆动式液压马达，在结构上有叶片式、齿轮齿条式和螺旋摆动缸等形式。叶片摆动式液压缸分为单叶片和双叶片两种形式。

图1-4-6所示为叶片摆动式液压缸的工作原理，它由叶片1、摆动轴2、定子块3、缸体4等主要零件组成。定子块固定在缸体上，而叶片和摆动轴连接在一起，当两油口相继通以压力油时，叶片即带动摆动轴做往复摆动。

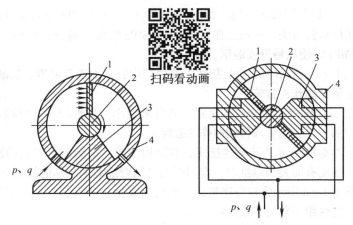

图1-4-6　叶片摆动式液压缸的工作原理
1—叶片　2—摆动轴　3—定子块　4—缸体

图1-4-6a所示的单叶片摆动式液压缸的摆角一般不超过280°，图1-4-6b所示的双叶片摆动式液压缸的摆角一般不超过150°。摆动式液压缸常用于机床的送料装置、间歇进给机构、回转夹具、工业机器人手臂和手腕的回转机构等液压系统。

2. 液压缸的结构及其选型

（1）液压缸的典型结构　液压缸通常由缸盖、缸筒、活塞杆、活塞组件等主要部分组成；为防止泄漏需设置密封装置；为防止活塞运动到行程终端时撞击缸盖，液压缸端部还需设置缓冲装置；有时还需设置排气装置。

图1-4-7所示为单杆活塞缸的典型结构。分析图示结构可知：无缝钢管制成的缸筒8和缸底1焊接在一起，另一端缸盖11与缸筒则采用螺纹连接，以便拆装检修。

两端进出油口A和B都可通压力油或回油，以实现双向运动。活塞5用卡环4、套环3、弹簧挡圈2与活塞杆13连接。活塞和缸筒之间有密封圈7，活塞杆和活塞内孔之间有密封圈6，用以防止泄漏。导向套10用以保证活塞杆不偏离中心，它的外径和内孔配合处也都有密封圈。此外，缸盖上还有防尘圈12，活塞杆左端带有缓冲柱塞等。

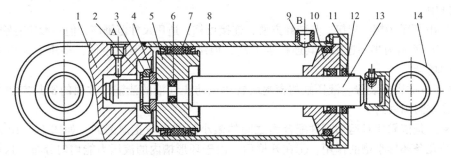

图1-4-7　单杆活塞缸的典型结构
1—缸底　2—弹簧挡圈　3—套环　4—卡环　5—活塞　6、7—密封圈　8—缸筒
9—管接头　10—导向套　11—缸盖　12—防尘圈　13—活塞杆　14—耳环

1)缸筒与缸盖的连接。如图1-4-8所示,液压缸缸筒与缸盖的连接方式很多,其结构形式和使用的材料有关,一般工作压力$p<10$MPa时使用铸铁,10MPa$\leqslant p<20$MPa时使用无缝钢管,$p\geqslant 20$MPa时使用铸钢或锻钢。

图1-4-8a所示为法兰连接式,这种结构容易加工和装拆,其缺点是外形尺寸和自重都较大,常用于铸铁制作的缸筒上。

图1-4-8b所示为螺纹连接式,其自重较小,外形较小,但端部结构复杂,装卸要用专门工具,常用于无缝钢管或铸钢制作的缸筒上。

图1-4-8c所示为半环连接式,其结构简单,易装卸,但它的缸筒壁因开了环形槽而削弱了强度,为此有时要加厚缸壁,常用于无缝钢管或锻钢制作的缸筒上。

图1-4-8d所示为拉杆连接式,其缸筒易加工和装拆,结构通用性大,自重较大,外形尺寸较大,主要用于较短的液压缸。

图1-4-8e所示为焊接连接式,其结构简单,尺寸小,但缸筒有可能变形,缸底内径不易加工。

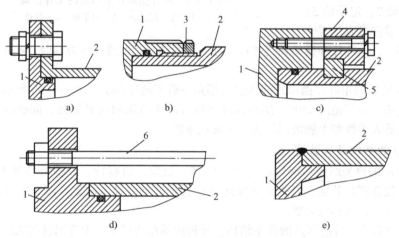

图1-4-8 缸筒与缸盖的连接形式
1—缸盖 2—缸筒 3—紧固螺母 4—压板 5—半环 6—拉杆

2)活塞与活塞杆的连接。活塞与活塞杆的连接方式很多,常见的有锥销式连接、螺纹连接和半环连接。

图1-4-9a所示为锥销式连接,其加工容易,装拆方便,但承载能力小,多用于中、低压的轻载液压缸中。

图1-4-9b所示为螺纹连接,其装卸方便,连接可靠,适用尺寸范围广,但一般应有锁紧装置。

图1-4-9c所示为半环连接,其连接强度高,但结构复杂,装拆不便,多用于高压大负载和振动较大的场合。

3)液压缸的密封装置。液压缸的密封装置用以防止油液的泄漏,常用的密封方法有间隙密封和用橡胶密封圈密封。

间隙密封是依靠相对运动零件配合面之间的微小间隙来防止泄漏的,如图1-4-10所示。配合表面上开几条环形小槽的作用:①在开槽后,由于环形槽内的液压力能均匀分布,这就保证了活塞和缸体的同心,使摩擦力降低,泄漏量最小;②起密封作用,当压力油流经沟槽时产生涡流,从而产生能量损失,使泄漏减少。间隙密封方法的摩擦阻力小,但密封性能差,加工精度要求高,因此只适用于尺寸较小、压力较低、运动速度较高的场合。活塞与液压缸壁之间的间隙通常取0.02~0.05mm。

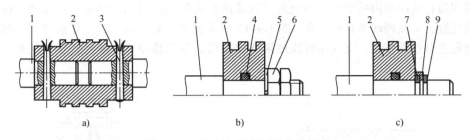

图 1-4-9　活塞与活塞杆的连接形式
1—活塞杆　2—活塞　3—销　4—密封圈　5—弹簧圈　6—螺母　7—半环　8—套环　9—弹簧卡圈

密封圈密封是液压系统中应用最广泛的一种密封方法。密封圈用耐油橡胶、尼龙等材料制成，其截面通常做成 O 形、Y 形、V 形等，图 1-4-11 所示为常用的几种密封圈。

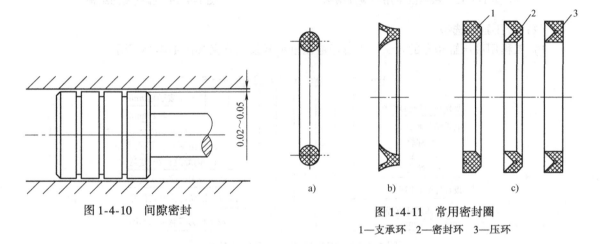

图 1-4-10　间隙密封

图 1-4-11　常用密封圈
1—支承环　2—密封环　3—压环

图 1-4-11a 所示为 O 形密封圈，它是截面形状为圆形的密封元件，其结构简单，制造容易，密封可靠，摩擦力小，因而应用广泛，既可用于固定件的密封，又可用于运动件的密封。

图 1-4-11b 所示为 Y 形密封圈，截面呈 Y 形，其结构简单，适用性很广，密封效果好。常用于活塞和液压缸之间、活塞杆与液压缸端盖之间的密封。一般情况下，Y 形密封圈可直接装入沟槽使用，但在压力变动较大、运动速度较高的场合，应使用支承环固定 Y 形密封圈。

图 1-4-11c 所示为 V 形密封圈，它由形状不同的支承环 1、密封环 2 和压环 3 组合而成。V 形密封圈接触面大，密封可靠，但摩擦阻力大，主要用于移动速度不高的液压缸中（如磨床工作台液压缸）。

Y 形和 V 形密封圈在压力油作用下，其唇边张开，贴紧在密封表面，油压越大密封性能越好，因此在使用时要注意安装方向，使其在压力油作用下能张开。

4）液压缸的缓冲和排气。

① 液压缸的缓冲：液压缸的缓冲结构是为了防止活塞在行程终了时，由于惯性力的作用与端盖发生撞击，影响设备的使用寿命。液压缸常用的缓冲结构如图 1-4-12 所示，它由活塞顶端的凸台和端盖上的凹槽构成。当活塞移近缸盖时，凸台逐渐进入凹槽，将凹槽内的油液经凸台和凹槽之间的缝隙挤出，增大了回油阻力，降低了活塞的运动速度，从而减小或避免活塞对端盖的撞击，实现缓冲。

② 液压缸的排气：液压系统中的油液如果混有空气将会严重影响工作部件的平稳性，为了

便于排除积留在液压缸内的空气，油液最好从液压缸的最高点进入和排出。对运动平稳性要求较高的液压缸，常在两端装有排气塞。图1-4-13所示为排气塞的结构，工作前拧开排气塞，使活塞全行程空载往返数次，空气即可通过排气塞排出。空气排净后，需要拧紧排气塞，再进行工作。

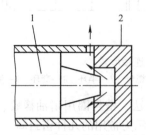

图1-4-12 液压缸常用的缓冲结构

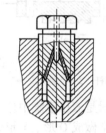

图1-4-13 排气塞的结构

（2）液压缸的选型

1）工程用液压缸型号的含义。工程用液压缸型号及其含义如图1-4-14所示。

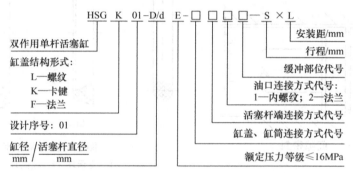

图1-4-14 工程用液压缸型号及其含义

缸盖、缸筒连接方式及其代号见表1-4-2。

表1-4-2 缸盖、缸筒连接方式及其代号

代　号	连接方式
1	缸盖耳环带衬套
2	缸盖耳环带关节轴承
3	铰轴
4	端部法兰
5	中部法兰

活塞杆端连接方式及其代号见表1-4-3。

表1-4-3 活塞杆端连接方式及其代号

代　号	连接方式	备　注
1	杆端外螺纹	
2	杆端内螺纹	用于缸径 $D \geqslant \phi 63\text{mm}$
3	杆端外螺纹杆头耳环带衬套	

(续)

代 号	连接方式	备 注
4	杆端内螺纹杆头耳环带衬套	用于缸径 $D \geqslant \phi 63\text{mm}$
5	杆端外螺纹杆头耳环带关节轴承	
6	杆端内螺纹杆头耳环带关节轴承	用于缸径 $D \geqslant \phi 63\text{mm}$
7	整体式活塞杆耳环带衬套	仅用于 $\phi 40\text{mm}$、$\phi 50\text{mm}$ 两种缸径
8	整体活塞杆耳环带关节轴承	

缓冲部位及其代号见表 1-4-4。

表 1-4-4　缓冲部位及其代号

代 号	部 位	备 注
0	两端无缓冲	缸径 $\phi 40\text{mm}$、$\phi 50\text{mm}$、$\phi 63\text{mm}$ 两端无缓冲
1	两端带缓冲	缸径为 $\phi 80 \sim \phi 250\text{mm}$、速比为 2 时，只有缸底端带缓冲
2	无杆端带缓冲	
3	有杆端带缓冲	

2) HSG 01-E 系列工程用液压缸的选型。首先，用户根据需要，对照"型号说明"按连接方式及缓冲部位查表，然后写出连接方式及缓冲部位代号，确定需要的结构形式。按结构形式、缸径、速比等，确定外形安装连接尺寸。订货时注出完整的型号及选用行程、安装距。

示例：某用户需要的液压缸，缸盖结构形式为卡键式，缸筒为中部法兰连接，不带缓冲，活塞杆为杆端内螺纹，油口连接方式为内螺纹，缸径为 $\phi 80\text{mm}$，杆径为 $\phi 40\text{mm}$，行程 $S = 1000\text{mm}$，安装距 $L = 500\text{mm}$，其订货型号为 HSG K01-80/40E-5210-1000×500。

3. 液压缸主要尺寸的计算

(1) 缸筒的内径 D　根据公式 $F = pA$，由活塞所需推力 F 和工作压力 p 即可算出活塞应有的有效面积 A。进一步根据液压缸的不同结构形式，计算缸筒的内径 D。

(2) 活塞杆的直径 d　直径 d 的值可按表 1-4-5 初步选取，如果液压缸两个方向的运动速度比有一定要求时，还需考虑这方面要求。

表 1-4-5　活塞杆直径的选取

活塞杆受力情况	工作压力 p/MPa	活塞杆直径 d
受拉	—	$d = (0.3 \sim 0.5)D$
受拉或受压	$p \leqslant 5$	$d = (0.5 \sim 0.55)D$
	$5 < p \leqslant 7$	$d = (0.6 \sim 0.7)D$
	$p > 7$	$d = 0.7D$

实际采用的直径 D 和 d 还应符合国家颁布的有关标准。

(3) 液压缸筒的长度 L　液压缸筒的长度由所需行程及结构上的需要确定，一般可按如下公式计算：

$$L = 活塞行程 + 活塞长度 + 活塞杆导向长度 + 活塞杆密封长度 + 其他长度$$

式中，活塞长度 $= (0.6 \sim 1)D$，活塞杆导向长度 $= (0.6 \sim 1.5)D$，其他长度是指一些装置所需长度，如缸两端缓冲所需长度等。一般液压缸缸体长度 L 不大于缸内径 D 的 30 倍。

(4) 液压缸的计算 已知一单杆活塞缸,设液压油进入有杆腔时的速度为 v_2,差动连接时的速度为 v_3,现要求 $v_3/v_2 = 2$ 时,试求活塞直径 D 和活塞杆直径 d 之间的关系。

解 $v_2 = q/A_2 = 4q/[\pi(D^2 - d^2)]$

$v_3 = q/A_3 = 4q/(\pi d^2)$

$v_3/v_2 = 2$

$(D^2 - d^2)/d^2 = 2$

$D = \sqrt{3}\, d$

4. 液压马达的认识

液压马达可以将液压能转换为机械能,并输出转矩和转速。液压马达和液压泵均是系统中的能量转换装置,从原理上讲液压马达和液压泵是可逆的,从结构上来看两者也有相似之处,但它们的功用不同,实际结构也是有差别的。

(1) 液压马达的分类及图形符号 液压马达的种类很多,按结构形式不同可分为齿轮式、叶片式、柱塞式;按流量能否改变可分为定量式和变量式;按液流方向能否改变可分为单向式和双向式等。液压马达的图形符号见表1-4-6。

表1-4-6 液压马达的图形符号

类型	单向定量	双向定量	单向变量	双向变量
液压马达	⊘	⊘	⊘	⊘

(2) 液压马达的性能参数

1) 转速。若液压马达的排量为 V,欲使其以转速 n 旋转,在理想情况下,其流量为 $q_理$(即 Vn),但因有泄漏存在,则液压马达的实际输入流量为 q,且 $q > q_理$,若容积效率为 η_V,则

$$\eta_V = \frac{q_理}{q} = \frac{Vn}{q}$$

液压马达输出的转速 n 为

$$n = \frac{q}{V}\eta_V$$

2) 转矩。液压马达理论输入功率为 $pq_理$,输出功率为 $2\pi T_理 n$。若不考虑损失,根据能量守恒,则

$$pq_理 = 2\pi T_理 n$$

$$T_理 = \frac{pq_理}{2\pi n} = \frac{pV}{2\pi}$$

因为存在机械磨擦损失,所以液压马达的实际输出转矩为 T,且 $T < T_理$,若其机械效率为 η_m,则

$$\eta_m = \frac{T}{T_理}$$

液压马达实际输出的转矩为

$$T = T_理 \eta_m = \frac{pV}{2\pi}\eta_m$$

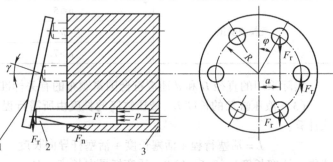

图1-4-15 轴向柱塞式液压马达的工作原理
1—斜盘 2—柱塞 3—缸体

(3) 液压马达的工作原理　下面以轴向柱塞式液压马达为例,对其工作原理做简单介绍。图 1-4-15 中,当压力为 p 的压力油输入时,处在高压腔中的柱塞 2 被顶出,压在斜盘 1 上。设斜盘作用在柱塞上的反力为 F_n,可分解为两个分力,轴向分力 F 和作用在柱塞上的液压作用力相平衡,另一个分力 F_r 使缸体 3 产生转矩。设柱塞直径为 d,柱塞在缸体中的分布圆半径为 R,斜盘倾角为 γ,柱塞和缸体垂直中心线呈 φ 角,则此柱塞产生的转矩为

$$T_i = F_r a = F_r R\sin\varphi = F\tan\gamma R\sin\varphi = \frac{\pi}{4}d^2 p\tan\gamma R\sin\varphi$$

液压马达输出的转矩应该是处于高压腔柱塞产生转矩的总和,即

$$T = \sum FR\tan\gamma\sin\varphi$$

当液压马达的进、回油口互换时,液压马达将反向转动,当改变斜盘倾角 γ 时,液压马达的排量便随之改变,从而可以调节输出转矩或转速。

(四) 任务小结

通过对平面磨床工作台液压执行元件的认识,并且对几种常用液压缸和液压马达进行结构分析,获得如下结论:

1) 液压系统执行元件的功能是将液压能转换为机械能,主要包括液压缸和液压马达两类,液压缸用于完成直线运动或摆动,液压马达用于实现回转运动。
2) 常用液压缸的结构形式有活塞式、柱塞式、摆动式、伸缩式等,其中活塞式液压缸最常用。
3) 液压缸按作用方式可分为单作用液压缸和双作用液压缸。
4) 液压缸的型号确定主要包含缸径、杆径、行程等参数及连接安装方式等。

(五) 思考与练习

1. 填空题

1) 液压缸是将_____转变为_____的转换装置,一般用于实现_____或_____。
2) 双杆活塞缸当_____固定时为实心双杆活塞缸,其工作台运动范围约为有效行程的_____倍。
3) 两腔同时通压力油,利用_____进行工作的_____叫作差动液压缸。
4) 液压缸常用的密封方法有_____和_____。

2. 判断题

1) 空心双杆活塞缸的活塞是固定不动的。　　　　　　　　　　　　　　　　(　　)
2) 单杆活塞缸活塞两个方向所获得的推力是不相等的,当活塞慢速运动时,将获得较小的推力。　　　　　　　　　　　　　　　　　　　　　　　　　　　　　　(　　)
3) 单杆活塞缸活塞杆面积越大,活塞往复运动的速度差别就越小。　　　　　(　　)
4) 差动连接的单杆活塞缸,可使活塞实现快速运动。　　　　　　　　　　　(　　)
5) 在尺寸较小、压力较低、运动速度较高的场合,液压缸的密封可采用间隙密封的方法。
　　　　　　　　　　　　　　　　　　　　　　　　　　　　　　　　　　(　　)

3. 选择题

1) 单杆活塞缸_____。
A. 活塞两个方向的作用力相等
B. 活塞有效作用面积为活塞杆面积两倍时,工作台往复运动速度相等

C. 其运动范围是工作行程的三倍
D. 常用于实现机床的快速退回及工作进给

2) 柱塞式液压缸_____。
A. 可做差动连接　　　　　　　　　B. 可组合使用完成工作台的往复运动
C. 缸体内壁需精加工　　　　　　　D. 往复运动速度不一致

3) 起重设备要求伸出行程长时，常采用的液压缸形式是_____。
A. 活塞式　　　B. 柱塞式　　　C. 摆动式　　　D. 伸缩式

4) 要实现工作台往复运动速度不一致，可采用_____。
A. 双杆活塞缸　　　　　　　　　　B. 柱塞式液压缸
C. 活塞面积为活塞杆面积两倍的差动液压缸　D. 单杆活塞缸

5) 液压龙门刨床的工作台较长，考虑到液压缸缸体长，孔加工困难，所以采用_____较好。
A. 单杆活塞缸　　　　　　　　　　B. 双杆活塞缸
C. 柱塞式液压缸　　　　　　　　　D. 摆动式液压缸

4. 问答题

1) 液压缸有何功用？按其结构不同主要分为哪几类？
2) 什么是差动连接？它适用于什么场合？
3) 在某一工作循环中，若要求快进与快退速度相等，此时单杆活塞缸需具备什么条件才能保证？
4) 柱塞式液压缸、伸缩式液压缸和摆动式液压缸各有何特点？简述其应用场合。

5. 计算题

1) 已知：单杆活塞缸的输入流量 $q=25\text{L/min}$，压力 $p=4\text{MPa}$，要求往返快速运动速度相等，即 $v_2=v_3=6\text{m/min}$，试求出液压缸内径 D 和活塞杆直径 d。

2) 图1-4-16所示为一柱塞式液压缸，其柱塞固定，缸筒运动。压力油从空心柱塞通入，若压力 $p=3\text{MPa}$，流量 $q=25\text{L/min}$，柱塞外径 $d=70\text{mm}$，内径 $d_0=30\text{mm}$，试求缸筒运动速度 v 和推力 F。

3) 如图1-4-17所示，两个结构相同的液压缸串联，已知液压缸无杆腔面积 $A_1=100\text{cm}^2$，有杆腔面积 $A_2=80\text{cm}^2$，缸1的输入压力 $p_1=1.8\text{MPa}$，输入流量 $q_1=12\text{L/min}$，若不计泄漏和损失，试求：

① 当两缸承受相同的负载时（$F_1=F_2$），该负载为多少？两缸的运动速度 v_1、v_2 各是多少？
② 缸2的输入压力为缸1的一半（$p_2=p_1/2$）时，两缸各承受的负载 F_1、F_2 为多少？
③ 当缸1无负载（$F_1=0$）时，缸2能承受多大负载？

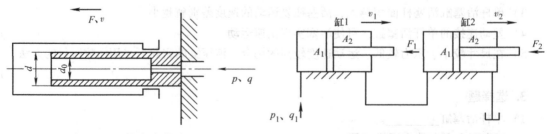

图1-4-16　柱塞式液压缸　　　　　　图1-4-17　液压缸串联

任务五 液压控制元件的识别与选用

（一）任务描述

液压控制元件是液压系统中控制油液流动方向、压力及流量的元件，又称液压控制阀，简称液压阀。液压控制阀按其用途不同可分为方向控制阀、压力控制阀和流量控制阀三类。液压控制元件的分类见表1-5-1。平面磨床工作台液压系统的控制阀选用了换向阀、溢流阀、节流阀。本任务通过视频、动画、元件实物，了解液压阀的分类及其功能，掌握常用液压阀的工作原理、结构特点及其应用场合，能根据不同的工作条件完成液压控制阀的选用。

表1-5-1 液压控制元件的分类

类 型	典 型 结 构		
方向控制阀	单向阀		换向阀
压力控制阀	溢流阀	减压阀	顺序阀
流量控制阀	节流阀		调速阀

（二）任务目标

掌握液压控制阀的功用及分类，了解普通液压阀以及插装阀、比例阀、叠加阀的结构特点；熟悉常见液压阀的工作原理，并掌握其图形符号画法及应用。

（三）任务实施

1. 方向控制阀的识别与选用

在液压系统中，控制工作液体流动方向的阀称为方向控制阀，简称方向阀。方向控制阀的工作原理是利用阀芯和阀体相对位置的改变，实现油路与油路间的接通或断开，以满足系统对油液流向的控制要求。方向控制阀主要分为单向阀和换向阀两类。

（1）单向阀 单向阀分为普通单向阀和液控单向阀。

1）普通单向阀。普通单向阀控制油液只能按某一方向流动，而反向截止，简称单向阀。单向阀的结构如图1-5-1a、b所示,它由阀体1、阀芯2、弹簧3等零件组成。当压力油从P_1进入时,油液推力克服弹簧力,推动阀芯右移,打开阀口,压力油从P_2流出,当压力油从反向进入时,油液压力和弹簧力将阀芯压紧在阀座上,阀口关闭,油液不能通过。

图1-5-1a所示为管式连接的单向阀,图1-5-1b所示为板式连接的单向阀,图1-5-1c所示为单向阀的图形符号。为了保证单向阀工作灵敏、可靠,单向阀的弹簧应较软,其开启压力一般为0.035~0.1MPa。若将弹簧换为硬弹簧,则可将其作为背压阀用,背压力一般为0.2~0.6MPa。

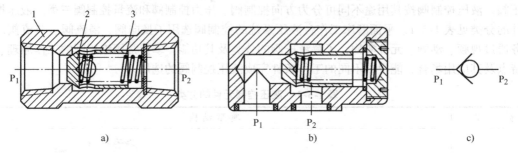

图1-5-1 单向阀
1—阀体 2—阀芯 3—弹簧

2)液控单向阀。图1-5-2a所示为液控单向阀的结构。当控制油口K不通压力油时,油液只可以从P_1进入、P_2流出;当控制油口K通以压力油时,推动控制活塞1并通过顶杆2使阀芯3右移,阀即保持开启状态,液流双向都能自由通过。图1-5-2b所示为液控单向阀的图形符号。

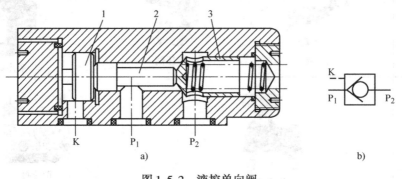

图1-5-2 液控单向阀
1—控制活塞 2—顶杆 3—阀芯

液控单向阀具有良好的单向密封性,常用于执行元件需要长时间保压、锁紧的情况下,这种阀也称为液压锁。

(2)换向阀 换向阀的作用是利用阀芯位置的变动,改变阀体上各油口的通断状态,从而控制油路连通、断开或改变液流方向。

换向阀的用途十分广泛,种类也很多,其分类见表1-5-2。

表1-5-2 换向阀的分类

分类方式	类 型
按阀的操纵方式	手动换向阀、机动换向阀、电磁换向阀、液动换向阀、电液动换向阀
按阀的工作位置数和通路数	二位二通换向阀、二位三通换向阀、三位四通换向阀、三位五通换向阀等
按阀的结构形式	滑阀式换向阀、转阀式换向阀、锥阀式换向阀
按阀的安装方式	管式换向阀、板式换向阀、法兰式换向阀等

由于滑阀式换向阀数量多、应用广泛、具有代表性，下面以滑阀式换向阀为例说明换向阀的工作原理、图形符号、操纵方式和机能特点等。

1）工作原理及图形符号。图1-5-3所示为滑阀式换向阀，它是靠阀芯在阀体内做轴向运动，从而使相应的油路接通或断开的换向阀。

滑阀是一个具有多个环形槽的圆柱体，而阀体孔内有若干个沉割槽。每条沉割槽都通过相应的孔道与外部相通，其中P为进油口，T为回油口，而A和B则通液压缸两腔。

当阀芯处于图1-5-3a所示位置时，P与B、A与T相通，活塞向左运动；当阀芯向右移至图1-5-3b所示位置时，P与A、B与T相通，活塞向右运动。图中右侧用简化了的图形符号清晰地表明了上述通断情况。

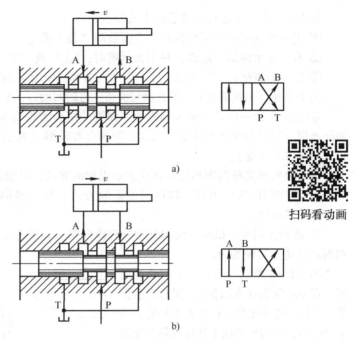

图1-5-3 换向阀的工作原理

扫码看动画

表1-5-3列出了几种常用的滑阀式换向阀的结构原理图及其图形符号。

表1-5-3 滑阀式换向阀的结构原理图及其图形符号

名称	结构原理图	图形符号
二位二通换向阀		
二位三通换向阀		
二位四通换向阀		
三位四通换向阀		

表 1-5-3 中各图形符号表示的含义如下：
① 用方框表示阀的工作位置，方框数即"位"数。
② 箭头表示两油口连通，并不表示流向；"⊥"或"⊤"表示此油口不通流。
③ 在一个方框内，箭头或"⊥"符号与方框的交点数为油口的通路数，即"通"数。
④ P 表示压力油的进口，T 表示与油箱连通的回油口，A 和 B 表示连接其他工作油路的油口。
⑤ 三位阀的中位及二位阀侧面画有弹簧的那一方框为常态位。在液压原理图中，换向阀的油路连接一般应画在常态位上。二位二通阀有常开型（常态位置两油口连通）和常闭型（常态位置两油口不连通）。

一个换向阀完整的图形符号还应表示出操纵方式、复位方式和定位方式等。

2）换向阀的操纵方式。换向阀的操纵方式有机动换向、电磁换向、液动换向、电液动换向、手动换向等。

① 机动换向阀。机动换向阀又称行程换向阀，它依靠安装在运动部件上的挡块或凸轮，推动阀芯移动，实现换向。

图 1-5-4a 所示为二位二通机动换向阀。在图示位置（常态位），阀芯 3 在弹簧 4 作用下处于上位，P 与 A 不相通；当运动部件上的行程挡块 1 压住滚轮 2 使阀芯移至下位时，P 与 A 相通。图 1-5-4b 所示为二位二通机动换向阀的图形符号。

机动换向阀的结构简单，换向平稳、可靠、位置精度高，但它必须安装在运动部件附近，一般油管较长。机动换向阀常用于控制运动部件的行程，或快、慢速度的转换。

② 电磁换向阀。电磁换向阀简称电磁阀，它利用电磁铁的吸力控制阀芯动作。电磁换向阀包括换向滑阀和电磁铁两部分。

电磁铁按使用电源不同可分为交流电磁铁和直流电磁铁两种。交流电磁铁

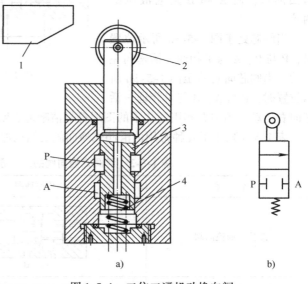

图 1-5-4 二位二通机动换向阀
1—挡铁 2—滚轮 3—阀芯 4—弹簧

使用电压为 220V 或 380V，直流电磁铁使用电压为 24V。交流电磁铁的优点是电源简单方便，电磁吸力大，换向迅速；缺点是噪声大，起动电流大，在阀芯被卡住时易烧毁电磁铁线圈。直流电磁铁工作可靠，换向冲击小，噪声小，但需要有直流电源。电磁铁按衔铁是否浸在油里，又分为干式和湿式两种，湿式电磁铁性能好，但价格较高。

图 1-5-5a 所示为二位三通电磁换向阀，采用干式交流电磁铁。图示位置为电磁铁不通电状态，即常态位，此时 P 与 A 相通，B 封闭；当电磁铁通电时，衔铁 1 右移，通过推杆 2 使阀芯 3 推压弹簧 4，并移至右端，P 与 B 接通，而 A 封闭。图 1-5-5b 所示为二位三通电磁换向阀的图形符号。

图 1-5-6a 所示为三位四通电磁换向阀，采用湿式直流电磁铁。阀两端有两根对中弹簧 4，使阀芯在常态时处于中位，P、A、B、T 互不相通；当右端电磁铁通电时，右衔铁 1 通过推杆 2 将阀芯 3 推至左端，控制油口 P 与 B 通，A 与 T 通；当左端电磁铁通电时，其阀芯移至右端，油口 P 通 A，B 通 T。图 1-5-6b 为三位四通电磁换向阀的图形符号。

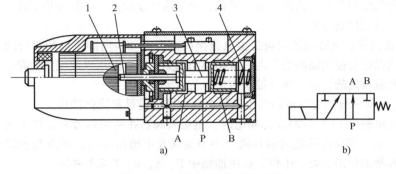

图 1-5-5 二位三通电磁换向阀
1—衔铁 2—推杆 3—阀芯 4—弹簧

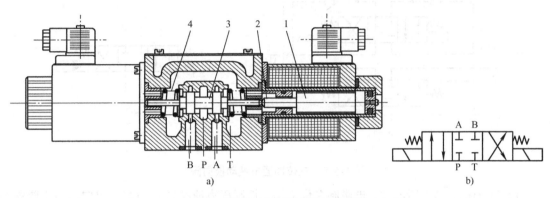

图 1-5-6 三位四通电磁换向阀
1—衔铁 2—推杆 3—阀芯 4—弹簧

电磁换向阀操纵方便，布置灵活，易于实现动作转换的自动化，但因电磁铁吸力有限，所以电磁换向阀只适用于流量不大的场合。

③ 液动换向阀。液动换向阀利用控制油路的压力油推动阀芯实现换向，因此它可以制造成流量较大的换向阀。

图 1-5-7a 所示为三位四通液动换向阀。当其两端控制油口 K_1 和 K_2 均不通入压力油时，阀芯在两端弹簧的作用下处于中位；当 K_1 进压力油，K_2 接油箱时，阀芯移至右端，P 通 A，B 通 T；反之，当 K_2 进压力油，K_1 接油箱时，阀芯移至左端，P 通 B，A 通 T。图 1-5-7b 所示为三位四通液动换向阀的图形符号。

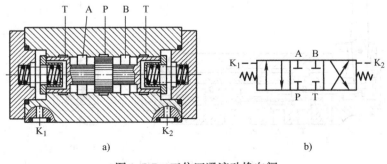

图 1-5-7 三位四通液动换向阀

液动换向阀的结构简单,动作可靠、平稳,由于液压驱动力大,故可用于流量大的液压系统中,但它不如电磁阀控制方便。

④ 电液动换向阀。电液动换向阀是由电磁换向阀和液动换向阀组成的复合阀。电磁换向阀为先导阀,它用以改变控制油路的方向;液动换向阀为主阀,它用以改变主油路的方向。这种阀综合了电磁阀和液动阀的优点,具有控制方便、流量大的特点。

图1-5-8a、b所示分别为三位四通电液换向阀的图形符号和简化符号。

当先导阀的电磁铁1YA和2YA都断电时,电磁阀阀芯在两端弹簧力作用下处于中位,控制油口P′关闭。这时主阀阀芯两侧的油经两个小节流阀及电磁换向阀的通路与油箱相通,因而主阀芯也在两端弹簧的作用下处于中位。在主油路中P、A、B、T互不相通。

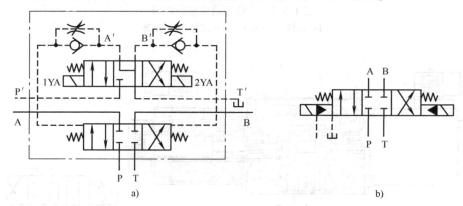

图1-5-8 三位四通电液动换向阀

当1YA通电、2YA断电时,电磁阀左位工作,控制压力油经过P′→A′→单向阀→主阀阀芯左端油腔,而回油经主阀阀芯右端油腔→节流阀→B′→T′→油箱。于是,主阀阀芯在左端液压推力的作用下移位,使主阀左位工作,主油路P通A,B通T。

同理,当2YA通电、1YA断电时,电磁阀处于右位,控制主阀阀芯右位工作,主油路P通B,A通T。液动换向阀的换向速度可由两端节流阀调整,因而可使换向平稳,无冲击。

⑤ 手动换向阀。手动换向阀是用手动杠杆操纵阀芯换位的换向阀。它有自动复位式和钢球定位式两种。

图1-5-9a所示为自动复位式换向阀,可用手操作使换向阀左位或右位工作,但当操纵力取

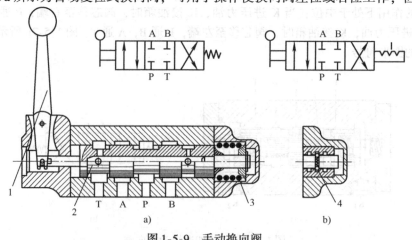

图1-5-9 手动换向阀
1—手柄 2—阀芯 3—弹簧 4—钢球

消后，阀芯便在弹簧力作用下自动恢复至中位，停止工作。因此手动换向阀适用于换向动作频繁、工作持续时间短的场合。

图 1-5-9b 所示的是钢球定位式换向阀，其阀芯端部的钢球定位装置可使阀芯分别停止在左、中、右三个位置上，当松开手柄后，阀仍保持在所需的工作位置上，因而可用于工作持续时间较长的场合。

3）机能特点。滑阀式换向阀处于中间位置或原始位置时，各油口的连通方式称为滑阀机能（又称中位机能）。

表 1-5-4 列出了几种常用三位四通换向阀在中位时的结构简图、图形符号、特点及应用。

表 1-5-4 三位四通换向阀的滑阀机能

形式	结构简图	图形符号	特点及应用
O	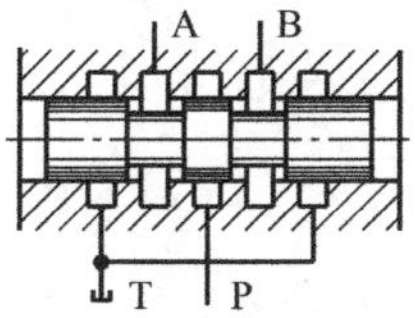	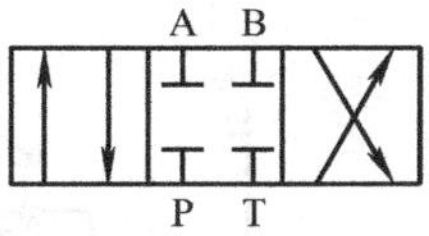	各油口全部封闭，液压缸被锁紧，液压泵不卸荷，并联缸可运动
H	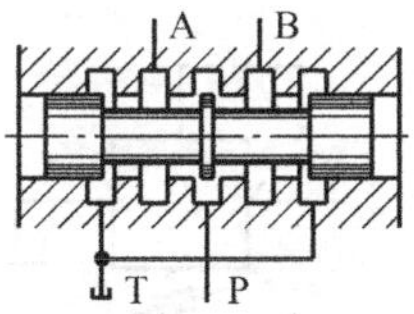	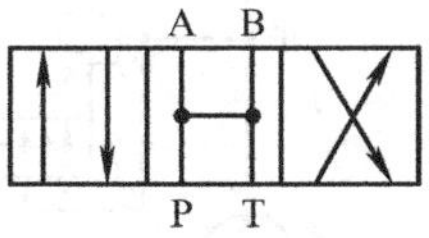	各油口全部连通，液压缸浮动，液压泵卸荷，其他缸不能并联使用
Y	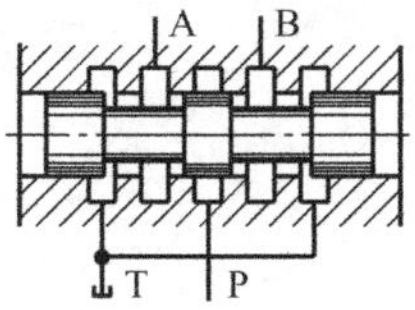	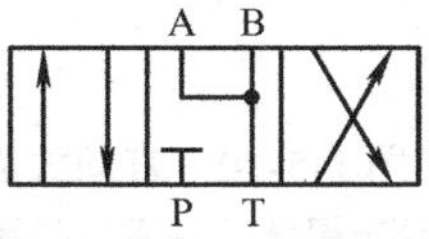	液压缸两腔通油箱，液压缸浮动，液压泵不卸荷，并联缸可运动
P	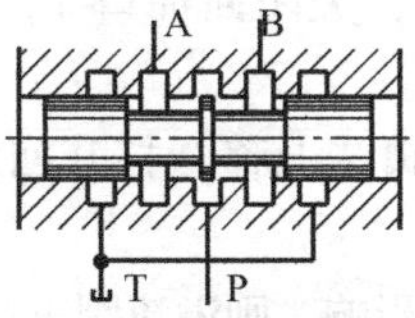	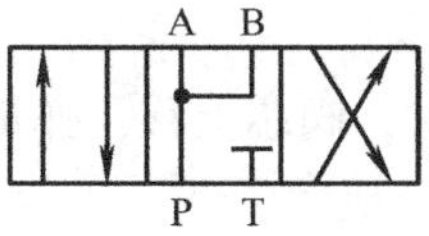	压力油口与液压缸两腔连通，回油口封闭，液压泵不卸荷，并联缸可运动，单杆活塞缸实现差动连接
M	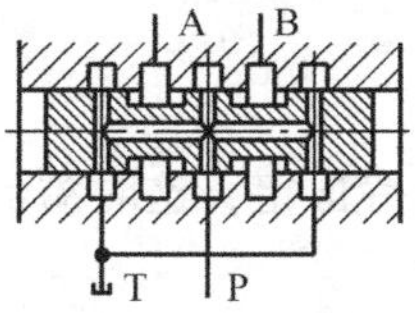	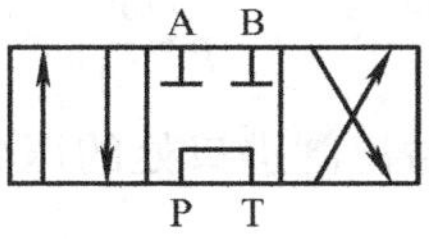	液压缸两腔封闭，液压缸被锁紧，液压泵卸荷，其他缸不能并联使用

2. 压力控制阀的识别与选用

在液压系统中，控制工作液体压力的阀称为压力控制阀，简称压力阀。它利用作用于阀芯上的液压力和弹簧力相平衡的原理进行工作。按其功能和用途不同分为溢流阀、减压阀及顺序阀等。

（1）溢流阀

1）溢流阀的功用和分类。溢流阀在液压系统中的功用主要有两个方面：一是起溢流稳压作用，保持液压系统的压力恒定；二是起限压保护作用，防止液压系统过载。溢流阀通常接在液压泵出口处的油路上。

根据结构和工作原理不同，溢流阀可分为直动式溢流阀和先导式溢流阀两类。

2）溢流阀的结构和工作原理。

① 直动式溢流阀。直动式溢流阀是依靠系统中的压力油直接作用在阀芯上而与弹簧力相平衡，以控制阀芯的启闭动作的溢流阀。

图1-5-10a、b、c所示分别为直动式溢流阀的结构简图、工作原理图和图形符号。P为进油口，T为回油口。进油口P的压力油经阀芯3上的阻尼孔a通入阀芯底部，阀芯的下端面便受到压力为p的油液的作用，作用面积为A，压力油作用于该端面上的力为pA，调压弹簧2作用在阀芯上的预紧力为F_s。

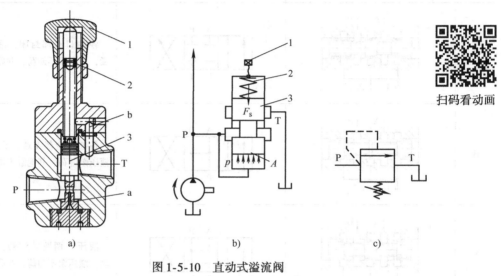

图1-5-10 直动式溢流阀
1—调节螺母 2—调压弹簧 3—阀芯

当进油压力较小，即$pA < F_s$时，阀芯处于下端（图示）位置，关闭回油口T，P与T不通，不溢流，即为常闭状态。

随着进油压力升高，当$pA > F_s$时，阀芯上移，弹簧被压缩，阀芯上移，打开回油口T，P与T接通，溢流阀开始溢流。

当溢流阀稳定工作时，若不考虑阀芯的自重、摩擦力和液动力的影响，则溢流阀进口压力为

$$p = \frac{F_s}{A}$$

由于F_s变化不大，故可以认为溢流阀进口处的压力p基本保持恒定，这时溢流阀起定压溢流作用。

调节螺母1可以改变弹簧的预压缩量，从而调定溢流阀的工作压力p。通道b使弹簧腔与回油口沟通，以排掉泄入弹簧腔的油液，此泄油方式为内泄式。阀芯上阻尼孔a的作用是减小油压的脉动，提高阀工作的平稳性。

直动式溢流阀的结构简单，制造容易，成本低；但油液压力直接靠弹簧平衡，所以压力稳定性较差，动作时有振动和噪声。此外，系统压力较高时，要求弹簧刚度大，使阀的开启性能变坏。因此，直动式溢流阀只用于低压液压系统，或作为先导阀使用，其最大调整压力为2.5MPa。

图1-5-11所示的锥阀芯直动式溢流阀即常作为先导式溢流阀的先导阀用。

② 先导式溢流阀。先导式溢流阀的结构如图1-5-12所示，由先导阀和主阀两部分组成。先导阀实际上是一个小流量的直动式溢流阀，阀芯是锥阀，用来调定压力；主阀阀芯是滑阀，用来实现溢流。

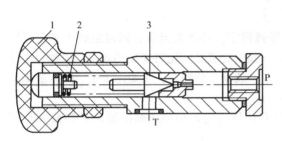

图1-5-11 锥阀芯直动式溢流阀
1—螺母 2—弹簧 3—锥阀芯

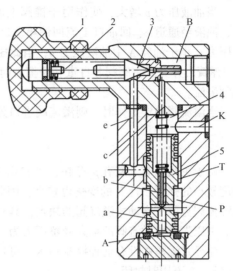

图1-5-12 先导式溢流阀的结构
1—调节螺母 2—调压弹簧 3—先导阀阀芯
4—主阀弹簧 5—主阀阀芯

先导式溢流阀的工作原理如图1-5-13a所示，其图形符号如图1-5-13b所示，它是利用主阀阀芯两端压差作用力与弹簧力平衡原理来进行压力控制的。

压力油经进油口P、通道a，进入主阀阀芯5底部油腔A，并经节流小孔b进入上部油腔，再经通道c进入先导阀右侧油腔B给锥阀3以向左的作用力，调压弹簧2给锥阀以向右的弹簧力。

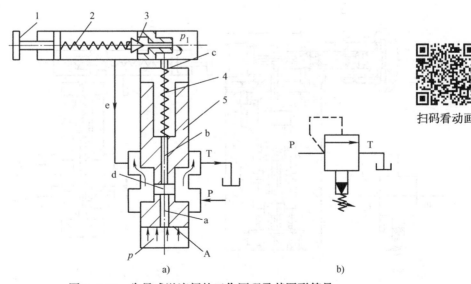

图1-5-13 先导式溢流阀的工作原理及其图形符号
1—调节螺母 2—调压弹簧 3—锥阀 4—主阀弹簧 5—主阀阀芯

当油液压力 p 较小时,作用于锥阀上的液压作用力小于弹簧力,先导阀关闭。此时,没有油液流过节流小孔 b,油腔 A、B 的压力相同,在主阀阀弹簧 4 的作用下,主阀阀芯处于最下端位置,回油口 T 关闭,没有溢流。

当油液压力 p 增大,使作用于锥阀上的液压作用力大于调压弹簧 2 的弹簧力时,先导阀开启,油液经通道 e、回油口 T 流回油箱。这时,压力油流经节流小孔 b 时产生压力降,使 B 腔油液压力 p_1 小于油腔 A 中油液压力 p,当此压力差($\Delta p = p - p_1$)产生的向上作用力超过主阀弹簧 4 的弹簧力并克服主阀阀芯自重和摩擦力时,主阀阀芯向上移动,进油口 P 和回油口 T 接通,溢流阀溢流。

当溢流阀稳定工作时,则溢流阀进口处的压力为

$$p = p_1 + \frac{F_s}{A}$$

由于主阀阀芯上腔有 p_1 存在,且它由先导阀弹簧调定,基本为定值;同时主阀阀芯上可用刚度较小的弹簧,且 F_s 的变化也较小,因此压力 p 在阀的溢流量变化时变动仍较小。因此,先导式溢流阀克服了直动式溢流阀的缺点,具有压力稳定、波动小的特点,主要用于中、高压液压系统。中压先导式溢流阀的最大调整压力为 6.3MPa。

先导式溢流阀设有远程控制口 K,可以实现远程调压(与远程调压阀接通)或卸荷(与油箱接通),不用时封闭。

(2) 减压阀

1) 减压阀的功用和分类。减压阀的功用是降低液压系统中某一分支油路的压力,使之低于液压泵的供油压力,以满足执行机构(如夹紧、定位油路,制动、离合油路,系统控制油路等)的需要,并保持基本恒定。

减压阀根据结构和工作原理不同,分为直动式减压阀和先导式减压阀两类,一般采用先导式减压阀。

2) 减压阀的结构和工作原理。先导式减压阀的图形符号如图 1-5-14a 所示,其结构如图 1-5-14b 所示,它与先导式溢流阀的结构有相似之处,其主要区别如下:

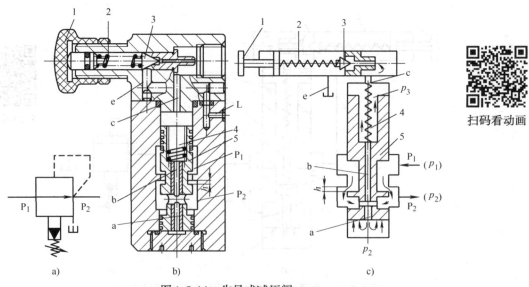

图 1-5-14 先导式减压阀

1—调节螺母 2—调压弹簧 3—锥阀 4—主阀弹簧 5—主阀阀芯

① 减压阀的先导阀控制出口油液压力，而溢流阀的先导阀控制进口油液压力。
② 减压阀的先导阀其泄油不能像溢流阀一样流入回油口，而必须设有单独的泄油口。
③ 在正常情况下，减压阀阀口开得很大（常开），而溢流阀阀口则关闭（常闭）。

先导式减压阀的工作原理如图 1-5-14c 所示，它主要利用油液通过缝隙时的液阻降压。主油路的高压油液 p_1 从进油口 P_1 进入减压阀，经节流缝隙（大小为 h）减压后的低压油液 p_2 从出油口 P_2 输出至分支油路。同时低压油液 p_2 经通道 a 进入主阀阀芯 5 下端油腔，又经节流小孔 b 进入主阀阀芯上端油腔，且经通道 c 进入先导阀锥阀 3 右端油腔，给锥阀一个向左的液压力。该液压力与调压弹簧 2 的弹簧力相平衡，从而控制低压油 p_2 基本保持调定压力。

当出油口的低压油 p_2 低于调定压力时，锥阀关闭，主阀阀芯上端油腔油液压力 $p_2 = p_3$，主阀弹簧 4 的弹簧力克服摩擦阻力将主阀阀芯推向下端，节流口开度 h 增至最大，减压阀处于不工作状态，即常开状态。

当分支油路负载增大时，p_2 升高，p_3 随之升高，在 p_3 超过调定压力时，锥阀打开，少量油液经锥阀口、通道 e，由泄油口 L 流回油箱。由于这时有油液流过节流小孔 b，使 $p_3 < p_2$，产生压力差 $\Delta p = p_2 - p_3$。

当压力差 Δp 所产生的向上的作用力大于主阀阀芯自重、摩擦力、主阀弹簧的弹簧力之和时，主阀阀芯向上移动，使节流口开度 h 减小，节流加剧，p_2 随之下降，直到作用在主阀阀芯上的各作用力相平衡，主阀阀芯便处于新的平衡位置。此时，主阀阀芯受力平衡方程为

$$p_2 A = p_3 A + F_s$$

出口压力为

$$p_2 = p_3 + \frac{F_s}{A} \approx 恒定值$$

中压先导式减压阀的最大调整压力为 6.3MPa。

(3) 顺序阀

1) 顺序阀的功用和分类。顺序阀是利用油路中压力的变化控制阀口启闭，以控制液压系统各执行元件先后顺序动作的压力控制阀。

根据结构、工作原理和功用不同，顺序阀可分为直动式顺序阀、先导式顺序阀、液控顺序阀、单向顺序阀等类型。

2) 顺序阀的结构和工作原理。

① 直动式顺序阀。图 1-5-15a 所示为直动式顺序阀的结构，其图形符号如图 1-5-15b 所示，其最大调定压力为 2.5MPa，其结构和工作原理与直动式溢流阀相似。

当进油口 P_1 的压力较低时，液压作用力小于阀芯上部的弹簧力，在弹簧力作用下，阀芯处于下端位置，P_1 和 P_2 两油口被隔断，即处于常闭状态。

当进油口的压力升高到作用于阀芯底部的液压作用力大于调定的弹簧力时，阀芯上移，进油口 P_1 与出油口 P_2 相通，压力油自 P_2 口流出，可控制另一执行元件动作。

② 先导式顺序阀。图 1-5-16a、b 所示分别为先导式顺序阀的结构简图、图形符号，其结构和工作原理与先导式溢流阀相似，两者的主要区别如下：

a. 溢流阀出油口连通油箱，顺序阀的出油口通常连接另一工作油路，因此顺序阀的进、出油口处的油液都是压力油。

b. 溢流阀打开时，进油口的油液压力基本上保持在调定压力值；顺序阀打开后，进油口的油液压力可以继续升高。

c. 由于溢流阀出油口连通油箱，其内部泄油可通过回油口流回油箱；而顺序阀出油口油液

为压力油，且通往另一工作油路，所以顺序阀的内部要有单独设置的泄油口 L。

d. 顺序阀关闭时要有良好的密封性能，因此阀芯和阀体间的封油长度 b 比溢流阀长。

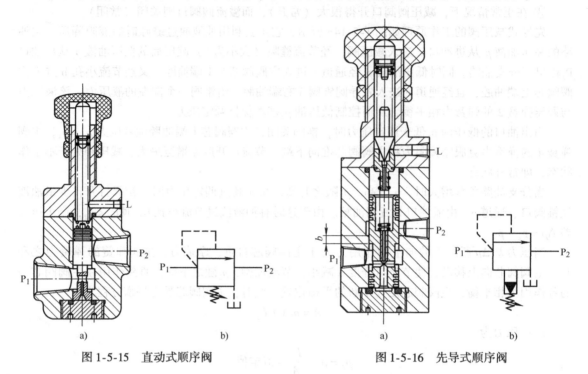

图 1-5-15　直动式顺序阀　　　　　图 1-5-16　先导式顺序阀

③ 液控顺序阀。图 1-5-17a 所示为液控顺序阀的结构，它与直动式顺序阀的主要差异在于阀芯底部有一个控制油口 K。当 K 口输入的控制压力油产生的液压作用力大于阀芯上端调定的弹簧力时，阀芯上移，阀口打开，P_1 与 P_2 相通，压力油自 P_2 口流出，控制另一执行元件动作。此阀阀口的开启闭合只取决于控制口 K 引入油液的控制压力。

图 1-5-17b 所示为液控顺序阀的图形符号。

图 1-5-17c 所示为液控顺序阀作为卸荷阀用时的图形符号，此时，液控顺序阀的端盖转过一定角度，使泄油孔处的小孔 a 与阀体上接通出油口 P_2 的小孔连通，并使顺序阀的出油口与油箱连通。当阀口打开时，进油口 P_1 的压力油可以直接通往油箱，实现卸荷。

④ 单向顺序阀。图 1-5-18 所示为单向顺序阀的图形符号，它由单向阀和顺序阀并联组合而成。当油液从 P_1 油口进入时，单向阀关闭，顺序阀起控制作用；当油液从 P_2 油口进入时，油液经单向阀从 P_1 口流出。

3. 流量控制阀的识别与选用

在液压系统中，控制工作液体流量的阀称为流量控制阀，简称流量阀。常用的流量控制阀有节流阀、调速阀等，节流阀是最基本的流量控制阀。流量控制阀通过改变节流口的开口大小调节通过阀口的流量，从而改变执行元件的运动速度。

（1）节流阀

1）流量控制的工作原理。油液流经小孔、狭缝或毛细管时，会产生较大的液阻，通流面积越小，油液受到的液阻越大，通过阀口的流量就越小，所以只要改变节流口的通流面积，使液阻发生变化，就可以调节流量的大小，这就是流量控制的工作原理。

试验证明，节流口的流量特性可以用下列通式表示：

项目一 平面磨床液压元件的认识

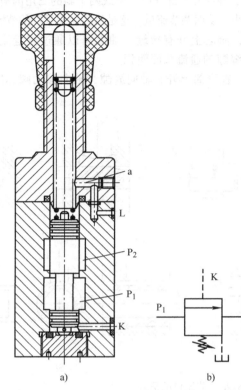

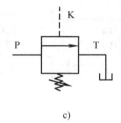

a)　　　　　　　　b)　　　　　　　c)

图 1-5-17　液控顺序阀

$$q = KA(\Delta p)^m$$

式中，q 表示通过节流口的流量；A 为节流口的通流面积；Δp 表示节流口前后的压力差；K 为流量系数；m 取决于孔口形式。

当 K、Δp 和 m 一定时，只要改变节流阀通流面积 A，就可调节通过节流阀的流量。

图 1-5-19 所示的节流阀串联在液压泵与执行元件之间，此时必须在液压泵与节流阀之间并联一溢流阀。调节节流阀，可使进入液压缸的流量改变，由于是定量泵供油，多余的油液必须从溢流阀溢出，只有这样节流阀才能达到调节液压缸速度的目的。

2）节流口的形式。节流阀节流口的形式很多，如图 1-5-21 所示。

图 1-5-20a 所示为针阀式节流口，针阀芯做轴向移动时，将改变环形通流截面面积的大小，从而调节流量。

图 1-5-20b 所示为偏心式节流口，在阀芯上开有一个截面为三角形（或矩形）的偏心槽，当转动阀芯时，就可以调节通流截面面积大小而调节流量。

上述两种形式的节流口结构简单，制造容易，但节流口容易堵塞，流量不稳定，适用于性能要求不高的场合。

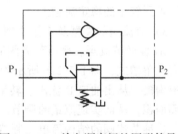

图 1-5-18　单向顺序阀的图形符号

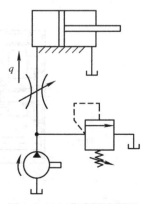

图 1-5-19　节流调速原理

图 1-5-20c 所示为轴向三角槽式节流口,在阀芯端部开有一个或两个斜的三角沟槽,轴向移动阀芯时,就可以改变三角槽通流截面面积的大小,从而调节流量。这是目前应用很广的节流口形式。

图 1-5-20d 所示为周向缝隙式节流口,阀芯上开有狭缝,油液可以通过狭缝流入阀芯内孔,然后由左侧孔流出,旋转阀芯就可以改变缝隙的通流截面面积。

图 1-5-20e 所示为轴向缝隙式节流口,在套筒上开有轴向缝隙,轴向移动阀芯即可改变缝隙的通流面面积大小,以调节流量。

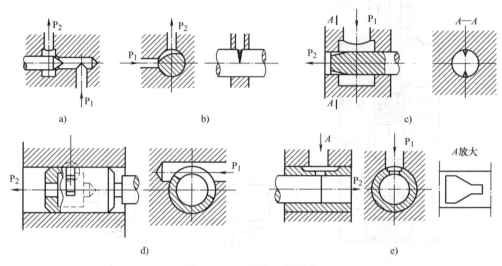

图 1-5-20 节流口的形式

上述三种节流口性能较好,尤其是轴向缝隙式节流口,其节流通道厚度可小到 0.07~0.09mm,可以得到较小的稳定流量。

3) 节流阀的类型及工作原理。常用的节流阀有普通节流阀、单向节流阀和行程节流阀等。

① 普通节流阀。普通节流阀简称为节流阀,图 1-5-21a 所示为节流阀的结构,其节流口采用轴向三角槽式,图 1-5-21b 所示为节流阀的图形符号。压力油从进油口 P_1 流入,经阀芯 3 左端的节流沟槽,从出油口 P_2 流出。转动手柄 1,通过推杆 2 使阀芯 3 做轴向移动,可改变节流口通流截面面积,从而实现流量的调节。弹簧 4 的作用是使阀芯向右抵紧在推杆上。

这种节流阀的结构简单,制造容易,体积小,但负载和温度的变化对流量的稳定性影响较大,因此只适用于负载和温度变化不大或执行机构速度稳定性要求较低的液压系统。

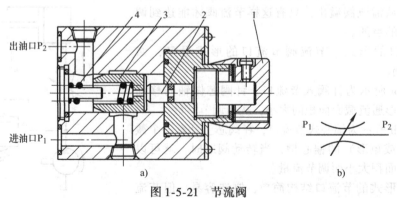

图 1-5-21 节流阀
1—手柄 2—推杆 3—阀芯 4—弹簧

② 单向节流阀。图1-5-22a、b所示分别为单向节流阀的结构和图形符号。从工作原理来看，单向节流阀是节流阀和单向阀的组合，在结构上是利用一个阀芯同时起节流阀和单向阀的作用。当压力油从油口 P_1 流入时，油液经阀芯上的轴向三角槽式节流口从油口 P_2 流出，旋转手柄可改变节流口通流截面面积大小而调节流量。当压力油从油口 P_2 流入时，在油压作用力作用下，阀芯下移，压力油从油口 P_1 流出，起单向阀的作用。

（2）调速阀　调速阀是由一个定差减压阀和一个节流阀串联组合而成的。节流阀用来调节流量，定差减压阀用来保证节流阀前后的压力差 Δp 不受负载变化的影响，从而使通过节流阀的流量保持稳定。

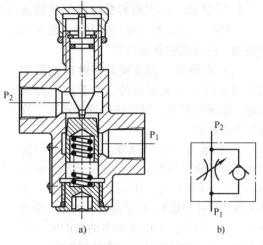

图 1-5-22　单向节流阀

图1-5-23a所示为调速阀的工作原理，定差减压阀1与节流阀2串联。若减压阀进口压力为 p_1，出口压力为 p_2，节流阀出口压力为 p_3，则减压阀a腔、b腔、c腔的油压分别为 p_1、p_2、p_3；若a腔、b腔、c腔的有效工作面积分别为 A_1、A_2、A_3，则 $A_3 = A_1 + A_2$。

图1-5-23b所示为减压阀阀芯的受力图，受力平衡方程为

$$p_2 A_1 + p_2 A_2 = p_3 A_3 + F_s$$

即

$$\Delta p = p_2 - p_3 = \frac{F_s}{A_3} \approx 常量$$

因为减压阀阀芯弹簧很软（刚度很低），当阀芯左右移动时，其弹簧作用力 F_s 变化不大，所以节流阀前后的压力差 Δp 基本上不变而为一常量。也就是说当负载变化时，通过调速阀的油液流量基本不变，液压系统执行元件的运动速度保持稳定。

若负载增加，使 p_3 增大的瞬间，减压阀向左的推力增大，使阀芯左移，阀口开大，阀口液阻减小，使 p_2 也增大，其差值（$\Delta p = p_2 - p_3$）基本保持不变。同理，

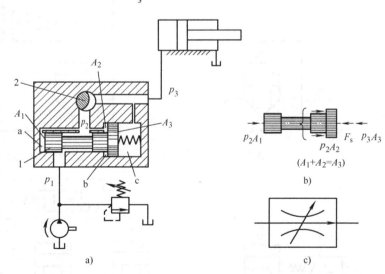

图 1-5-23　调速阀
1—减压阀阀芯　2—节流阀阀芯

当负载减小，p_3 减小时，减压阀阀芯右移，p_2 也减小，其差值也不变。因此，调速阀适用于负载变化较大、速度平稳性要求较高的液压系统。图1-5-23c所示为调速阀的图形符号。

4. 插装阀、比例阀和叠加阀的分类及应用

前面所介绍的方向阀、压力阀、流量阀是普通液压阀，除此之外还有一些特殊的液压阀，如插装阀、比例阀和叠加阀等。

（1）插装阀 插装阀是一种以锥阀为基本单元的新型液压元件，由于这种阀具有通、断两种状态，可以进行逻辑运算，故又称为逻辑阀。

1）插装阀的工作原理。插装阀的结构和图形符号分别如图1-5-24a、b所示，它由阀块体1、插装单元（由阀套2、阀芯3、弹簧4及密封件组成）、控制盖板5和先导控制阀6组成。图中，A和B为主油路的两个工作油口，K为控制油口（与先导阀相接）。

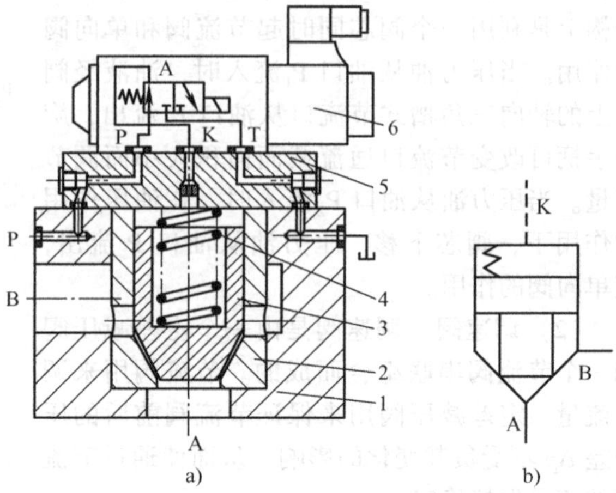

当K口无油液压力作用时，阀芯受到的向上的液压力大于弹簧力，阀芯开启，A与B相通，至于液流的方向，视A、B口的压力大小而定。

反之，当K口有油液压力作用时，且K口的油液压力大于A和B口的油液压力，才能保证A与B之间关闭。

图1-5-24 插装阀
1—阀块体 2—阀套 3—阀芯 4—弹簧
5—控制盖板 6—先导控制阀

2）插装阀的类型。插装阀与各种先导阀组合，便可组成方向控制插装阀、压力控制插装阀和流量控制插装阀。

① 方向控制插装阀。各种方向控制插装阀如图1-5-25所示。

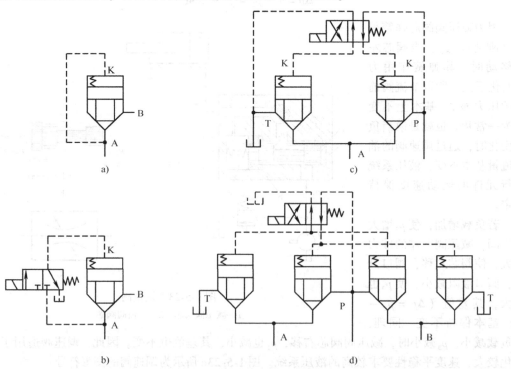

图1-5-25 方向控制插装阀

图 1-5-25a 所示为单向阀，当 $p_A > p_B$ 时，阀芯关闭，A 与 B 不通；而当 $p_B > p_A$ 时，阀芯开启，油液从 B 流向 A。

图 1-5-25b 所示为二位二通阀，当电磁阀断电时，阀芯开启，A 与 B 接通；当电磁阀通电时，阀芯关闭，A 与 B 不通。

图 1-5-25c 所示为二位三通阀，当电磁阀断电时，A 与 T 接通；当电磁阀通电时，A 与 P 接通。

图 1-5-25d 所示为二位四通阀，当电磁阀断电时，P 与 B 接通，A 与 T 接通；当电磁阀通电时，P 与 A 接通，B 与 T 接通。

② 压力控制插装阀。各种压力控制插装阀如图 1-5-26 所示。

在图 1-5-26a 中，若 B 接油箱，则插装阀用作溢流阀，其原理与先导式溢流阀相同。若 B 接负载时，插装阀起顺序阀的作用。

图 1-5-26b 所示为电磁溢流阀，当二位二通电磁阀断电时用作溢流阀，当二位二通电磁阀通电时起卸荷作用。

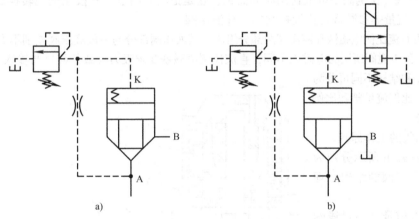

图 1-5-26 压力控制插装阀

③ 流量控制插装阀。二通流量控制插装阀的结构及图形符号如图 1-5-27 所示。在插装阀的控制盖板上有阀芯限位器，用来调节阀芯开度，从而起到流量控制阀的作用。若在二通插装阀前串联一个定差减压阀，则可组成二通插装调速阀。

3) 插装阀的特点。插装阀与一般液压阀相比，具有以下优点：

① 插装式元件已标准化，将几个插装式锥阀单元组合到一起便可构成复合阀。

② 通油能力大，特别适用于大流量的场合，插装式锥阀的最大通

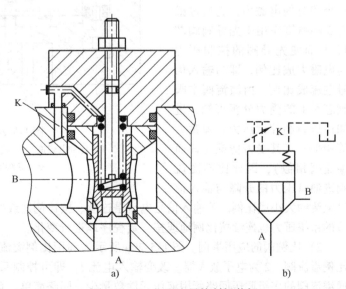

图 1-5-27 二通流量控制插装阀

径可达 250mm，通过的流量可达到 10000L/min。

③ 动作速度快，因为它靠锥面密封而切断油路，阀芯稍一抬起，油路立即接通。此外，阀芯行程较短，且比滑阀阀芯轻，因此其动作灵敏，特别适合于高速开启的场合。

④ 密封性好，泄漏小。

⑤ 结构简单，制造容易，工作可靠，不易堵塞。

⑥ 一阀多能，易于实现元件和系统的标准化、系列化和通用化，并可简化系统。

⑦ 可以按照不同的进、出流量分别配置不同通径的锥阀，而滑阀必须按照进、出油量中较大者选取。

⑧ 易于集成，通径相同的插装阀集成与等效的滑阀集成相比，前者的体积和自重大大减小，且流量越大，效果越显著。

由于插装阀液压系统所用的电磁铁数量较一般液压系统有所增加，因而主要用于流量较大或对密封性能要求较高的系统，对于小流量以及多液压缸无单独调压要求的系统和动作要求简单的液压系统，不宜采用插装式锥阀。

(2) 比例阀　比例阀是电液比例阀的简称，它是把输入的电信号按比例地转换成力或位移，从而对压力、流量等参数进行连续控制的一种液压阀。

比例阀由直流比例电磁铁和液压阀两部分组成。其液压阀部分与一般液压阀差别不大，而直流比例电磁铁和一般电磁阀所用的电磁铁不同，直流比例电磁铁要求吸力（或位移）与输入电流成比例。比例阀按用途和结构不同可分为比例压力阀、比例流量阀和比例方向阀三大类。

1) 比例阀的工作原理。

图 1-5-28a、b 所示分别为先导式比例溢流阀的结构原理和图形符号。

当输入电信号（通过线圈 2）时，比例电磁铁 1 便产生一个相应的电磁力，它通过推杆 3 和弹簧作用于先导阀阀芯 4，从而使先导阀的控制压力与电磁力成比例，即与输入信号电流成比例。由溢流阀主阀阀芯 6 上的受力分析可知，进油口压力和控制压力、弹簧力等相平衡（其受力情况与普通溢流阀相似），因此比例溢流阀进油口压力的升降与输入信号电流的大小成比例。若输入信号电流是连续、按比例地或按一定程序变化，则比例溢流阀所调节的系统压力也连续按比例地或按一定程序地进行变化。

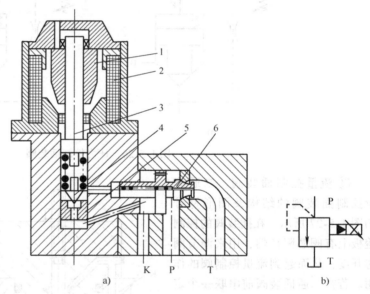

图 1-5-28　比例溢流阀
1—比例电磁铁　2—线圈　3—推杆　4—先导阀阀芯
5—导阀座　6—主阀阀芯

2) 比例阀的应用举例。图 1-5-29a 所示为利用比例溢流阀调压的多级调压回路，图中 1 为比例溢流阀，2 为电子放大器。改变输入电流 I，即可控制系统获得多级工作压力。它比利用普通溢流阀的多级调压回路所用液压元件数量少，回路简单，且能对系统压力进行连续控制。

图 1-5-29b 所示为采用比例调速阀的调速回路。改变比例调速阀输入电流即可使液压缸获得所需要的运动速度。比例调速阀可在多级调速回路中代替多个调速阀,也可用于远距离速度控制。

3) 比例阀的特点。与普通液压阀相比,比例阀的优点如下:

① 油路简化,元件数量少。

② 能简单地实现远距离控制,自动化程度高。

③ 能连续、按比例地对油液的压力、流量或方向进行控制,从而实现对

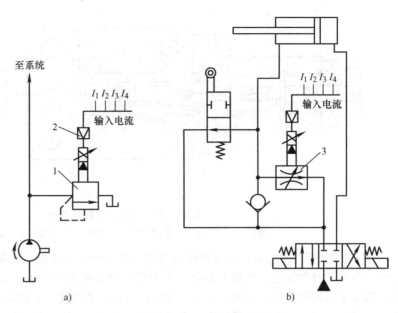

图 1-5-29 比例阀的应用
1—比例溢流阀 2—电子放大器 3—比例调速阀

执行机构的位置、速度和力的连续控制,并能防止或减小压力、速度变换时的冲击。

比例阀广泛应用于要求对液压参数连续控制或程序控制,但不需要很高控制精度的液压系统中。

(3) 叠加阀 叠加式液压阀简称叠加阀,其阀体本身既是元件又是具有油路通道的连接体,阀体的上、下两面做成连接面。选择同一通径系列的叠加阀,叠合在一起用螺栓紧固,即可组成所需的液压传动系统。

叠加阀现有五个通径系列:$\phi 6mm$、$\phi 10mm$、$\phi 16mm$、$\phi 20mm$ 和 $\phi 32mm$,额定压力为 20MPa,额定流量为 10~200L/min。叠加阀按其功用的不同分为压力控制阀、流量控制阀和方向控制阀三类,其中方向控制阀仅有单向阀类,主换向阀不属于叠加阀。

1) 叠加阀的结构及工作原理。叠加阀的工作原理与一般液压阀相同,只是具体结构有所不同。现以溢流阀为例,说明其结构和工作原理。

图 1-5-30a 所示为 $Y_1 - F10D - P/T$ 先导式叠加溢流阀,其型号的含义:Y 表示溢流阀,F 表示压力等级 (20MPa),10 表示 $\phi 10mm$ 通径系列,D 表示叠加阀,P/T 表示进油口为 P、回油口为 T。它由先导阀和主阀两部分组成,先导阀为锥阀,主阀相当于锥阀式的单向阀。其工作原理如下:

压力油由进油口 P 进入主阀阀芯 6 右端的 e 腔,并经阀芯上阻尼孔 d 流至阀芯 6 左端 b 腔,再经小孔 a 作用于锥阀阀芯 3 上。当系统压力低于溢流阀调定压力时,锥阀关闭,主阀也关闭,阀不溢流;当系统压力达到溢流阀的调定压力时,锥阀阀芯 3 打开,b 腔的油液经锥阀口及孔 c 由油口 T 流回油箱,主阀阀芯 6 右腔的油经阻尼孔 d 向左流动,于是使主阀阀芯的两端油液产生压力差。此压力差使主阀阀芯克服弹簧 5 而左移,主阀阀口打开,实现了自油口 P 向油口 T 的溢流。调节弹簧 2 的预压缩量便可调节溢流阀的调整压力,即溢流压力。

图 1-5-30b 所示为叠加式溢流阀的图形符号。

2) 叠加阀的组装。叠加阀自成体系,每一种通径系列的叠加阀,其主油路通道和螺钉孔的大小、位置、数量都与相应通径的板式换向阀相同。因此,将同一通径系列的叠加阀互相叠加,可直接连接而组成集成化液压系统。

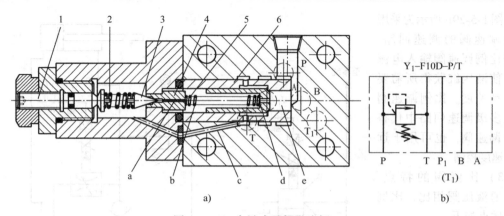

图 1-5-30 先导式叠加溢流阀
1—推杆 2—弹簧 3—锥阀阀芯 4—阀座 5—弹簧 6—主阀阀芯

图 1-5-31 所示为叠加式液压装置示意图。最下面的是底板，底板上有进油孔、回油孔和通向液压执行元件的油孔，底板上面第一个元件一般是压力表开关，然后依次向上叠加各压力控制阀和流量控制阀，最上层为换向阀，用螺栓将它们紧固成一个叠加阀组。一般一个叠加阀组控制一个执行元件。如果液压系统有几个需要集中控制的液压元件，则用多联底板，并排在上面组成相应的几个叠加阀组。

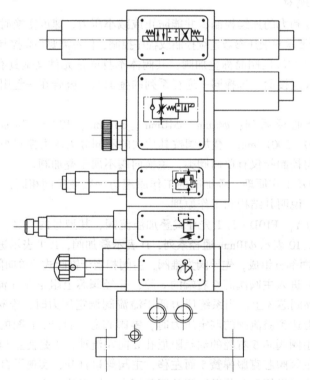

图 1-5-31 叠加式液压装置示意图

3）叠加式液压系统的特点。叠加式液压系统有以下特点：

① 用叠加阀组装液压系统，不需要另外的连接块，因而结构紧凑、体积小、重量轻。

② 系统的设计工作量小，绘制出叠加式液压系统原理图后即可进行组装，且组装简便、周期短。

③ 调整、改换或增减系统的液压元件方便简单。

④ 元件之间可实现无管连接，不仅可省掉大量管件，减少了产生压力损失、泄漏和振动的环节，而且使外观整齐，便于维护保养。

（四）任务小结

液压控制阀是液压系统中的控制元件。

1） 方向控制阀分为单向阀和换向阀两类。单向阀可用于防止油液倒流、用作背压阀、与其他阀并联组合使用；换向阀主要用于控制执行元件运动方向，按操作方式分为手动换向阀、机动换向阀、电磁换向阀、液动换向阀及电液动换向阀等。

2） 压力控制阀分为溢流阀、减压阀及顺序阀。溢流阀的主要作用是溢流稳压或限压保护，可以调定整个液压系统的工作压力；减压阀的主要作用是减压并保持出口压力恒定；顺序阀利用压力变化，控制执行元件的顺序动作。

3） 流量控制阀分为节流阀和调速阀。节流阀的结构简单，制造容易，但负载和温度的变化对流量稳定性影响较大；调速阀由定差减压阀和节流阀串联组合而成，调速稳定性好，适用于负载变化较大、速度平稳性要求较高的液压系统。

4） 与普通液压阀不同，插装阀主要用于流量较大的系统或对密封性能要求较高的系统；比例阀主要应用于要求对液压参数连续控制或程序控制，但不需要很高控制精度的液压系统中；叠加阀具有结构紧凑、体积小、重量轻、组装简便及便于维护保养等特点。

（五）思考与练习

1. 填空题

1） 液压控制阀是液压系统的_____元件，根据用途和工作特点不同，控制阀可分为三类：_____控制阀、_____控制阀和_____控制阀。

2） 根据改变阀芯位置的操纵方式不同，换向阀可分为_____、_____、_____、_____和_____等。

3） 压力控制阀的共同特点：利用_____和_____平衡的原理进行工作。

4） 溢流阀安装在液压系统的泵出口处，其主要作用是_____和_____。

5） 在液压传动系统中，要降低整个系统的工作压力，采用_____阀；而降低局部系统的压力，采用_____阀。

6） 流量阀是利用改变它的通流_____来控制系统工作流量，从而控制执行元件的运动_____，在使用定量泵的液压系统中，为使流量阀能起节流作用，必须与_____阀联合使用。

2. 判断题

1） 单向阀的作用是变换液流流动方向，接通或关闭油路。（　　）

2） 调节溢流阀中弹簧的压力，即可调节系统压力的大小。（　　）

3） 先导式溢流阀只适用于低压系统。（　　）

4） 若把溢流阀当作安全阀使用，系统正常工作时，该阀处于常闭状态。（　　）

3. 选择题

1） 为了实现液压缸的差动连接，采用电磁换向阀的中位滑阀必须是_____；要实现泵卸荷，可采用三位换向阀的_____型中位滑阀机能。
  A. O 型   B. P 型   C. M 型   D. Y 型
2) 调速阀工作原理上最大的特点是_____。
  A. 调速阀进口和出口油液的压力差 Δp 保持不变
  B. 调速阀内节流阀进口和出口油液的压力差 Δp 保持不变
  C. 调速阀调节流量不方便
3) 当控制压力高于预调压力时，减压阀主阀口的节流缝隙_____。
  A. 开大   B. 关小   C. 保持常值
4) 液压机床开动时，运动部件产生突然冲击的现象通常是_____。
  A. 正常现象，随后会自行消除   B. 油液中混入空气
  C. 液压缸的缓冲装置出故障   D. 系统其他部分有故障

4. 问答题

1) 试比较普通单向阀和液控单向阀的区别。
2) 画出以下各种名称方向控制阀的图形符号。
二位四通电磁换向阀、二位五通手动换向阀、三位四通电液动换向阀（O 型机能）、二位二通液动换向阀、二位三通行程换向阀、液控单向阀。
3) 比较直动式溢流阀、减压阀、顺序阀的异同：

类型	图形符号	主要功用	控制信号来源	进出油压	常态启闭	泄油方式
溢流阀						
减压阀						
顺序阀						

4) 节流阀可以反接而调速阀不能反接，这是为什么？

5. 分析题

1) 试分析图 1-5-32 所示回路的压力表 A 在系统工作时能显示出哪些读数（压力）？
2) 一夹紧回路如图 1-5-33 所示，若溢流阀的调定压力为 5MPa，减压阀的调定压力为 2.5MPa，试分析活塞快速运动时和夹紧工件后，A、B 两点的压力各为多少？

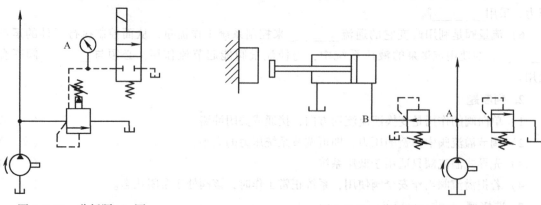

图 1-5-32 分析题 1) 图   图 1-5-33 分析题 2) 图

3）图1-5-34a、b所示分别为两个不同调定压力的减压阀串联、并联情况，阀1调定压力小于阀2，试分析出口压力取决于哪一个减压阀？为什么？

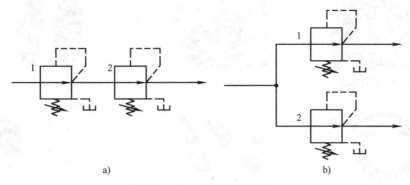

图1-5-34　分析题3）图

4）如图1-5-35a、b所示，节流阀串联在液压泵和执行元件之间，调节节流阀的通流面积，能否改变执行元件的运动速度？简述理由。

5）试分析图1-5-36所示插装式锥阀可以组成何种类型的液压阀，并画出相应一般液压阀的图形符号。

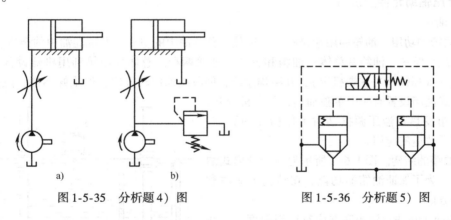

图1-5-35　分析题4）图　　　　　　图1-5-36　分析题5）图

任务六　液压辅助元件的识别与选用

（一）任务描述

平面磨床工作台液压系统中的辅助元件，如油箱、过滤器、输油管等，虽然只起辅助作用，但从保证系统完成任务方面看，却非常重要，选用不当会影响系统寿命，甚至无法工作。常用的液压辅助元件如图1-6-1所示。本任务通过元件实物和企业案例，了解液压系统中油箱、过滤器、测量仪表、管件、蓄能器等多种辅助元件，掌握各种液压辅助元件的分类、特点、功用，能对液压站上配置的液压辅助元件进行正确地识别与选用。

（二）任务目标

掌握液压辅助元件的功用及分类，熟悉液压系统中油箱、过滤器、压力表、管件、蓄能器等常用辅助元件的结构特点，掌握其图形符号画法并能正确选用。

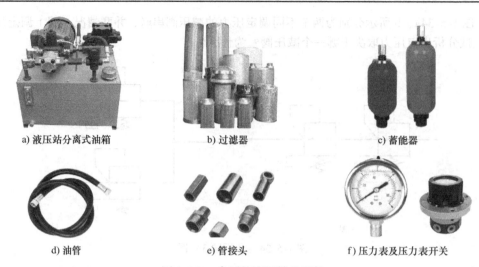

a) 液压站分离式油箱　　b) 过滤器　　c) 蓄能器

d) 油管　　e) 管接头　　f) 压力表及压力表开关

图 1-6-1　常用的液压辅助元件

（三）任务实施

1. 液压辅助元件的识别

（1）油箱

1）油箱的功用。油箱的用途是贮油、散热、分离油中的空气以及沉淀油中的杂质。

在液压系统中，油箱有总体式油箱和分离式油箱两种。总体式油箱利用机器设备机身内腔作为油箱（如压铸机、注塑机等），其结构紧凑，回收漏油比较方便，但维修不便，散热条件不好。分离式油箱设置有一个单独油箱，与主机分开，减少了油箱发热及液压源振动对工作精度的影响，因此得到了普遍的应用。

2）油箱的结构。图 1-6-2 所示为一个分离式油箱的结构，为了保证油箱的功能，在结构上应注意以下几个方面。

① 应便于清洗。油箱底部应有适当斜度，并在最低处设置放油塞，换油时可使油液和污物顺利排出。

② 在易见的油箱侧壁上设置液位计（俗称油标），以指示油位高度。

③ 油箱加油口应装过滤网，口上应有带通气孔的盖。

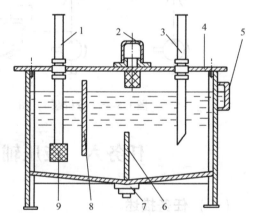

图 1-6-2　分离式油箱的结构
1—吸油管　2—滤清器　3—回油管
4—箱盖　5—液位计　6、8—隔板
7—放油塞　9—过滤器

④ 吸油管与回油管之间的距离要尽量远些，并采用多块隔板隔开，分成吸油区和回油区，隔板高度约为油面高度的 3/4。

⑤ 吸油管口离油箱底面距离应大于 2 倍油管外径，离油箱箱边距离应大于 3 倍油管外径。吸油管和回油管的管端应切成 45°的斜口，回油管的斜口应朝向箱壁。

油箱的有效容积一般按液压泵的额定流量估算，在低压系统中取液压泵每分钟排油量的 2~4 倍，中压系统为 5~7 倍，高压系统为 6~12 倍。

油箱正常工作温度应为 15~65℃，在环境温度变化较大的场合要安装热交换器。

（2）过滤器

1) 过滤器的功用。过滤器又称滤油器，其功用是清除油液中的各种杂质，以免其划伤、磨损甚至卡死有相对运动的零件，或堵塞零件上的小孔及缝隙，影响系统的正常工作，降低液压元件的寿命，甚至造成液压系统的故障。

过滤器一般安装在液压泵的吸油口、压油口及重要元件的前面。通常，液压泵吸油口安装粗过滤器，压油口与重要元件前安装精过滤器。

2) 过滤器的类型。

① 网式过滤器。如图 1-6-3a 所示，网式过滤器由筒形骨架 2 上包一层或两层铜丝滤网 3 组成。其特点是结构简单，通油能力大，清洗方便，但过滤精度较低。它常用于泵的吸油管路，对油液进行粗过滤。过滤器的图形符号如图 1-6-3b 所示。

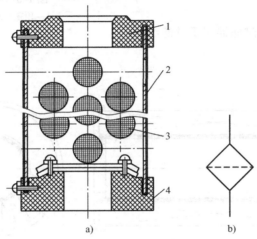

图 1-6-3 网式过滤器
1—上盖 2—骨架 3—滤网 4—下盖

② 线隙式过滤器。如图 1-6-4 所示，线隙式过滤器的滤芯由铜线或铝线绕在筒形骨架 2 上而形成，依靠线间缝隙过滤。其特点是结构简单，通油能力大，过滤精度比网式过滤器高，但不易

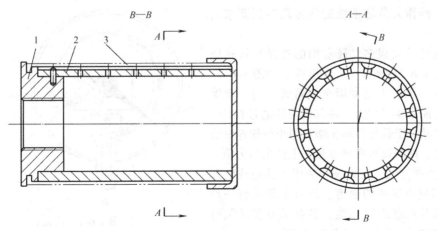

图 1-6-4 线隙式过滤器
1—端盖 2—骨架 3—金属线

清洗，滤芯强度较低。它一般用于中、低压系统。

③ 烧结式过滤器。如图1-6-5所示，烧结式过滤器的滤芯3通常由青铜等颗粒状金属烧结而成，工作时利用颗粒间的微孔进行过滤。烧结式过滤器的过滤精度高，耐高温，耐蚀性好，滤芯强度大，但易堵塞，难于清洗，颗粒易脱落。

④ 纸芯式过滤器。如图1-6-6所示，纸芯式过滤油器的滤芯由微孔滤纸1组成，滤纸制成折叠式，以增加过滤面积。滤纸用骨架2支撑，以增大滤芯强度。其特点是过滤精度高，压力损失小，重量轻，成本低，但不能清洗，需定期更换滤芯。它主要用于低压小流量的精过滤。

⑤ 磁性过滤器。磁性过滤器用于过滤油液中的铁屑。

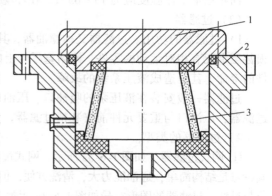

图1-6-5 烧结式过滤器
1—顶盖 2—壳体 3—滤芯

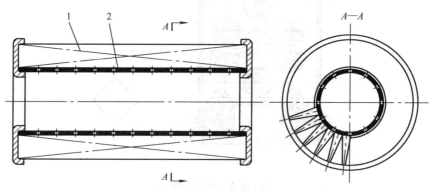

图1-6-6 纸芯式过滤器
1—纸芯 2—骨架

(3) 压力表及压力表开关

1) 压力表。压力表用于观察液压系统中各工作点（如液压泵出口、减压阀之后等）的压力，以便于操作人员把系统的压力调整到要求的工作压力。

压力表的种类很多，最常用的是弹簧管式压力表，如图1-6-7a所示，其图形符号如图1-6-7b所示。当压力油进入扁截面金属弯管1时，弯管变形而使其曲率半径加大，端部的位移通过杠杆4使齿扇5摆动。于是与齿扇5啮合的小齿轮6带动指针2转动，此时就可在分度盘3上读出压力值。

2) 压力表开关。压力表开关用于接通或断开压力表与测量点油路的通道。压力表开关有一点式、三点式及六点式等类型。多点压力表开关可按需要分别测量系统中多点处的压力。

图1-6-8所示为六点式压力表开关，图示位置

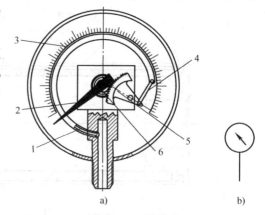

图1-6-7 压力表
1—弯管 2—指针 3—分度盘 4—杠杆
5—齿扇 6—小齿轮

为非测量位置，此时压力表油路经小孔 a、沟槽 b 与油箱接通；若将手柄向右推进去，沟槽 b 将把压力表与测量点接通，并把压力表通往油箱的油路切断，这时便可测出该测量点的压力。如将手柄转到另一个位置，便可测出另一点的压力。

(4) 油管和管接头

1) 油管。液压系统中常用的油管有钢管、铜管、橡胶软管、尼龙管及塑料管等多种类型。考虑配管和工艺的方便，在高压系统中常用

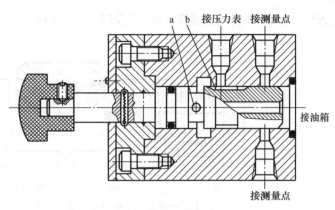

图 1-6-8　压力表开关

无缝钢管；中、低压系统一般用铜管；橡胶软管的主要优点是可用于两个相对运动件之间的连接；尼龙管和塑料管价格便宜，但承压能力差，可用于回油路、泄油路等处。

2) 管接头。管接头是油管与油管、油管与液压元件间的连接件。管接头的种类很多，图 1-6-9 所示为常用的几种类型。

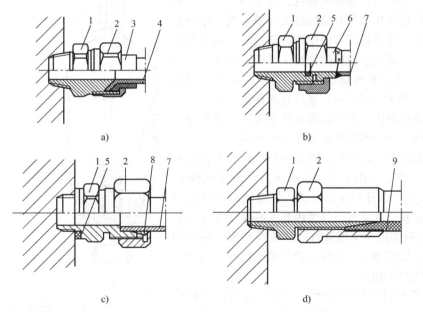

图 1-6-9　管接头
1—接头体　2—螺母　3—管套　4—扩口薄管　5—密封垫
6—接管　7—钢管　8—卡套　9—橡胶软管

图 1-6-9a 所示为扩口式管接头，常用于中、低压的铜管和薄壁钢管的连接。图 1-6-9b 所示为焊接式管接头，用来连接管壁较厚的钢管。图 1-6-9c 所示为卡套式管接头，这种管接头拆装方便，在高压系统中被广泛使用，但对油管的尺寸精度要求较高。图 1-6-9d 所示为扣压式管接头，用来连接高压软管。

图 1-6-10 所示为快换接头，用于经常需要装拆处。图示为油路接通时的工作位置；当要断开油路时，可用力把外套 4 向左推，在拉出接头体 5 后，钢球 3 即从接头体中退出。与此同时，单向阀

的锥形阀芯 2 和 6 分别在弹簧 1 和 7 的作用下将两个阀口关闭, 油路即断开。

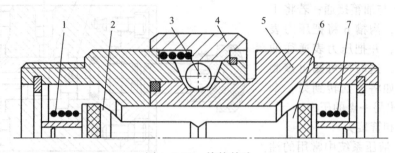

图 1-6-10 快换接头
1、7—弹簧 2、6—阀芯 3—钢球 4—外套 5—接头体

(5) 蓄能器

1) 蓄能器的功用。蓄能器是用来储存和释放液体压力能的装置,其功用主要有以下几个方面:

① 短期大量供油。当执行元件需快速运动时,由蓄能器与液压泵同时向液压缸供给压力油。

② 维持系统压力。当执行元件停止运动的时间较长,并且需要保压时,为降低能耗,使泵卸荷,可以利用蓄能器储存的液压油来补偿油路的泄漏损失,维持系统压力。另外,蓄能器还可以用作应急油源,避免电源突然中断或液压泵发生故障时油源中断而引起事故。

③ 缓和冲击和吸收脉动压力。当液压泵起动或停止、液压阀突然关闭或换向、液压缸起动或制动时,系统中会产生液压冲击,在冲击源和脉动源附近设置蓄能器,可以起缓和冲击和吸收脉动压力的作用。

2) 蓄能器的结构特点。图 1-6-11a 所示为囊式蓄能器,其图形符号如图 1-6-11b 所示。它由充气阀 1、壳体 2、气囊 3、提升阀 4 等组成。气囊用耐油橡胶制成,固定在壳体 2 的上部,气囊内充入惰性气体(一般为氮气)。提升阀是一个用弹簧加载的具有菌形头部的阀,压力油由该阀通入。在液压油全部排出时,该阀能防止气囊膨胀挤出油口。

这种蓄能器因为气囊惯性小,反应灵敏,容易维护,所以最常用。其缺点是容量较小,气囊和壳体的制造比较困难。

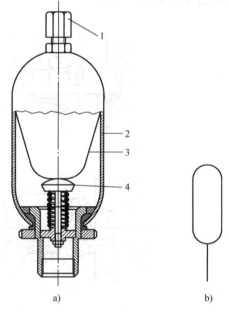

图 1-6-11 囊式蓄能器
1—充气阀 2—壳体 3—气囊 4—提升阀

除了囊式蓄能器,此外还有活塞式蓄能器、重力式蓄能器、弹簧式蓄能器和隔膜式蓄能器等。

(6) 压力继电器 压力继电器是将液压信号转换为电信号的转换元件,其作用是根据液压系统的压力变化自动接通或断开有关电路,以实现对系统的程序控制和安全保护功能。

图 1-6-12a 所示为压力继电器的工作原理。控制油口 K 与液压系统相连通,当油液压力达到调定值(开启压力)时,薄膜 1 在液压作用力作用下向上鼓起,使柱塞 5 上升,钢球 2、8 在柱塞锥面的推动下水平移动,通过杠杆 9 压下微动开关 11 的触销 10,接通电路,从而发出电信号。

当控制油口 K 的压力下降到一定数值(闭合压力)时,弹簧 6 和 4(通过钢球 2)将柱塞压下，这时钢球 8 落入柱塞的锥面槽内，微动开关的触销复位，将杠杆推回，电路断开。

发出信号时的油液压力可通过调节螺钉 7，改变弹簧 6 对柱塞 5 的压力进行调定。开启压力与闭合压力之差值称为返回区间，其大小可通过调节螺钉 3，即调节弹簧 4 的预压缩量，从而改变柱塞移动时的摩擦阻力，使返回区间可在一定范围内改变。

图 1-6-12b 所示为压力继电器的图形符号。一般中压系统的调压范围为 1.0 ~ 6.3MPa，返回区间一般为 0.35 ~ 0.8MPa。

2. 液压辅助元件的综合应用

纽威数控装备（苏州）有限公司为 NL502S-022-1H 数控卧式车床提供了液压站。系统工作压力为 5MPa，系统流量为 24L/min，工作介质为 46 号抗磨液压油。标准液压动力源的配置简图如图 1-6-13 所示。

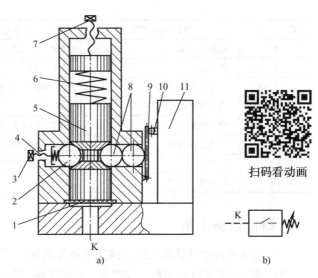

图 1-6-12 压力继电器
1—薄膜 2、8—钢球 3、7—调节螺钉 4、6—弹簧
5—柱塞 9—杠杆 10—触销 11—微动开关

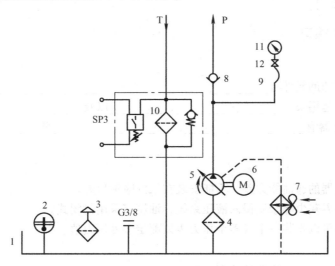

图 1-6-13 标准液压动力源

图 1-6-13 中液压元件的选型见表 1-6-1，其中标注 ◇ 的为液压辅助元件。

表 1-6-1 标准液压动力源的液压辅助元件

序　号	液压元件名称	液压元件型号及规格	供应厂商
1	液压油箱◇	80L	七洋
2	液位温度计◇	LS-3	CLC
3	注油器◇	AB-1162	CLC
4	吸油过滤器◇	MF-06	CLC

(续)

序号	液压元件名称	液压元件型号及规格	供应厂商
5	变量叶片泵	PVF-30-55-10S	ANSON
6	电动机	3HP-4P	大同
7	风冷机◇	AL-404-DC24	COOLBIT
8	管式单向阀	CIT-04	七洋
9	测压软管◇	HFG-P3-2-P-460	七洋
10	回油过滤器◇	RF-110*20L-Y	—
11	压力表◇	DT-63-10MPa	—
12	压力表开关◇	SB-02	七洋

（四）任务小结

1）液压系统中的辅助元件是液压系统不可缺少的组成部分。

2）液压辅助元件有油箱、过滤器、测量仪表、管件、蓄能器、热交换器等多种类型。油箱的用途是贮油、散热、分离油中的空气以及沉淀油中的杂质；过滤器的功用是清除油液中的各种杂质；压力表用于观察液压系统中各工作点的压力值；液压系统中常用的油管有钢管、纯铜管、橡胶软管、尼龙管及塑料管等多种类型；蓄能器是用来储存和释放液体压力能的装置。

3）液压辅助元件的正确选型和合理使用对液压系统的动态特性、工作稳定性、温升、寿命和噪声会产生直接影响。

（五）思考与练习

1. 填空题

1）常用的液压辅助元件有_____、_____、_____、_____、_____等。

2）油箱的作用是用来_____、_____、_____以及_____。

3）常用的过滤器有_____、_____、_____、_____和_____，其中_____属于粗过滤器。

2. 判断题

1）烧结式过滤器的通油能力差，不能安装在泵的吸油口处。（　　）

2）为了防止外界灰尘等杂质侵入液压系统，油箱宜采用封闭式。（　　）

3）液压系统中可以安装一个或多个压力表以测定多处压力值。（　　）

3. 选择题

1）以下_____不是蓄能器的功用。
A. 保压　　　B. 卸荷　　　C. 应急能源　　　D. 过滤杂质

2）过滤器不能安装的位置是_____。
A. 回油路上　　　B. 泵的吸油口处　　　C. 旁油路上　　　D. 液压缸进口处

3）在高压系统中，连接两个相对运动件之间的油管通常采用_____。
A. 钢管　　　B. 铜管　　　C. 橡胶软管　　　D. 尼龙管

4. 问答题

1）蓄能器有哪些主要功用？

2）试画出各种液压辅助元件的图形符号。

任务七　平面磨床工作台液压系统的连接与控制

（一）任务描述

认识典型平面磨床工作台液压系统的运动控制方式，分析其工作原理和系统特点。本任务通过 FluidSIM，完成平面磨床工作台液压元件的选用和连接，并通过改变液压元件的主要参数，进行调试运行。

（二）任务目标

1）合理选择液压执行元件，满足磨床工作台往返进给运动要求。
2）选择多种换向操作方式（手控钢球定位式、手控弹簧复位式、机控方式、二位四通阀、三位四通阀），比较各种控制方式的特点。
3）设定液压泵与溢流阀的压力、流量参数，观察液压执行元件负载和速度的变化情况。
4）选用不同流量阀，并调节其节流开口，分析执行元件的速度稳定性。

（三）任务实施

1. 典型平面磨床液压系统的分析

图 1-7-1 所示为企业应用的典型平面磨床液压系统。

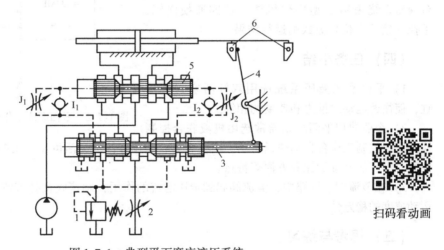

图 1-7-1　典型平面磨床液压系统
1—溢流阀　2—节流阀　3—先导阀阀芯　4—拨叉杠杆　5—主阀阀芯　6—挡块

该典型平面磨床选用双杆活塞式液压缸驱动工作台运动，与运动部件相连接的挡块 6，推动拨叉杠杆 4 左右摆动，使换向阀的先导阀阀芯 3 左右移动。此换向阀选用行程阀作为先导阀，可调节流液动阀为主阀。

图示位置显示先导阀阀芯 3 处于最右端，液压泵供油的控制油路经先导阀和单向阀 I_1 进入主阀阀芯 5 左侧，主阀阀芯 5 右侧的油液经节流阀 J_2 和先导阀流回油箱，主阀阀芯移动至最右端，液压泵供油的主油路经主阀进入液压缸左腔，推动活塞向右移动，液压缸右腔的油液经节流阀 2 回油。反之，先导阀阀芯 3 移至最左端时，主阀阀芯 5 被控制油液推至左端，液压缸活塞向左移动。

工作台的系统压力由溢流阀1调节，工作台的运动速度由节流阀2调节，另外，调节挡块之间的距离可以控制工作台的往返行程。

2. 平面磨床液压系统的连接与调试

（1）操作要求

1）采用二位四通换向阀机控方式，进行机控与手控操作性能对比。

2）采用二位四通换向阀手控（弹簧复位）方式，进行节流阀与调速阀调速对比。

3）采用三位四通换向阀手控（钢球定位）方式，进行O、M、H、Y、P型中位机能对比。

（2）参数设定

1）液压缸：活塞面积为50cm²，活塞杆面积为25cm²，最大行程为200mm，活塞位置0，输出力为5000N。

2）液压源和溢流阀：压力为5MPa，流量为16L/min。

3）节流阀：开度分别设定为100%、80%（初定）。

4）调速阀：流量分别设定为16L/min、2L/min（初定）。

5）液压缸：输出力分别设定为0N、5000N（初定）、10000N、20000N。

（3）调试运行 图1-7-2所示为平面磨床工作台液压系统采用O型中位机能三位四通换向阀、手控（钢球定位）方式的运行结果。

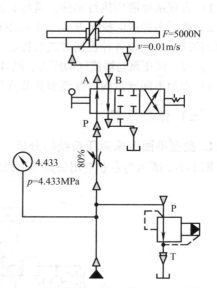

图1-7-2 平面磨床工作台液压系统仿真运行

（四）任务小结

1）平面磨床液压系统选用双杆活塞式液压缸，使往返运动时推力和速度均相等。

2）企业典型平面磨床通常选用机液联合控制换向阀，控制工作台自动往返运动，使机床具有操作方便、灵活可靠、无振动、精度稳定、热稳性好、噪声低及维护保养方便等特点。

3）在节流调速回路中，溢流阀起到定压溢流的作用，调速阀代替节流阀可以提高执行元件运动速度的稳定性。

（五）思考与练习

问答题

1）手控换向阀和机控换向阀有何区别？

2）换向阀的手控弹簧复位方式和机控钢球定位方式分别应用于何种场合？

3）二位四通换向阀和三位四通换向阀有何区别？

项目二 数控机床液压回路的应用

现代数控机床在实现整机的自动化控制中,除完成数控加工之外,还需要配备液压装置来实现整机自动运行辅助功能,主要包括:①夹具的自动松开、夹紧;②自动换刀,如机械手的伸、缩、回转、摆动,刀具的松开和拉紧;③工作台的松开、夹紧,交换工作台的自动交换动作;④机床的润滑冷却;⑤机床运动部件的平衡,如机床主轴箱的重力平衡装置等。采用液压装置的数控车床如图 2-0-1 所示。

图 2-0-1 采用液压装置的数控车床

任务一 液压方向控制回路的应用

控制液流的通、断和流动方向的回路称为方向控制回路,包括换向回路、闭锁回路两种类型,在液压系统中用于实现执行元件的起动、停止以及改变运动方向。

(一) 任务描述

本任务通过仿真演示和研究学习,熟悉液压系统中方向控制回路的分类及应用特点;借助液压实训操作台,完成典型方向控制回路的连接与调试;对数控机床液压系统中选用的方向控制回路及其应用特点进行分析。

(二) 任务目标

了解液压方向控制回路的功能、分类及应用特点，重点掌握常用换向回路、闭锁回路的应用特点及其连接操作，掌握典型数控车床液压传动系统中方向控制回路的特性分析。

(三) 任务实施

1. 换向回路的应用

(1) 换向回路的分类　液压系统中执行元件运动方向的变换一般由换向阀实现，根据执行元件换向的要求，可采用二位（或三位）四通（或五通）控制阀，控制方式可以是手动、机动、电动、液动和电液动等。

图 2-1-1a 所示是采用二位四通电磁换向阀的换向回路。当电磁铁通电时，压力油进入液压缸左腔，推动活塞杆向右移动；当电磁铁断电时，弹簧力使阀芯复位，压力油进入液压缸右腔，推动活塞杆向左移动。此回路只能停留在缸的两端，不能停留在任意位置上。

图 2-1-1b 所示是采用三位四通手动换向阀的换向回路。当阀处于中位时，M 型滑阀机能使泵卸荷，缸两腔油路封闭，活塞制动；当阀左位工作时，液压缸左腔进油，活塞向右移动；当阀右位工作时，液压缸右腔进油，活塞向左移动。此回路可以使执行元件在任意位置停止运动。

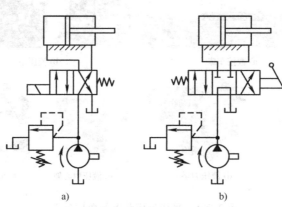

图 2-1-1　换向回路

(2) 换向回路的连接　在工业型液压实训工作台上进行元器件的选取及回路的搭建、调试、运行等实践操作。图 2-1-2 所示为天煌科技实业有限公司提供的 THPYQ-1 型液压实训工作台。

按图 2-1-3a 所示构建换向回路，选择双作用液压缸 1、二位四通电磁换向阀 2、压力表 3、溢流阀 4，进行安装和油管连接。电气接线图如图 2-1-3b 所示。

图 2-1-2　液压实训工作台

运行调试步骤如下：

1) 按下按钮 SB，控制换向阀 2 的电磁铁 Z1 得电，液压缸活塞杆缩回。

2) 松开按钮 SB，控制换向阀 2 的电磁铁 Z1 失电，液压缸活塞杆伸出。

项目二 数控机床液压回路的应用

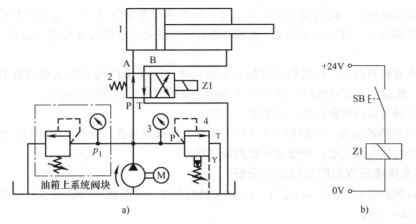

图 2-1-3 换向回路的连接与控制
1—液压缸 2—二位四通电磁换向阀 3—压力表 4—溢流阀

2. 闭锁回路的应用

（1）闭锁回路的分类　闭锁回路又称锁紧回路，用以实现使执行元件在任意位置上停止，并防止停止后蹿动。常用的闭锁回路有以下两种。

1）采用 O 型或 M 型滑阀机能三位换向阀的闭锁回路。图 2-1-4a 所示为采用三位四通 O 型滑阀机能换向阀的闭锁回路。当两电磁铁均断电时，弹簧使阀芯处于中间位置，液压缸的两工作油口被封闭。由于液压缸两腔都充满油液，而油液又是不可压缩的，因此向左或向右的外力均不能使活塞移动，活塞被双向锁紧。图 2-1-4b 所示为三位四通 M 型机能换向阀，具有相同的锁紧功能。不同的是，前者液压泵不卸荷，并联的其他执行元件运动不受影响，后者的液压泵卸荷。

这种闭锁回路结构简单，但由于换向阀密封性差，存在泄漏，所以闭锁效果较差。

2）采用液控单向阀的闭锁回路。图 2-1-5 所示为采用液控单向阀的闭锁回路。当换向阀处于中间位置时，液压泵卸荷，输出油液经换向阀回油箱，由于系统无压力，液控单向阀 A 和 B 关闭，液压缸左右两腔的油液均不能流动，活塞被双向闭锁。

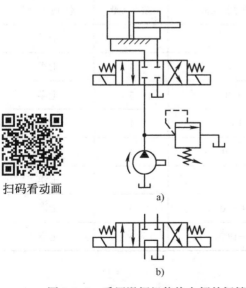

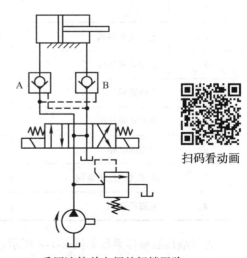

扫码看动画

图 2-1-4 采用滑阀机能换向阀的闭锁回路　　图 2-1-5 采用液控单向阀的闭锁回路

当左边电磁铁通电，换向阀左位接入系统，压力油经单向阀 A 进入液压缸左腔，同时进入单向阀 B 的控制油口，打开单向阀 B，液压缸右腔的油液可经单向阀 B 及换向阀回油箱，活塞向右运动。

当右边电磁铁通电时，换向阀右位接入系统，压力油经单向阀 B 进入液压缸右腔，同时打开单向阀 A，使液压缸左腔油液经单向阀 A 和换向阀回油箱，活塞向左运动。

液控单向阀有良好的密封性，闭锁效果较好。

（2）闭锁回路的连接　按照图 2-1-4 所示回路，正确选择液压元件，并进行回路的连接与调试；控制两个电磁阀都断电，观察液压缸的锁紧状态。

3. 数控车床液压方向控制回路的分析

苏州纽威数控装备有限公司生产的 NL504S 数控车床，其总体外观如图 2-1-6a 所示，拆去外壳后如图 2-1-6b 所示。

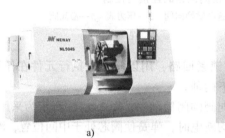
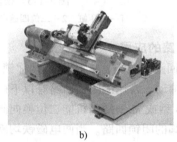

a)　　　　　　　　　　　　b)

图 2-1-6　NL504S 数控车床

NL504S 数控车床的卡盘、刀塔和尾座均采用液压驱动，其液压系统如图 2-1-7 所示。

NL504S 数控车床液压系统中控制阀主要采用叠加阀式安装，图 2-1-7 中主要液压元件的选型见表 2-1-1。

表 2-1-1　NL504S 数控车床液压元件的选型

序号	液压元件名称	液压元件型号及规格	数量	供应厂商
1	油路块	MFB-02-4	1	七洋
2	叠加式单向阀	MCV-02-P-1-10	1	七洋
3	叠加式减压阀	MGV-02-P-0-10	3	七洋
4	转换盖板	MFB-02-PA-BT	1	七洋
5	叠加式减压阀	MGV-02-P-1-10	1	七洋
6	压力继电器	PS-02-1-10	2	七洋
7	叠加式液控单向阀	MPC-02-W-1-10	3	七洋
8	电磁换向阀	DSD-G02-6C-DC24-72	3	七洋

刀塔液压缸液压系统如图 2-1-8 所示。

电磁阀和压力继电器动作顺序见表 2-1-2。

项目二 数控机床液压回路的应用

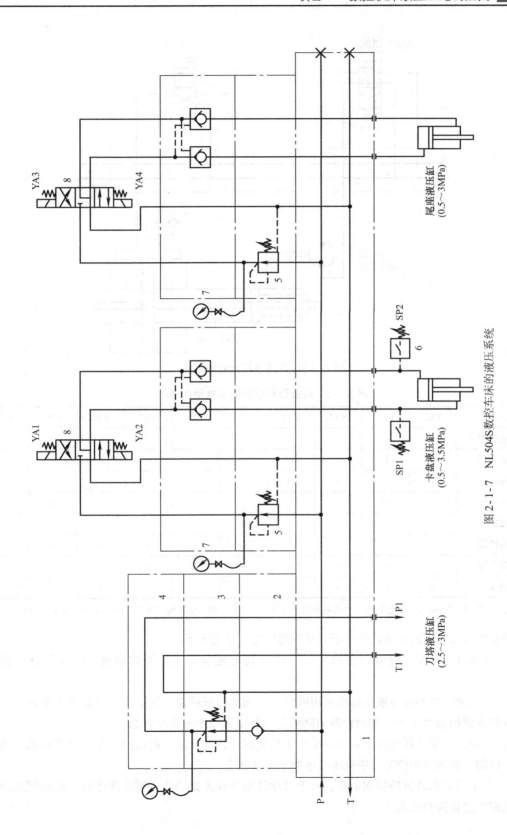

图 2-1-7 NL504S 数控车床的液压系统

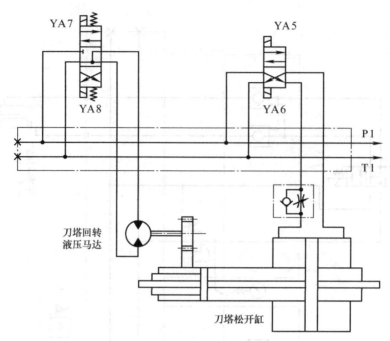

图 2-1-8 刀塔液压缸液压系统

表 2-1-2 电磁阀和压力继电器动作顺序

液压动作	YA1	YA2	YA3	YA4	YA5	YA6	YA7	YA8	SP1	SP2
卡盘收缩	+	-	-	-	-	-	-	-	+	-
卡盘张开	-	+	-	-	-	-	-	-	-	+
尾座伸出	-	-	+	-	-	-	-	-	-	-
尾座退回	-	-	-	+	-	-	-	-	-	-
刀盘松开	-	-	-	-	+	-	-	-	-	-
刀盘锁紧	-	-	-	-	-	+	-	-	-	-
刀塔正转	-	-	-	-	-	-	+	-	-	-
刀塔反转	-	-	-	-	-	-	-	+	-	-

注："+"表示电磁阀"通电"或压力继电器处于工作位；"-"表示电磁阀"断电"或压力继电器处于复位常态。

分析方向控制回路在该机床液压系统中的应用，结论如下：

1）卡盘液压缸和尾座液压缸均采用三位四通电磁换向阀的换向回路，中位任意位置可停止。

2）卡盘液压缸和尾座液压缸均采用液控单向阀的闭锁回路。为了液压缸锁紧效果好，三位换向阀的滑阀机能为 Y 型，同时使换向阀中位时液压泵处于非卸荷状态。

3）刀塔的正反回转运动由双向定量液压马达驱动，其换向回路选用三位四通电磁换向阀 Y 型中位机能，换向阀中位时刀塔液压马达处于浮动状态。

4）刀塔刀盘松开缸的换向回路，由于刀盘的松开和夹紧动作无需中间停顿，故选用二位四通双电控电磁换向阀控制。

（四）任务小结

通过对数控机床液压系统所选用方向控制回路的认识，获得如下结论：

1）方向控制回路是指控制液流的通、断和流动方向的回路，其功能是用于实现执行元件的起动、停止以及改变运动方向。

2）方向控制回路按功能不同分为换向回路和闭锁回路。

3）换向回路通常可以采用二位（或三位）四通（或五通）换向阀控制。

4）闭锁回路可以采用液控单向阀和三位换向阀（O型或M型机能）实现。

（五）思考与练习

1. 填空题

1）常用的基本回路按其功能可分为_____、_____、_____和_____等几大类。

2）方向控制回路包括_____回路、_____回路，它们的作用是控制液流的_____、_____和流动方向。

2. 判断题

1）所有方向阀都可构成换向回路。　　　　　　　　　　　　　　　　（　　）

2）闭锁回路属于换向回路，可以采用滑阀机能为O型或M型换向阀实现。（　　）

3. 选择题

1）下列回路中属于方向控制回路的是_____。
A. 换向和闭锁回路　　　B. 调压和卸载回路　　　C. 节流调速和换向回路

2）闭锁回路所采用的主要液压元件为_____。
A. 换向阀和液控单向阀　B. 溢流阀和换向阀　　　C. 顺序阀和液控单向阀

4. 分析题

图2-1-9所示为采用标准液压元件的行程换向阀A、B及带定位机构的液动换向阀C组成的自动换向回路，试说明其自动换向过程。

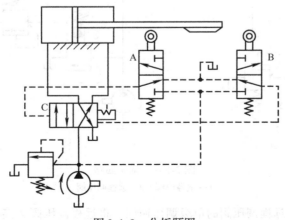

图2-1-9　分析题图

任务二　液压压力控制回路的应用

利用各种压力阀控制系统或系统某一部分油液压力的回路称为压力控制回路。压力控制回路在系统中用来实现调压、减压、增压、卸荷、平衡等控制,以满足执行元件对力或转矩的要求。

(一) 任务描述

本任务通过仿真演示和研究学习,熟悉液压系统中压力控制回路的分类及应用特点;借助液压实训操作台完成典型压力控制回路的连接与调试;对数控机床液压系统中选用的压力控制回路及其应用特点进行分析。

(二) 任务目标

了解液压压力控制回路的功能、分类及应用特点,重点掌握常用调压回路、减压回路、增压回路、卸荷回路、平衡回路的应用特点及其连接操作,掌握典型数控机床液压传动系统中压力控制回路的特性分析。

(三) 任务实施

1. 调压回路的应用

根据系统负载的大小来调节系统工作压力的回路叫调压回路。调压回路的核心元件是溢流阀。

(1) 调压回路的分类

1) 单级调压回路。图 2-2-1a 所示为由溢流阀组成的单级调压回路,用于定量泵液压系统。液压泵输出油液的流量除满足系统工作用油量和补偿系统泄漏外,还有油液经溢流阀流回油箱,所以这种回路效率较低,一般用于流量不大的场合。

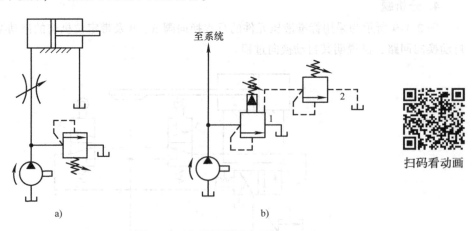

图 2-2-1　调压回路
1—主溢流阀　2—远程调压阀

图 2-2-1b 所示为用远程调压阀的单级调压回路。将远程调压阀 2 接在先导式主溢流阀 1 的远程控制口上,液压泵的压力即由阀 2 做远程调节。这时,远程调压阀起调节系统压力的作用,

绝大部分油液仍从主溢流阀1溢走。在该回路中，远程调压阀的调定压力应低于溢流阀的调定压力。

2）多级压力回路。当液压系统在工作过程中需要两种或两种以上不同工作压力时，常采用多级压力回路。

图2-2-2a所示为二级调压回路。当换向阀的电磁铁通电时，远程调压阀2的出口被关闭，故液压泵的供油压力由溢流阀1调定；当换向阀的电磁铁断电时，阀2的出口经换向阀与油箱接通，泵的供油压力由阀2调定，且阀2的调定压力应小于阀1的调定压力。

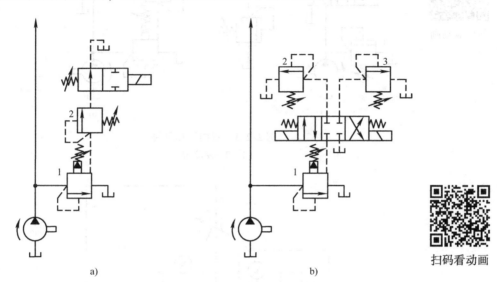

图2-2-2 多级调压回路
1—溢流阀 2、3—远程调压阀

图2-2-2b所示为三级调压回路。远程调压阀2和3的进油口经换向阀与主溢流阀1的远程控制油口相连。改变三位四通换向阀的阀芯位置，则可使系统有三种压力调定值。换向阀左位时，压力由阀2调定；换向阀右位时，压力由阀3调定；而中位时为系统的最高压力，由主溢流阀1调定。此回路中，阀1调定的压力必须高于阀2和阀3调定的压力，且阀2和阀3的调定压力不相等。

3）双向调压回路。执行元件正反行程需不同的供油压力时，可采用双向调压回路。

当图2-2-3a所示的换向阀在左位工作时，活塞右移，液压泵出口由溢流阀1调定为较高的压力，液压缸右腔油液卸压回油箱，溢流阀2关闭不起作用；当换向阀右位工作时，活塞左移，液压泵供油由溢流阀2调定为较低的压力，此时溢流阀1因调定压力高而关闭不起作用。

图2-2-3b所示回路在图示位置时，阀2的出口被高压油封闭，即阀1的远控口被堵塞，故液压泵压力由阀1调定为较高的压力；当换向阀在右位工作时，液压缸左腔通油箱，压力为零，阀2相当于阀1的远程调压阀，液压泵压力被阀2调定为较低的压力。该回路的优点是，阀2工作时仅通过少量泄油，故可选用小规格的远程调压阀。

(2) 调压回路的连接

1）限压、调压回路的调试。按图2-2-4所示构建调压回路，选择节流阀1、溢流阀2和压力表3，进行安装和连接。

① 测压。观察p_1的变化范围；调节油箱上系统阀块上的溢流阀，旋转溢流阀螺钉，观察压力的变化情况。

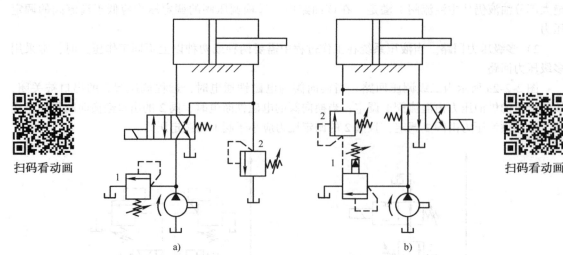

图 2-2-3 双向调压回路
1、2—溢流阀

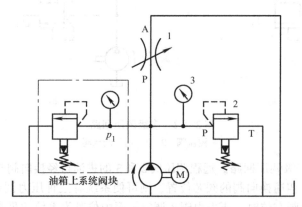

图 2-2-4 单个溢流阀调压回路
1—节流阀 2—溢流阀 3—压力表

② 调压。关闭节流阀 1，调节溢流阀 2，观察压力表 3 的变化值。

③ 压力形成。通过观察压力表 3，调节溢流阀 2 为 3MPa；调节节流阀 1（模拟负载），压力值随之变化，说明压力大小取决于负载大小。

④ 限压。调节油箱上系统阀块上的溢流阀至 $p_1=4$MPa，关闭节流阀 1，调节溢流阀 2，系统最大压力只能为 4MPa。

2) 两个溢流阀串联调压。图 2-2-5 所示为两个溢流阀串联的调压回路，选择压力表 1、先导式溢流阀 2 和直动式溢流阀 3，进行安装和连接。

① 调定泵阀，限定泵的最高工作压力 p_1，并保持其调定值。

② 安装先导式溢流阀 2，调节其螺钉，观察 p_1 的变化范围，调定阀 2 的压力。

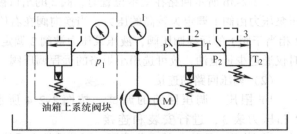

图 2-2-5 两个溢流阀串联调压回路
1—压力表 2—先导式溢流阀 3—直动式溢流阀

③ 安装直动式溢流阀3，调节其螺钉，再次观察p_1的变化范围。

3）两个溢流阀并联调压。图2-2-6所示为两个溢流阀并联的调压回路，选择压力表1、先导式溢流阀2和直动式溢流阀3，进行安装和连接。

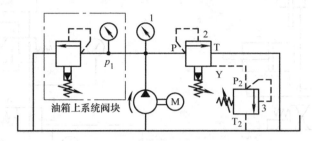

图2-2-6 两个溢流阀并联调压回路
1—压力表 2—先导式溢流阀 3—直动式溢流阀

① 调定泵阀，限定泵的最高工作压力p_1，并保持其调定值。
② 安装先导式溢流阀2，调节其螺钉，观察p_1的变化范围，调定阀2的压力。
③ 安装直动式溢流阀3，调节其螺钉，再次观察p_1的变化范围。

2. 减压回路的应用

（1）减压回路的功用　在定量液压泵供油的液压系统中，溢流阀按主系统的工作压力进行调定。若系统中某个执行元件或某个支路所需要的工作压力低于溢流阀所调定的主系统压力（如控制系统、润滑系统等），这时就要采用减压回路。减压回路主要由减压阀组成。

图2-2-7所示为采用减压阀组成的减压回路。减压阀出口的油液压力可以在5×10^5Pa以上到低于溢流阀调定压力5×10^5Pa的范围内调节。

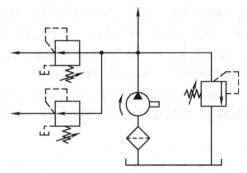

图2-2-7 采用减压阀组成的减压回路

图2-2-8所示为采用单向减压阀组成的减压回路。液压泵输出的压力油，以溢流阀调定的压力进入液压缸2，以经减压阀减压后的压力进入液压缸1。采用带单向阀的减压阀是为了液压缸1的活塞返程时，油液可经单向阀直接回油箱。

（2）减压回路的连接　按图2-2-9所示构建减压回路，选择溢流阀1、压力表2、减压阀3、压力表4、二位四通电磁阀5和双作用液压缸6，进行安装和油管连接。

① 调节溢流阀1，使压力表2显示为3.5MPa；然后调节减压阀3，观察压力表4压力的变化；调节减压阀3使压力表4显示为3MPa。
② 控制阀5的电磁铁Z1得电、失电，使活塞杆往返运动，观察活塞杆运动及停止时压力表2和压力表4的读数。
③ 使减压阀3的X口不接油箱，观察减压阀3能否减压，并分析原因。

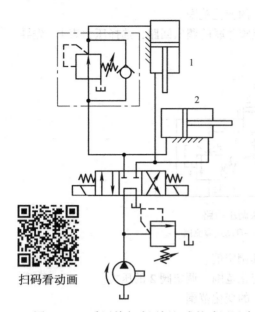
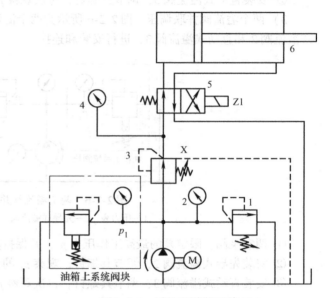

图 2-2-8　采用单向减压阀组成的减压回路
1、2—液压缸

图 2-2-9　减压回路的连接
1—溢流阀　2、4—压力表　3—减压阀
5—二位四通电磁阀　6—双作用液压缸

3. 卸荷回路的应用

（1）卸荷回路的功用及分类　当液压系统中的执行元件停止运动或需要长时间保持压力时，卸荷回路可以使液压泵输出的油液以最小的压力直接流回油箱，以减小液压泵的输出功率，降低驱动液压泵电动机的动力消耗，减小液压系统的发热，从而延长液压泵的使用寿命。

1）采用三位四通换向阀的卸荷回路。图 2-2-10 所示为采用三位四通换向阀的 H 型中位滑阀机能实现卸荷的回路。换向阀中位时，进油口 P 与回油口 T 相连通，液压泵输出的油液可以经换向阀中间通道直接流回油箱，使液压泵卸荷，M 型中位滑阀机能也有类似功用。

2）采用二位二通换向阀的卸荷回路。图 2-2-11 所示为采用二位二通换向阀的卸荷回路。当执行元件停止运动时，使二位二通换向阀电磁铁断电，其右位接入系统，这时液压泵输出的油液通过该阀流回油箱，使液压泵卸荷。应用这种卸荷回路时，二位二通换向阀的流量规格应能流过液压泵的最大流量。

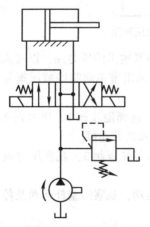
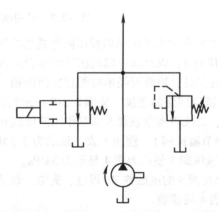

图 2-2-10　采用三位四通换向阀的卸荷回路　　图 2-2-11　采用二位二通换向阀的卸荷回路

3）采用溢流阀的卸荷回路。图 2-2-12 所示为采用先导式溢流阀的卸荷回路。采用小型的二位二通换向阀 3，将先导式溢流阀 2 的远程控制口接通油箱，即可使液压泵 1 卸荷。此回路中，二位二通换向阀可选用较小的流量规格。

4）采用液控顺序阀的卸荷回路。在双泵供油的液压系统中，常采用图 2-2-13 所示的卸荷回路，即在快速行程时，两液压泵同时向系统供油，进入工作阶段后，由于压力升高，打开液控顺序阀 3 使低压大流量泵 1 卸荷。溢流阀 4 调定工作行程时的压力，单向阀的作用是对高压小流量泵 2 的高压油起止回作用。

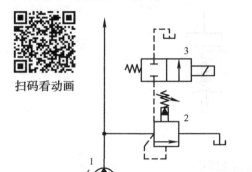

图 2-2-12 采用溢流阀的卸荷回路
1—液压泵 2—先导式溢流阀 3—二位二通换向阀

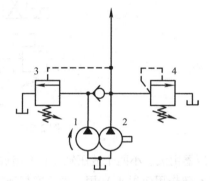

图 2-2-13 采用液控顺序阀的卸荷回路
1—低压大流量泵 2—高压小流量泵
3—液控顺序阀 4—溢流阀

（2）卸荷回路的连接 按图 2-2-14 所示构建卸荷回路，选择二位四通换向阀 1、先导式溢流阀 2 和压力表 3，进行安装和油管连接。

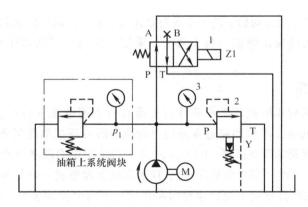

图 2-2-14 卸荷回路的连接
1—二位四通换向阀 2—先导式溢流阀 3—压力表

1）换向阀旁路卸荷。先导式溢流阀 2 的遥控口 Y 不接油箱时，调节阀 2 使压力表 3 示值为 3MPa。二位四通换向阀 1 的电磁铁 Z1 失电，压力表示值很小；Z1 得电，压力表示值为 3MPa。

2）溢流阀遥控口卸荷。阀 2 的 Y 口接油箱时，Z1 得电，压力表示值很小；当阀 2 的 Y 口不接油箱时，压力表示值为 3MPa。

4. 增压回路的应用

增压回路是用来使局部油路或个别执行元件得到比主系统油压高得多的压力的一种回路。图 2-2-15 所示为采用增压器的增压回路。

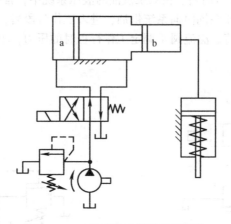

图 2-2-15 采用增压器的增压回路

增压器由大、小两个液压缸 a 和 b 组成，a 缸中的大活塞（有效作用面积 A_a）和 b 缸中的小活塞（有效作用面积 A_b）用一根活塞杆连接起来。当压力为 p_a 的压力油如图示进入液压缸 a 左腔时，作用在大活塞上的液压作用力 F_a 推动大、小活塞一起向右运动，液压缸 b 的油液以压力 p_b 进入工作液压缸，推动其活塞运动。

增压原理：因为作用在大活塞左端和小活塞右端的液压作用力相平衡，即 $F_a = F_b$，又因 $F_a = p_a A_a$，$F_b = p_b A_b$，所以 $p_a A_a = p_b A_b$，则 $p_b = p_a A_a / A_b$。由于 $A_a > A_b$，则 $p_b > p_a$，所以起到增压作用。

苏州纽威数控装备有限公司研制的 VM 系列立式加工中心，因机床无需液压装置，而刀具夹紧缸采用气压驱动，为确保足够的刀具夹紧力，采用气液增压器的增压回路有效改进了机床性能。

5. 平衡回路的应用

为防止垂直放置的液压缸及其工作部件因自重自行下落或在下行运动中因自重造成的失控失速，可设计平衡回路。平衡回路通常采用单向顺序阀或液控单向阀来实现平衡控制。

（1）采用单向顺序阀的平衡回路　图 2-2-16 所示为采用单向顺序阀的平衡回路，在液压缸下腔油路上加设一个平衡阀（即单向顺序阀），使液压缸下腔形成一个与液压缸运动部分自重相平衡的压力，可防止其因自重而下滑。这种回路在活塞下行时回油腔有一定的背压，故运动平稳，但功率损失较大。

（2）采用单向节流阀和液控单向阀的平衡回路　图 2-2-17 所示为采用单向节流阀和液控单向阀的平衡回路。当换向阀右位工作时，液压缸下腔进油，液压缸上升至终点；当换向阀处于中位时，液压泵卸荷，液压缸停止运动；当换向阀左位工作时，液压缸上腔进油，液压缸下腔的回油由节流阀限速，由液控单向阀锁紧，当液压缸上腔压力足以打开液控单向阀时，液压缸才能下行。由于液控单向阀泄漏量极小，故其闭锁性能较好，回油路上的单向节流阀可用于保证活塞向下运动的平稳性。

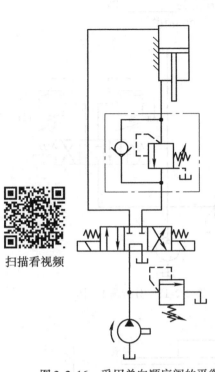

图 2-2-16　采用单向顺序阀的平衡回路　　图 2-2-17　采用单向节流阀和液控单向阀的平衡回路

（四）任务小结

1) 压力控制回路是利用各种压力阀控制系统或系统某一部分油液压力的回路。压力控制回路按功能不同分为调压回路、减压回路、增压回路、卸荷回路和平衡回路。

2) 调压回路通常采用溢流阀实现单级或多级调压。

3) 减压回路采用减压阀降低分支油路的工作压力。

4) 增压回路利用增压器获得比进口高得多的输出压力。

5) 卸荷回路可以节省功率损耗，减少油液发热。

6) 平衡回路主要用于垂直放置液压缸起平衡自重作用。

（五）思考与练习

1. 填空题

1) 压力控制回路可用来实现_____、_____、_____、_____等控制。

2) 卸荷回路的作用：当液压系统中的执行元件停止运动后，使液压泵输出的油液以最小的_____直接流回油箱，节省电动机的_____，减小系统_____，延长泵的_____。

2. 判断题

1) 一个复杂的液压系统是由液压泵、液压缸和各种控制阀等基本回路组成的。　　（　　）

2) 增压回路的增压比取决于大、小缸的直径之比。　　　　　　　　　　　　　　（　　）

3. 选择题

1) 卸荷回路属于_____回路。

A. 方向控制　　　　B. 压力控制　　　　C. 速度控制　　　　D. 顺序动作

2）若系统溢流阀调定压力为 35×10^5 Pa，则减压阀调定压力为_____ Pa。

A. $0\sim35\times10^5$　　　B. $5\times10^5\sim35\times10^5$　　　C. $5\times10^5\sim30\times10^5$

4. 分析题

1）图 2-2-18 所示回路最多能实现几级调压？阀 1、2、3 的调整压力之间应是怎样的关系？

2）如图 2-2-19 所示液压系统，液压缸有效工作面积 $A_1=A_2=100\text{cm}^2$，缸 Ⅰ 负载 $F=35000\text{N}$，缸 Ⅱ 运动时负载为零。不计摩擦阻力、惯性力和管路损失。溢流阀、顺序阀和减压阀的调整压力分别为 $p_Y=4\text{MPa}$、$p_X=3\text{MPa}$、$p_J=2\text{MPa}$。求下面三种工况下 A、B 和 C 处的压力：

① 液压泵起动后，两换向阀处于中位。

② 1YA 通电，缸 Ⅰ 活塞移动时及活塞运动到终点时。

③ 1YA 断电，2YA 通电，缸 Ⅱ 活塞运动时及活塞碰到固定挡块时。

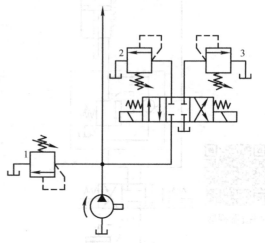

图 2-2-18　分析题 1) 图

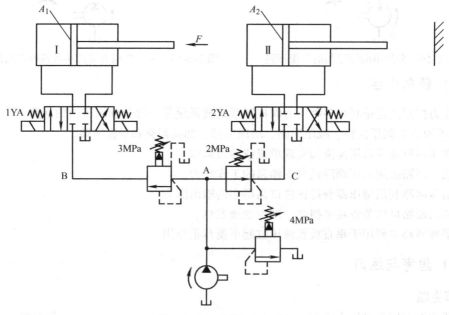

图 2-2-19　分析题 2) 图

任务三　典型数控机床液压系统分析

（一）任务描述

本任务通过企业典型案例分析，了解液压系统在数控机床上的具体应用；通过对数控机床液压系统的元件组成、回路类型分析，进一步理解常用液压元件的功能和基本回路的应用特点。

图 2-3-1 所示为采用了液压系统的数控机床。

a) MJ-50 数控车床

b) PM161H 龙门加工中心

图 2-3-1 采用液压系统的典型数控机床

（二）任务目标

了解典型数控机床液压系统的元件组成和工作原理，重点掌握典型方向控制回路和压力控制回路的具体应用，初步掌握数控机床液压传动系统的分析方法。

（三）任务实施

1. MJ-50 数控车床液压系统分析

（1）识读液压系统图　MJ-50 数控车床卡盘的夹紧与松开、卡盘夹紧力的高低压转换、刀架刀盘的松开与夹紧、回转刀架的正转与反转、尾座套筒的伸出与退回均由液压驱动，液压系统中各电磁阀电磁铁的动作由数控系统的 PLC 控制实现。

图 2-3-1 所示是 MJ-50 数控车床液压系统原理图。该机床的液压系统采用单向变量液压泵，系统压力调至 4MPa，由压力表 14 显示。泵出口压力油经过单向阀进入主油路。

（2）分析液压系统的工作过程

1) 卡盘的夹紧与松开。卡盘的夹紧与松开由二位四通电磁换向阀 1 控制。卡盘的高低压夹紧的转换由二位四通电磁换向阀 2 控制，减压阀 6 的压力调定值高，减压阀 7 的压力调定值低。

当卡盘处于正卡（也称外卡），且高压夹紧时，使 1YA 通电、2YA 断电、3YA 断电，则活塞杆左移，进油路线：压力油经阀 6→阀 2（左位）→阀 1（左位）→卡盘缸（右腔）；回油路线：卡盘缸（左腔）→阀 1（左位）→油箱，卡盘夹紧力的大小由减压阀 6 调定。当需要低压夹紧时，使 3YA 通电，卡盘夹紧力的大小则由减压阀 7 调定。同理可以分析其他几种工作状态。

2) 回转刀架的动作。回转刀架换刀时，首先是刀盘松开，之后刀盘就转位到达指定的刀位，最后刀盘复位夹紧。

刀盘的夹紧与松开由二位四通电磁换向阀 4 控制。刀架的正、反转由双向定量液压马达驱动，由三位四通电磁换向阀 3 控制，其旋转速度分别由单向调速阀 9 和 10 控制。

当 4YA 通电时，阀 4 右位工作，刀盘松开；当 7YA 通电或 8YA 通电时，液压马达驱动刀架正转或反转；当 7YA 和 8YA 均断电时，阀 3 处于中位（O 型滑阀机能），液压马达处于锁紧状态；当 4YA 断电时，阀 4 左位工作，刀盘夹紧。

3) 尾座套筒的伸出与退回。尾座套筒的伸出与退回由三位四通电磁换向阀 5 控制。

当 6YA 通电时，阀 5 左位工作，套筒液压缸左腔进油，缸体左移（活塞杆固定），套筒伸出，工作压力由减压阀 8 调定，由压力表 13 显示，套筒伸出速度由单向调速阀 11 控制；反之，当 5YA 通电时，阀 5 右位工作，套筒快速退回。

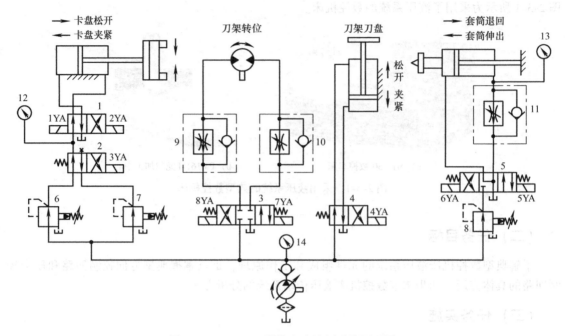

图 2-3-2 MJ-50 数控车床液压系统原理图
1、2、4—二位四通电磁换向阀 3、5—三位四通电磁换向阀
6、7、8—减压阀 9、10、11—单向调速阀 12、13、14—压力表

MJ-50 数控车床液压系统电磁铁动作顺序见表 2-3-1。

表 2-3-1 MJ-50 数控车床液压系统电磁铁动作顺序

动作		电磁阀	1YA	2YA	3YA	4YA	5YA	6YA	7YA	8YA
卡盘正卡	高压	夹紧	+	−	−					
		松开	−	+	−					
	低压	夹紧	+	−	+					
		松开	−	+	+					
卡盘反卡	高压	夹紧	−	+	−					
		松开	+	−	−					
	低压	夹紧	−	+	+					
		松开	+	−	+					
回转刀架	刀架正转								−	+
	刀架反转								+	−
	刀盘松开					+				
	刀盘夹紧					−				
尾座	套筒伸出						−	+		
	套筒退回						+	−		

注:"+"表示电磁铁通电,"−"表示电磁铁断电。

（3）归纳液压系统的工作特点

1）卡盘夹紧，采用二位四通双电控电磁阀的换向回路，电磁阀具有记忆功能。

2）刀盘松开，采用二位四通电磁阀的换向回路，采用断电夹紧，比较安全可靠。

3）刀架转位，采用三位四通电磁阀的换向回路，中位可以任意停止，且采用了 O 型滑阀机能的闭锁回路。

4）套筒伸缩，采用三位四通电磁阀的换向回路，中位采用了 Y 型滑阀机能。

5）卡盘夹紧和套筒伸缩均采用减压回路，由减压阀调定子系统的工作压力。

2. PM161H 龙门加工中心液压系统改进

龙门加工中心属于重型机械，主轴箱为其重要组成部件之一。通常主轴箱装有自动平衡系统，可动态平衡主轴箱体的自重，以保证机床的加工精度。

PM161H 龙门加工中心采用了双液压缸自动平衡系统，如图 2-3-3a 所示。已知主轴箱部件总质量 $m=2.3t$，主轴升降速度为 10m/min，选用两个大小相同的单作用活塞液压缸用作平衡缸，并联连接，缸筒内径为 50mm，行程为 1.1m。经计算，选用变量柱塞泵，并调定系统供油压力为 7MPa，流量为 54L/min。

图 2-3-3 配置液压平衡缸的 PM161H 龙门加工中心

（1）存在的问题 在初期设计阶段，PM161H 龙门加工中心在使用过程中发现以下现象：① 主轴箱在升降起动阶段，主轴丝杠驱动电动机负载瞬间增大；② 机床加工模具类零件的三维曲面时，零件表面质量不理想。

（2）分析原因 龙门加工中心主轴箱垂直放置，自重较大，在主轴升降起动阶段或上下运动换向过程中，具有很大的惯性作用，出现非正常现象，是液压平衡缸未起作用或反应迟缓所致。

如图 2-3-3b 所示，对龙门加工中心液压回路和液压站安装连接情况进行观察与分析，存在几个明显问题：①蓄能器尺寸规格太小；②蓄能器安装位置距两个液压缸较远；③输油管长度较大。

（3）改进措施

1）通过选型计算，更换压力和容量足够大的蓄能器。根据主轴箱所需平衡压力为 5.8MPa，依据设计手册，计算平衡液压缸实际工作所需的供油容量和压力，选用 COMPASS 蓄能器，型号为 NXQA-40/10-L-A，其容量为 40L，压力为 10MPa，取代原来仅 1.6L 的蓄能器。

2) 调整液压站和蓄能器的安装位置，使其安放在平衡缸附近，缩短输油管的长度，减少液压压力损失。

3) 改进原有液压系统基本回路，采用自动检测补压回路。

改进后的 PM161H 龙门加工中心平衡缸液压系统如图 2-3-4 所示，其中各液压元件的名称和选型见表 2-3-2。

此回路采用电子压力继电器检测蓄能器保压回路中的压力，该压力继电器可以设定高、低位两种工作压力值。当保压回路中的压力低于低位值时，压力继电器发信，自动起动液压泵，延时 2~4s 后控制电磁开关阀通电，对蓄能器进行充油；当回路中的压力达到高位值时，压力继电器发信，使电磁开关阀断电，延时 2~4s 后液压泵停转，防止保压回路中的高压油流卸压。此回路设计叠加式抗衡阀作为安全阀，可设定蓄能器回路的最高安全压力，通过阀组的溢流功能保护回路元器件。

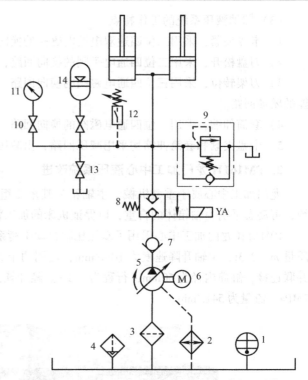

图 2-3-4 PM161H 龙门加工中心平衡缸液压系统

表 2-3-2 PM161H 龙门加工中心液压系统元件名称和选型

序号	元件名称	型号	压力/MPa	流量/(L/min)	备注
1	液位温度计	LS-5	—	—	最高温度为80℃
2	风冷却器	ACE4-M1-02-65	—	—	
3	过滤器	MF-10	—	210	过滤精度为100Mesh
4	注油器	TOYO-50-S-W	—	550	过滤精度为400μm
5	变量柱塞泵	V38A2R	25	68	最高转速为1800r/min
6	电动机	C10-43B0	—	—	最大功率为7.5kW
7	单向阀	CA-06-05	21	100	—
8	电磁开关阀	DSPG-03-C-D24-10	—	80	YUKEN
9	叠加式抗衡阀	MHB-03-B	25	80	KOMPASS
10	压力表开关	GCT-02	21		
11	压力表	AT-63-100K-A1-T-02	10	—	KOMPASS
12	电子压力继电器	EDS601-100	10	—	HYDAC
13	高压球阀	YJZQ-J10N	31.5	—	—
14	蓄能器	NXQA-40/10-L-A	10	—	KOMPASS（容积为40L）

（四）任务小结

1) 数控机床液压系统的动作可以采用电磁阀、压力继电器、传感器和 PLC 联合控制，自动化程度高,生产效率高。

2)分析数控车床和龙门加工中心的液压系统,可以发现无论系统复杂程度如何,每个液压系统均由若干子系统组成,每个子系统均由若干基本回路组成,每个基本回路中的核心控制元件能直接影响整个系统的工作特点。

(五) 思考与练习

分析题

如图 2-3-5 所示,液压系统实现"快进—工进—快退—原位停止且液压泵卸荷"的工作循环,试完成以下要求:

1)说明图中各元件的名称和作用。
2)填写电磁铁动作顺序见表 2-3-3 (" + "表示通电," – "表示断电)。

表 2-3-3 分析题图电磁铁动作顺序表

动作	1YA	2YA	3YA	4YA
快进				
工进				
快退				
停止				

3)判断快进和工进阶段的进、回油路走向。
4)说明系统由哪些液压基本回路组成。

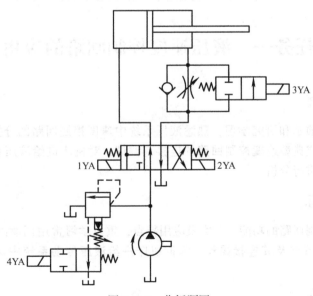

图 2-3-5 分析题图

项目三 机床动力滑台液压系统的控制与调节

组合机床是一种高效率的专用机床，动力滑台是组合机床上用来实现进给运动的一种通用部件。液压动力滑台的运动是靠液压缸驱动的，滑台上面可装上动力箱和多轴主轴箱，用以完成钻、扩、铰、铣、镗、刮端面、倒角、攻螺纹等加工工序。典型组合机床液压动力滑台如图 3-0-1 所示。

图 3-0-1　典型组合机床液压动力滑台

任务一　液压速度控制回路的应用

（一）任务描述

本任务通过仿真演示和研究学习，熟悉液压系统中速度控制回路的分类及应用特点；借助液压实训操作台，完成典型速度控制回路的连接与调试；对机床进给液压系统中选用的速度控制回路及其应用特点进行分析。

（二）任务目标

了解液压速度控制回路的功能、分类及应用特点，重点学习常用调速回路、快速运动回路、速度换接回路的应用特点及其连接操作，掌握机床进给液压传动系统中速度控制回路的特性分析。

（三）任务实施

用来控制执行元件运动速度的回路称为速度控制回路。速度控制回路包括调速回路、快速运动回路和速度换接回路。

1. 调速回路的应用

假设输入执行元件的流量为 q，液压缸的有效面积为 A，液压马达的排量为 V_M，则液压缸的

运动速度 v 为

$$v = \frac{q}{A}$$

液压马达的转速 n 为

$$n = \frac{q}{V_M}$$

由以上两式可知，改变输入液压执行元件的流量 q（或液压马达的排量 V_M）可以达到改变速度的目的。

调速方法有以下三种：

节流调速——采用定量泵供油，由流量阀改变进入执行元件的流量以实现调速。

容积调速——采用变量泵或变量马达实现调速。

容积节流调速——采用变量泵和流量阀联合调速。

（1）调速回路的分类

1）节流调速回路。节流调速回路在定量液压泵供油的液压系统中安装了流量阀，调节进入液压缸的油液流量，从而调节执行元件的工作行程速度。该回路结构简单、成本低、使用维修方便，但其能量损失大、效率低、发热量大，故一般只用于小功率场合。

根据流量阀在油路中安装位置的不同，节流调速回路可分为进油路节流调速回路、回油路节流调速回路和旁油路节流调速回路等。

① 进油路节流调速回路。把流量控制阀串联在执行元件的进油路上的调速回路称为进油路节流调速回路，如图 3-1-1 所示。该回路工作时，液压泵输出的油液（压力 p_B 由溢流阀调定），经可调节流阀进入液压缸左腔，推动活塞向右运动，右腔的油液则流回油箱。液压缸左腔的油液压力 p_1 由作用在活塞上的负载阻力 F 的大小决定。液压缸右腔的油液压力 $p_2 \approx 0$，进入液压缸油液的流量 q_1 由节流阀调节，多余的油液 q_2 经溢流阀流回油箱。A 为活塞的有效作用面积，A_0 为流量阀节流口通流截面面积。

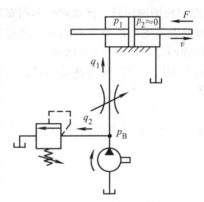

图 3-1-1 进油路节流调速回路

扫码看动画

扫码看动画

当活塞带动执行机构以速度 v 向右做匀速运动时，作用在活塞两个方向上的力互相平衡，则

$$p_1 A = F$$

即

$$p_1 = \frac{F}{A}$$

设节流阀前后的压力差为 Δp，则

$$\Delta p = p_B - p_1$$

假定节流口形状为薄壁小孔，由于经流量阀流入液压缸右腔的流量为

$$q_1 = K A_0 (\Delta p)^m = K A_0 \sqrt{\Delta p}$$

所以活塞的运动速度为

$$v = \frac{q_1}{A} = \frac{K A_0}{A} \sqrt{\Delta p} = \frac{K A_0}{A} \sqrt{p_B - \frac{F}{A}}$$

进油路节流调速回路的特点如下：

a. 结构简单，使用方便。由于活塞运动速度 v 与流量阀节流口通流截面面积 A_0 成正比，调节 A_0 即可方便地调节活塞运动速度。

b. 可以获得较大的推力和较低的速度。液压缸回油腔和回油管路中油液压力很低，接近于零，且当单活塞杆液压缸在无活塞杆腔进油实现工作进给时，活塞的有效作用面积较大，故输出推力较大，速度较低。

c. 速度稳定性差。由上述公式可知，液压泵工作压力 p_B 经溢流阀调定后近于恒定，节流阀调定后 A_0 也不变，活塞的有效作用面积 A 为常量，所以活塞运动速度 v 将随负载 F 的变化而波动。

d. 运动平稳性差。由于回油路压力为零，即回油腔没有背压力，当负载突然变小、为零或为负值时，活塞会产生突然前冲。为了提高运动的平稳性，通常在回油管路中串接一个背压阀（换装大刚度弹簧的单向阀或溢流阀）。

e. 系统效率低，传递功率小。因为液压泵输出的流量和压力在系统工作时经调定后均不变，所以液压泵的输出功率为定值。当执行元件在轻载低速下工作时，液压泵输出功率中有很大部分消耗在溢流阀和节流阀上，流量损失和压力损失大，系统效率很低。功率损耗会引起油液发热，使进入液压缸的油液温度升高，导致泄漏增加。

采用节流阀的进油路节流调速回路一般应用于功率较小、负载变化不大的液压系统中。

② 回油路节流调速回路。把流量控制阀安装在执行元件通往油箱的回油路上的调速回路称为回油路节流调速回路，如图 3-1-2 所示。

与前面分析相同，当活塞匀速运动时，活塞上的作用力平衡方程式为

$$p_1 A = F + p_2 A$$

式中，p_1 等于由溢流阀调定的液压泵出口压力 p_B，即

$$p_1 = p_B$$

则

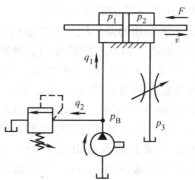

图 3-1-2　回油路节流调速回路

$$p_2 = p_1 - \frac{F}{A} = p_B - \frac{F}{A}$$

节流阀前后的压力差 $\Delta p = p_2 - p_3$，因为节流阀出口接油箱，即 $p_3 \approx 0$，所以

$$\Delta p = p_2 = p_B - \frac{F}{A}$$

活塞的运动速度为

$$v = \frac{q_1}{A} = \frac{K A_0}{A} \sqrt{\Delta p} = \frac{K A_0}{A} \sqrt{p_B - \frac{F}{A}}$$

此式与进油路节流调速回路所得的公式完全相同，因此两种回路具有相似的调速特点。但回油路节流调速回路有两个明显的优点：一是节流阀装在回油路上，回油路上有较大的背压，因此在外界负载变化时可起缓冲作用，运动的平稳性比进油路节流调速回路要好；二是回油路节流调速回路中，经节流阀后压力损耗而发热，导致温度升高的油液直接流回油箱，容易散热。

回油路节流调速回路广泛应用于功率不大、负载变化较大或运动平稳性要求较高的液压系统中。

③ 旁油路节流调速回路。如图 3-1-3 所示，将节流阀设置在与执行元件并联的旁油路上，即构成了旁油路节流调速回路。该回路中，节流阀调节了液压泵溢回油箱的流量 q_2，从而控制了进入液压缸的流量 q_1，调节流量阀的通流面积，即可实现调速。这时，溢流阀作为安全阀，常态时关闭。因为回路中只有节流损失，无溢流损失，所以功率损失较小，系统效率较高。

旁油路节流调速回路主要用于高速、重载、对速度平稳性要求不高的场合。

使用节流阀的节流调速回路，速度受负载变化的影响比较大，即速度稳定性较差，为了克服这个缺点，在回路中可用调速阀替代节流阀。

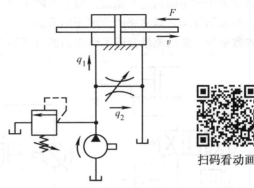

图 3-1-3　旁油路节流调速回路

2）容积调速回路。容积调速回路通过改变变量泵或变量马达的排量以调节执行元件的运动速度。在容积调速回路中，液压泵输出的液压油全部直接进入液压缸或液压马达，无溢流损失和节流损失；而且液压泵的工作压力随负载的变化而变化，因此这种调速回路效率高、发热量少，其缺点是变量泵结构复杂、价格较高。容积调速回路多用于工程机械、矿山机械、农业机械和大型机床等大功率的调速系统中。

按油液的循环方式不同，容积调速回路可分为开式和闭式两类。图 3-1-4a 所示为开式容积调速回路，泵从油箱吸油，执行元件的油液返回油箱，油液在油箱中便于沉淀杂质、析出空气，并得到良好的冷却，但油箱尺寸较大，污物容易侵入。图 3-1-4b 所示为闭式容积调速回路，液压泵的吸油口与执行元件的回油口直接连接，油液在系统内封闭循环，其结构紧凑、油气隔绝、运动平稳、噪声小，但散热条件较差。闭式容积调速回路中需设置补油装置，由辅助泵及与其配套的溢流阀和油箱组成，绝大部分容积调速回路的油液循环采用闭式循环方式。

根据液压泵和执行元件组合方式不同，容积调速回路有以下三种形式：

① 变量泵和定量执行元件组合。图 3-1-4a 所示为变量泵 1 和液压缸组成的容积调速回路，图 3-1-4b 所示为变量泵 1 和定量液压马达 4 组成的容积调速回路。这两种回路均采用改变变量泵 1 的输出流量的方法来调速。工作时，溢流阀 2 作为安全阀用，它可以限定液压泵的最高工作压力，起过载保护作用。溢流阀 3 作为背压阀用，溢流阀 6 用于调定辅助泵 5 的供油压力，补充系统泄漏油液。

② 定量泵和变量液压马达组合。在图 3-1-5 所示的回路中，定量泵 1 的输出流量不变，调节变量液压马达 3 的流量，便可改变其转速，溢流阀 2 可作为安全阀用。

③ 变量泵和变量液压马达组合。在图 3-1-6 所示的回路中，变量泵 1 正反向供油，双向变量液压马达 3 正反向旋转，调速时液压泵和液压马达的排量分阶段调节。在低速阶段，液压马达排量保持最大，由改变液压泵的排量来调速；在高速阶段，液压泵排量保持最大，通过改变液压马达的排量来调速。这样就扩大了调速范围。单向阀 6、7 用于使辅助泵 4 双向补油，单向阀 8、9 使安全阀 2 在两个方向都能起过载保护作用，溢流阀 5 用于调节辅助泵的供油压力。

3）容积节流调速回路。用变量液压泵和节流阀（或调速阀）相配合进行调速的方法称为容积节流调速。

图 3-1-7 所示为由限压式变量叶片泵和调速阀组成的容积节流调速回路。调节调速阀节流口的开口大小，就能改变进入液压缸的流量，从而改变液压缸活塞的运动速度。如果变量液压泵的

流量大于调速阀调定的流量,由于系统中没有设置溢流阀,多余的油液没有排油通路,势必使液压泵和调速阀之间油路的油液压力升高,但是当限压式变量叶片泵的工作压力增大到预先调定的数值后,泵的流量会随工作压力的升高而自动减小。

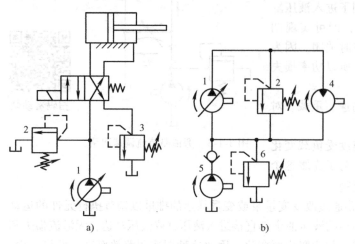 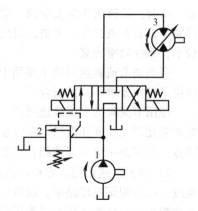

图 3-1-4 变量泵和定量执行元件容积调速回路
1—变量泵 2—安全阀 3—背压阀
4—定量液压马达 5—辅助泵 6—溢流阀

图 3-1-5 定量泵和变量马达调速回路
1—定量泵 2—安全阀 3—变量液压马达

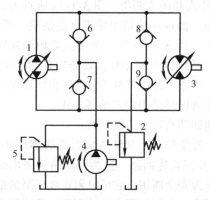 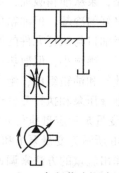

图 3-1-6 变量泵和变量马达调速回路
1—变量泵 2—安全阀 3—双向变量液压马达
4—辅助泵 5—溢流阀 6、7、8、9—单向阀

图 3-1-7 容积节流调速回路

在这种回路中,泵的输出流量与通过调速阀的流量是相适应的,因此效率高、发热量小。同时,采用调速阀,液压缸的运动速度基本不受负载变化的影响,即使在较低的运动速度下工作,运动也较稳定。

(2) 调速回路的连接与调试

1) 采用节流阀的节流调速回路。

① 定压式节流调速。选用双作用液压缸 1、节流阀 2、单向阀 3、换向阀 4、压力表 5、溢流阀 6,组建进油路节流调速回路,如图 3-1-8 所示。

调节溢流阀 6 使压力表 5 示值为 3MPa,调节节流阀 2 的开度,观察液压缸 1 右行时的速度变化情况;在液压缸 1 右行及运动到底后,观察压力表 5 的示值变化情况。

② 变压式节流调速。选用双作用液压缸 1、换向阀 2、节流阀 3、溢流阀 4、压力表 5,组建

图 3-1-8 定压式节流调速回路
1—双作用液压缸 2—节流阀 3—单向阀 4—换向阀 5—压力表 6—溢流阀

旁油路节流调速回路，如图 3-1-9 所示。

调节溢流阀 4，使压力表 5 示值为 3MPa；调节节流阀 3 的开度，液压缸 1 运行速度应有相应变化；在调速过程及液压缸 1 运动到底后，注意压力表 5 的示值变化，判断与上述进、回油路节流调速的区别。

2）采用调速阀的节流调速回路。将上述 1）中两种情况下的节流阀改为调速阀，操作方法同节流阀调速一样。试分析为何有些场合要用调速阀节流调速。

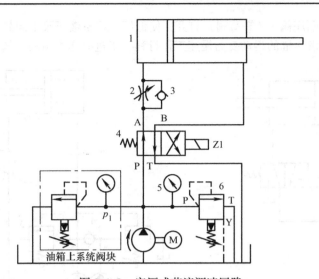

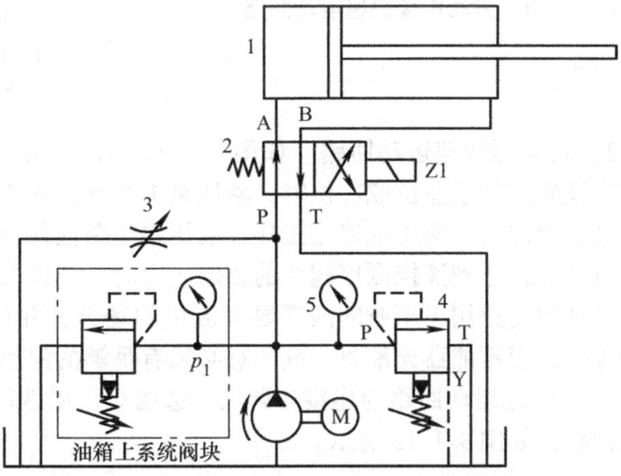

图 3-1-9 变压式节流调速回路
1—双作用液压缸 2—换向阀 3—节流阀 4—溢流阀 5—压力表

2. 快速运动回路的应用

执行元件在一个工作循环的不同阶段要求有不同的运动速度和承受不同的负载，在空行程阶段其速度较高、负载较小。采用快速回路，可以在尽量减少液压泵流量损失的情况下使执行元件获得快的速度，以提高生产率。

（1）快速运动回路的分类 常见的快速运动回路有以下几种。

1）差动连接快速运动回路。图 3-1-10 所示的差动连接快速运动回路是利用差动液压缸的差动连接来实现的。当二位三通电磁换向阀处于右位时，液压缸呈差动连接，液压泵输出的油液和液压缸小腔返回的油液合流，进入液压缸的大腔，实现活塞的快速运动。

这种回路比较简单、经济，但液压缸的速度加快有限，差动连接与非差动连接的速度之比等于活塞与活塞杆截面面积之比。若仍不能满足快速运动的要求，则可与限压式变量泵等其他方法联合使用。

2）双泵供油快速运动回路。如图 3-1-11 所示，该回路中采用了低压大流量液压泵 1 和高压小流量液压泵 2 并联，它们同时向系统供油时可实现液压缸的空载快速运动；进入工作行程时，系统压力升高，液控顺序阀3（卸荷阀）打开，使低压大流量液压泵1卸荷，仅由高压小流量液压泵2向系统供油，液压缸的运动变为慢速工作行程，工进时压力由溢流阀5调定。

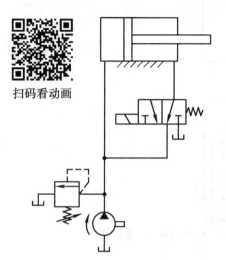

扫码看动画

图 3-1-10　差动连接快速运动回路

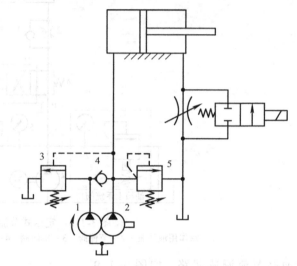

图 3-1-11　双泵供油快速运动回路
1—低压大流量液压泵　2—高压小流量液压泵
3—液控顺序阀　4—单向阀　5—溢流阀

3）蓄能器快速运动回路。如图3-1-12所示，在该回路中，用蓄能器使液压缸实现快速运动。当换向阀处于左位或右位时，液压泵1和蓄能器3同时向液压缸供油，实现快速运动。当换向阀处于中位时，液压缸停止工作，液压泵经单向阀向蓄能器供油，随着蓄能器内油量的增加，压力也升高，达到液控顺序阀2的调定压力时，液压泵卸荷。

这种回路适用于短时间内需要大流量的场合，并可用小流量的液压泵使液压缸获得较大的运动速度，但蓄能器充油时，液压缸必须有足够的停歇时间。

（2）快速运动回路的连接与调试　选用双作用液压缸1、换向阀2和3，组建差动连接快速运动回路，如图3-1-13所示。

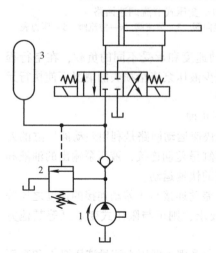

图 3-1-12　蓄能器快速运动回路
1—液压泵　2—液控顺序阀　3—蓄能器

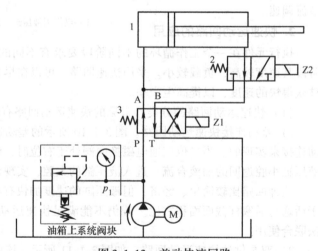

图 3-1-13　差动快速回路

按照表 3-1-1 中的工况要求，控制电磁阀 Z1、Z2 的通断电状态，进行调试运行。

表 3-1-1 差动快速回路电磁铁动作顺序

工步	工况	Z1	Z2
①	向右快进	−	+
②	向右慢进	−	−
③	向左快退	+	−

注：表中"+"表示通电，"−"表示断电。

3. 速度换接回路的应用

速度换接回路可使执行元件在一个工作循环中，从一种运动速度变换到另一种运动速度。

（1）速度换接回路的分类

1）快慢速的速度换接回路。如图 3-1-14 所示，在用行程阀控制的快慢速换接回路中，活塞杆上的挡块未压下行程阀时，液压缸右腔的油液经行程阀回油箱，活塞快速运动；当挡块压下行程阀时，液压缸回油经节流阀回油箱，活塞转为慢速工进。

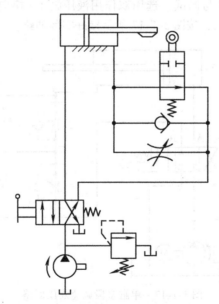

图 3-1-14 快慢速的速度换接回路

此回路的换接过程比较平稳，换接点的位置精度高，但行程阀的安装位置不能任意布置，管路连接较为复杂。

若将行程阀改为电磁阀，则安装连接方便，但速度换接的平稳性、可靠性和换接精度都较差。

2）两种慢速的速度换接回路。如图 3-1-15 所示，在两个调速阀并联实现两种进给速度的换接回路中，两个调速阀由二位三通换向阀换接，它们各自独立调节流量，互不影响，一个调速阀工作时，另一个调速阀没有油液通过。在速度换接过程中，由于原来未工作的调速阀中的减压阀处于最大开口位置，速度换接时大量油液通过该阀，将使执行元件突然前冲。

如图 3-1-16 所示，用两个调速阀串联的方法来实现两种不同速度的换接回路中，两个调速阀由二位二通换向阀换接，但后接入的调速阀的开口要小，否则换接后得不到所需要的速度，起不到换接作用，该回路的速度换接平稳性比调速阀并联的速度换接回路好。

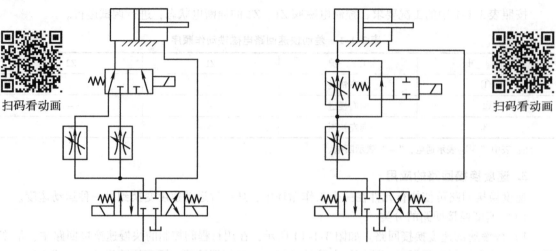

图 3-1-15　调速阀并联的慢速转换回路　　图 3-1-16　调速阀串联的慢速转换回路

（2）速度换接回路的连接与调试　选用双作用液压缸 1、换向阀 2、4、6，单向节流阀 3、5，组建单缸多段调速液压回路，按图 3-1-17 所示接好实际油路。

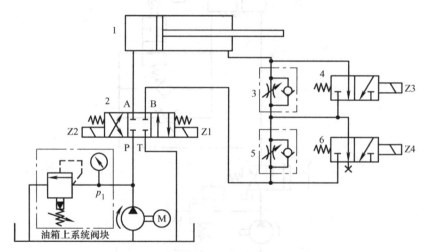

图 3-1-17　单缸多段调速液压回路
1—液压缸　2、4、6—换向阀　3、5—单向节流阀

按图 3-1-18 所示完成电气接线，其中 SB1、SB2、SB3、SB4 为瞬动按钮，SB5、SB6 为自锁按钮。

按下 SB3，Z1 通电，液压缸 1 向右前进，此时可以调两个节流阀 3、5 进行调速，当按下 SB5 后，节流阀 3 被短接，速度变换一次，当又按下 SB6，另一个节流阀 5 也被短接，此时速度最快。因为电磁阀的两个电磁铁不可同时通电，所以只有按下 SB2 后，先控制 Z1 断电，再按下 SB4，Z2 才能通电，电磁阀 2 才能换向，按下 SB1 整个回路断开。

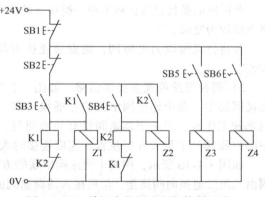

图 3-1-18　单缸多段调速电气控制回路

试按照表 3-1-2 中的动作要求，完成调试并运行。

表 3-1-2 单缸多段调速液压回路电磁铁动作顺序

工步	工况	Z1	Z2	Z3	Z4
①	向右快进	+	−	+	+
②	向右工进 I	+	−	−	+
③	向右工进 II	+	−	+	−
④	向左快退	−	+	−	−
⑤	停止不动	−	−	−	−

注：表中"+"表示通电，"−"表示断电。

（四）任务小结

1）速度控制回路是控制执行元件运动速度的回路。
2）速度控制回路按功能不同分为调速回路、快速运动回路和速度换接回路。
3）调速回路分为节流调速回路、容积调速回路和容积节流调速回路。
4）快速运动回路可以采用差动液压缸、双泵供油、蓄能器等提高执行元件运动速度，从而提高系统的工作效率。
5）速度换接回路主要用于控制执行元件从一种运动速度变换到另一种运动速度，通常采用电磁阀或行程阀控制。

（五）思考与练习

1. 填空题

1）速度控制回路包括_____、_____和_____三种。
2）容积调速回路与节流调速回路相比，由于_____节流损失和溢流损失，故效率_____，回路发热量_____，适用于_____的液压系统中。

2. 判断题

1）容积调速回路是利用液压缸的容积变化来调节速度大小的。（   ）
2）进油路节流调速回路低速低载时系统的效率高。（   ）

3. 选择题

1）有关回油路节流调速回路说法中正确的是_____。
A. 调速特性与进油节流调速回路不相同
B. 经节流阀而发热的油液不容易散热
C. 广泛用于功率不大、负载变化较大或运动平稳性要求较高的液压系统
D. 串接背压阀可提高运动的平稳性

2）有关容积节流调速回路的说法中正确的是_____。
A. 主要由定量泵和调速阀组成
B. 工作稳定，效率较高
C. 在较低的速度下工作时，运动稳定性不好
D. 比进油路、回油路节流调速两种调速回路的平稳性差、效率低

4. 分析题

1) 试分析图 3-1-19 所示回路的工作原理，欲实现"快进—工进Ⅰ—工进Ⅱ—快退—停止"的动作循环，且工进Ⅰ速度比工进Ⅱ快，请列出各电磁铁的动作顺序表，且比较阀 1 和阀 2 的异同之处。

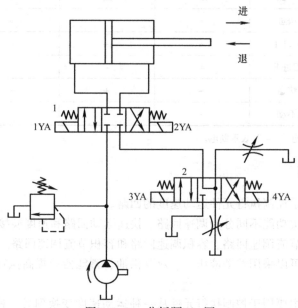

图 3-1-19　分析题 1) 图

2) 图 3-1-20 所示为实现"快进—工进Ⅰ—工进Ⅱ—快退—停止"的动作循环回路，且工进Ⅱ速度比工进Ⅱ快，试完成以下要求：

① 填写电磁铁动作顺序表。
② 说明系统由哪些基本回路组成。
③ 简述阀 1 和阀 2 的名称和作用。

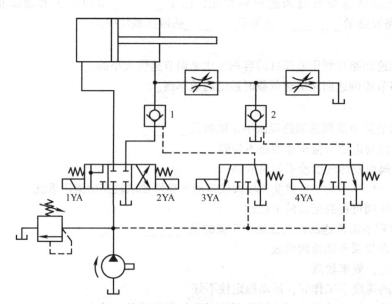

图 3-1-20　分析题 2) 图

任务二　机床动力滑台液压系统的连接与控制

（一）任务描述

本任务通过案例分析和模拟实训，认识机床动力滑台液压系统，了解该液压设备的功用及其工作循环，分析动力滑台液压系统的元件组成及功用，分析组成子系统的基本回路；根据设备动作要求，参照电磁铁动作顺序表，读懂液压系统液流流动路线，运用仿真软件模拟操作进行连接与控制。

（二）任务目标

熟练掌握阅读和分析动力滑台液压系统图的方法及步骤。掌握动力滑台液压系统的元件组成及功能，熟悉系统工作原理分析方法，总结系统工作特点。合理选择液压元件，正确连接液压控制回路，满足机床动力滑台工作循环的要求。

（三）任务实施

1. 机床动力滑台液压系统的认识

液压动力滑台是组合机床上用以实现进给运动的一种通用部件，其运动由液压缸驱动，动力滑台液压系统是一种以速度变化为主的典型液压系统。

（1）液压动力滑台的功用　液压动力滑台台面上可安装各种用途的切削头或工件，用以完成钻、扩、铰、镗、铣、车、刮端面、攻螺纹等工序的机械加工，并能按多种进给方式实现自动工作循环。

（2）典型工作循环　图3-2-1所示为典型的动力滑台液压系统，该液压动力滑台能完成的典型工作循环为快进→Ⅰ工进→Ⅱ工进→止挡块停留→快退→原位停止。

（3）系统元件的组成　元件1为限压式变量叶片泵，供油压力不大于6.3MPa，和调速阀一起组成容积节流调速回路。

元件2、7、13均为单向阀，阀2起防止油液倒流保护液压泵的作用，阀7构成快进阶段的差动连接，阀13实现快退时的单向流动。

元件3、4组合成三位五通电液动换向阀，3为三位五通液动换向阀，当作主阀用；4为三位四通电磁换向阀，当作先导阀用，该组合阀控制液压缸换向。

元件5为溢流阀，串接在回油管路中，可调定回油路的背压，以提高液压系统工作时的运动平稳性。

元件8、9为调速阀，串接在液压缸进油管路上，为进油路节流调速方式。两个阀分别调节第一次工作进给和第二次工作进给的速度。

元件10为二位二通电磁换向阀，和调速阀9并联，用于换接两种不同进给速度。当在图示位置其电磁铁3YA断电时，调速阀9被短接，实现第一次工进；当电磁铁3YA通电时，调速阀8与调速阀9串接，实现第二次工进。

元件11为二位二通机动换向阀，和调速阀8、9并联，用于液压缸快进与工进的换接。当行程挡铁未压到它时，压力油经此阀进入液压缸，实现快进；当行程挡铁将它压下时，压力油只能通过调速阀进入液压缸，实现工进。

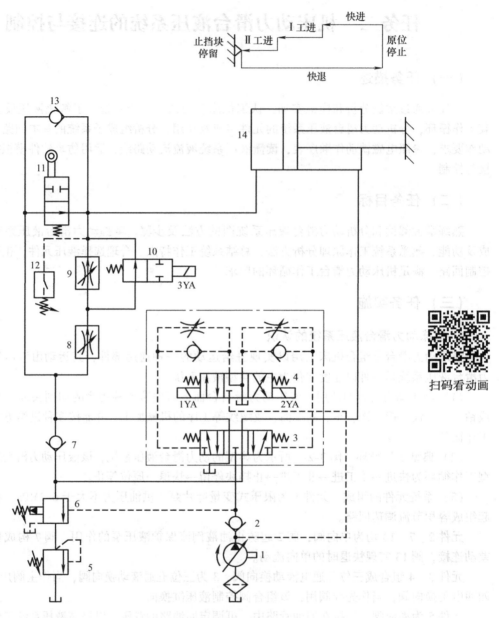

图 3-2-1 典型的动力滑台液压系统

1—限压式变量叶片泵 2、7、13—单向阀 3—三位五通液动换向阀 4—三位四通电磁换向阀 5—溢流阀
6—液控顺序阀 8、9—调速阀 10—二位二通电磁换向阀 11—二位二通机动换向阀
12—压力继电器 14—双作用单活塞杆液压缸

元件 12 为压力继电器,它装在液压缸工作进给时的进油腔附近。当工作进给结束,碰到固定挡铁停留时,进油路压力升高,压力继电器动作,发出快退信号,使电磁铁 1YA 断电,2YA 通电,液压缸运动方向转换。

元件 14 为缸体移动、活塞固定式双作用单活塞杆液压缸,用于实现两个方向的不同进退速度。

(4) 电磁铁动作顺序　电磁铁动作顺序见表 3-2-1。

表 3-2-1　电磁铁、行程阀和压力继电器动作表

工作循环	电磁铁			行程阀	压力继电器
	1YA	2YA	3YA		
快进	+	−	−	−	−
Ⅰ工进	+	−	−	+	−
Ⅱ工进	+	−	+	+	−
止挡块停留	+	−	+	+	+
快退	−	+	−	±	±
原位停止	−	−	−	−	−

注："+"表示通电，"−"表示断电。

2. 系统工作原理的分析

(1) 快进　快进时系统压力低，液控顺序阀 6 关闭，变量泵 1 输出最大流量。

按下起动按钮，电磁铁 1YA 通电，电液换向阀的先导阀 4 处于左位，从而使主阀 3 也处于左位工作，其主油路如下：

进油路：泵 1→阀 2→阀 3（左位）→阀 11（下位）→缸 14（左腔）

回油路：缸 14（右腔）→阀 3（左位）→阀 7→阀 11（下位）→缸 14（左腔）

这时液压缸两腔连通，滑台差动快进。

(2) 第一次工作进给　在快进终了时，滑台上的挡块压下换向阀 11，切断快速运动的进油路。压力油只能通过调速阀 8 和二位二通电磁换向阀 10（左位）进入液压缸左腔，系统压力升高，液控顺序阀 6 开启，且泵的流量也自动减小。其主油路如下：

进油路：泵 1→阀 2→阀 3（左位）→阀 8→阀 10（左位）→缸 14（左腔）

回油路：缸 14（右腔）→阀 3（左位）→阀 6→阀 5→油箱

滑台实现由调速阀 8 调速的第一次工作进给，回油路上有阀 6 作为背压阀。

(3) 第二次工作进给　当第一次工作进给终了时，挡块压下行程开关，使电磁铁 3YA 通电，阀 10 右位工作，压力油必须通过调速阀 8 和 9 进入液压缸左腔。其主油路如下：

进油路：泵 1→阀 2→阀 3（左位）→阀 8→阀 9→缸 14（左腔）

回油路：缸 14（右腔）→阀 3（左位）→阀 6→阀 5→油箱

由于调速阀 9 的通流截面面积比调速阀 8 的通流截面面积小，因此滑台实现由阀 9 调速的第二次工作进给。

(4) 止挡块停留　滑台以第二次工作进给速度前进，当液压缸碰到滑台座前端的止挡块后停止运动。这时液压缸左腔压力升高，当压力升高到压力继电器 12 的开启压力时，压力继电器发信号给时间继电器，由时间继电器延时控制滑台停留时间。

这时的油路与第二次工作进给的油路相同，但系统内油液已停止流动，液压泵的流量已减至很小，仅用于补充泄漏油。

(5) 快退　时间继电器经延时后发出信号，使电磁铁 2YA 通电，1YA、3YA 断电。这时电磁换向阀 4 右位工作，液动换向阀 3 也换为右位工作。其主油路如下：

进油路：泵 1→阀 2→阀 3（右位）→缸 14（右腔）

回油路：缸 14（左腔）→阀 13→阀 3（右位）→油箱

因滑台返回时为空载，系统压力低，变量泵的流量又自动恢复到最大值，故滑台快速退回到第一次工进起点时，换向阀 11 复位。

（6）原位停止　当滑台快速退回到其原始位置时，挡块压下原行程开关，使电磁铁 2YA 断电，电磁换向阀 4 恢复至中位，液动换向阀 3 也恢复至中位，液压缸两腔油路被封闭，滑台被锁紧在起始位置上。

3. 系统工作特点的总结

动力滑台的液压系统是能完成较复杂工作循环的典型单缸中压系统，其特点如下：

1）系统采用了限压式变量叶片泵和调速阀组成的容积节流调速回路，且在回油路上设置背压阀，能获得较好的速度刚性和运动平稳性，并可减少系统的发热量。

2）采用电液动换向阀的换向回路，发挥了电液联合控制的优点，而且主油路换向平稳、无冲击。

3）采用液压缸差动连接的快速回路，简单可靠，能源利用合理。

4）采用二位二通机动换向阀和液控顺序阀，实现快进与工进速度的转换，使速度转换平稳、可靠且位置准确。采用两个串联的调速阀及用行程开关控制的电磁换向阀实现两种工进速度的转换。由于进给速度较低，故也能保证换接精度和平稳性的要求。

5）采用压力继电器发信号，控制滑台反向退回，方便可靠。止挡块的采用还能提高滑台工进结束时的位置精度。

4. 系统的控制与调节

（1）液压元件的选择　运用 Festo 仿真软件，按照图 3-2-1 所示动力滑台液压系统中各元件的标号，正确选择液压元件。

（2）液压回路的连接　按照图 3-2-1 所示动力滑台液压系统正确连接液压控制回路，其仿真运行如图 3-2-2 所示。

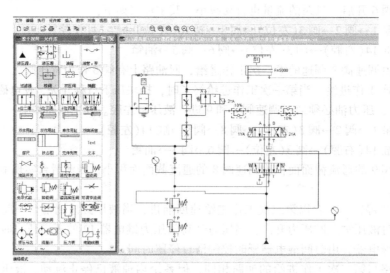

图 3-2-2　动力滑台液压系统的仿真运行

（3）参数设定　设定液压执行元件、动力元件、流量阀、压力阀的压力、流量以及几何尺寸等主要参数。参数设置举例如下：

液压缸：活塞截面面积 20cm^2，活塞杆截面面积 10cm^2，最大行程 500mm，行程挡块位置 200mm。

执行元件输出力：快速进退，$F=0N$；工作进给，$F=5000N$。
液压源：工进阶段压力为5MPa，流量为6L/min；快速阶段压力为2MPa，流量为16L/min。
调速阀：调速阀8为3L/min，调速阀9为2L/min。
顺序阀：压力为2.5MPa。
溢流阀：压力为2MPa。
单向节流阀：开度为10%。

（4）调试运行　改变电磁换向阀、机动换向阀等元件的控制方式，观察液压执行元件的运行情况，包括其负载和速度的大小变化情况。

（四）任务小结

1）机床动力滑台液压系统主要用于实现进给运动，滑台上面安装动力箱和多轴主轴箱，用以完成钻、扩、铰、铣、镗、刮端面、倒角、攻螺纹等加工工序，有利于提高机床加工质量、自动化程度和生产效率。

2）根据动力滑台液压执行元件的动作循环要求，控制电磁阀、行程阀和压力继电器工作，操作简便，可靠性好。

3）动力滑台液压系统由多种液压基本回路组成，合理选择液压元件，可以保证其速度换接平稳、进给速度稳定、功率利用合理、精度高、效率高、噪声小、发热量少，在实际应用中充分体现其优越性。

（五）思考与练习

分析题

分析图3-2-3所示液压系统，试完成：
1）说明各元件的名称和作用。
2）画出系统能完成的工作循环图，并判断各阶段的油路走向。
3）列出电磁铁动作顺序表。
4）说明系统由哪些基本回路组成。

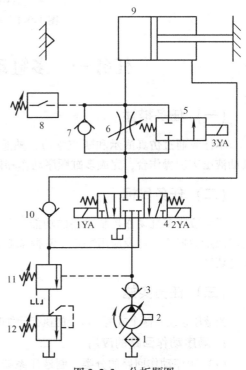

图3-2-3　分析题图

项目四 搬运机械手液压系统的控制与应用

搬运机械手可以模仿人的动作,按给定程序、轨迹和要求实现自动抓取、搬运等操作,它可以在高温、高压、危险、易燃、易爆、放射性等恶劣环境,以及笨重、单调、频繁的操作中代替人的工作,具有十分重要的意义。典型液压搬运机械手如图 4-0-1 所示。

图 4-0-1 典型液压搬运机械手

任务一 多缸动作控制回路的应用

(一) 任务描述

本任务通过仿真演示和研究学习,熟悉液压系统中多缸动作控制回路的分类及应用特点;借助液压实训操作台,完成多缸顺序动作和同步动作控制回路的连接与调试。

(二) 任务目标

了解液压多缸动作控制回路的功能、分类及应用特点,重点学习常用多缸顺序动作回路和同步回路的核心元件及应用特点,掌握双缸顺序动作回路、同步回路等多缸动作控制回路的连接与调试。

(三) 任务实施

当液压系统有两个或两个以上的执行元件时,一般要求这些执行元件做顺序动作或同步动作。

1. 顺序动作回路的应用

(1) 顺序动作回路的分类 制液压系统中执行元件动作的先后次序的回路称为顺序动作回路。按照控制的原理和方法不同,顺序动作的方式分成压力控制、行程控制和时间控制三种,常用的是压力控制和行程控制。

1) 用压力控制的顺序动作回路。压力控制是利用油路本身压力的变化来控制阀口的启闭，使执行元件按顺序动作的一种控制方式。其主要控制元件是顺序阀和压力继电器。

a. 采用顺序阀控制。图 4-1-1 所示为采用顺序阀控制的顺序动作回路。阀1和阀2是由顺序阀与单向阀构成的组合阀——单向顺序阀。系统中有两个执行元件：夹紧液压缸 A 和加工液压缸 B。两个液压缸按夹紧→工作进给→快退→松开的顺序动作。系统工作过程如下：

动作①：二位四通电磁阀通电，左位接入系统，压力油进入 A 缸左腔，由于系统压力低于单向顺序阀1的调定压力，顺序阀未开启，A 缸活塞向右运动实现夹紧，A 缸右腔回油经阀2的单向阀流回油箱。

动作②：当 A 缸活塞右移到达终点，工件被夹紧，系统压力升高，超过阀1中顺序阀调定值时，顺序阀开启，压力油进入加工液压缸 B 左腔，活塞向右运动进行加工，B 缸右腔回油经换向阀回油箱。

动作③：加工完毕后，二位四通电磁阀断电，右位接入系统（如图示位置），压力油进入 B 缸右腔，阀2的顺序阀未开启，回油经阀1的单向阀流回油箱，活塞向左快速运动实现快退。

动作④：到达终点后，油压升高，使阀2的顺序阀开启，压力油进入 A 缸右腔，回油经换向阀回油箱，活塞向左运动松开工件。

用顺序阀控制的顺序动作回路，其顺序动作的可靠程度主要取决于顺序阀的质量和压力调定值。为了保证顺序动作的可靠准确，应使顺序阀的调定压力大于先动作的液压缸的最高工作压力（0.8~1MPa），以避免因压力波动使顺序阀先行开启。

这种顺序动作回路适用于液压缸数量不多、负载阻力变化不大的液压系统。

b. 采用压力继电器控制。图 4-1-2 所示为采用压力继电器控制的顺序动作回路。按下按钮，使二位四通换向阀1电磁铁通电，左位接入系统，压力油进入液压缸 A 左腔，推动活塞向右运动，回油经换向阀1流回油箱，完成动作①；当活塞碰上定位挡铁时，系统压力升高，使安装在液压缸 A 进油路上的压力继电器动作，发出电信号，使二位四通换向阀2电磁铁通电，左位接入系统，压力油进入液压缸 B 左腔，推动活塞向右运动，完成动作②；实现 A、B 两个液压缸先后顺序动作。

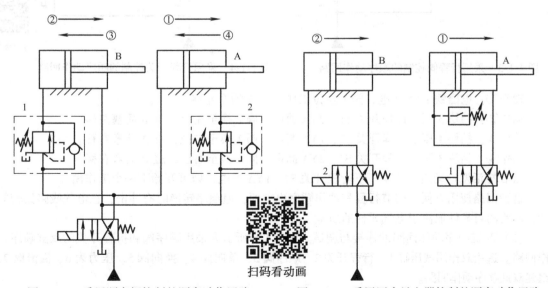

图 4-1-1 采用顺序阀控制的顺序动作回路　　图 4-1-2 采用压力继电器控制的顺序动作回路

采用压力继电器控制的顺序动作回路,简单易行,应用较普遍。使用时应**注意**,压力继电器的压力调定值应比先动作的液压缸A的最高工作压力高0.3~0.5MPa,同时又应比溢流阀调定压力低0.3~0.5MPa,以防止压力继电器误发信号。

2) 用行程控制的顺序动作回路。行程控制是利用执行元件运动到一定的位置时发出控制信号,起动下一个执行元件的动作,使各液压缸实现顺序动作的控制过程。

a. 采用行程阀控制。图4-1-3所示为采用行程阀控制的顺序动作回路。循环开始前,两液压缸活塞在图示位置。二位四通换向阀电磁铁通电后,左位接入系统,压力油经换向阀进入液压缸A右腔,推动活塞向左移动,实现动作①;到达终点时,活塞杆上的挡块压下二位四通行程阀的滚轮,使阀芯下移,压力油经行程阀进入液压缸B的右腔,推动活塞向左运动,实现动作②;当二位四通换向阀电磁铁断电时,弹簧复位,使右位接入系统,压力油经换向阀进入液压缸A左腔,推动活塞向右退回,实现动作③;当挡块离开行程阀滚轮时,行程阀复位,压力油经行程阀进入液压缸B左腔,使活塞向右运动,实现动作④。

这种回路动作灵敏、工作可靠,其缺点是行程阀只能安装在执行元件的附近,调整和改变动作顺序也较为困难。

b. 采用行程开关控制。图4-1-4所示为采用行程开关控制的顺序动作回路,液压缸按①→②→③→④的顺序动作,其工作过程如下:

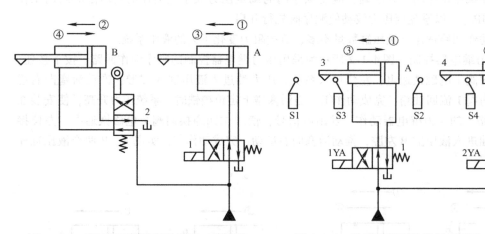

图4-1-3 采用行程阀控制的顺序动作回路　　图4-1-4 采用行程开关控制的顺序动作回路

动作①:电磁铁1YA通电,阀1左位工作,缸A活塞左移。
动作②:挡块3压下行程开关S1,2YA通电,阀2换至左位,缸B活塞左移。
动作③:挡块4压下行程开关S2,1YA断电,阀1换至右位,缸A活塞右移。
动作④:挡块3压下行程开关S3,2YA断电,阀2换至右位,缸B活塞右移。
当B缸活塞运动至挡块4压下行程开关S4,1YA通电,即可开始下一个工作循环。

这种回路使用方便,调节行程和动作顺序也方便,但顺序转换时有冲击,且电气线路比较复杂,回路的可靠性取决于电气元件的质量。

(2) 双缸顺序动作回路的连接与调试　图4-1-5所示为采用顺序阀和行程开关的双缸顺序动作回路。选用双作用液压缸1、行程开关2、顺序阀3、单向阀4、换向阀5、压力表6、溢流阀7,组建双缸顺序动作回路。

双缸动作顺序要求:①左缸前进→②右缸前进→③、④左右缸同时退回。

项目四 搬运机械手液压系统的控制与应用

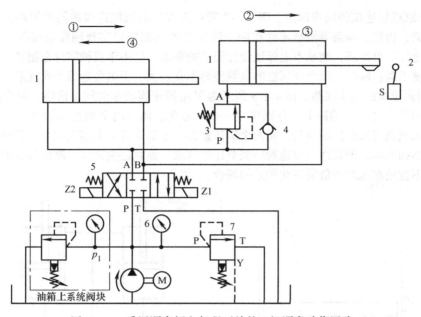

图 4-1-5 采用顺序阀和行程开关的双缸顺序动作回路
1—双作用液压缸 2—行程开关 3—顺序阀 4—单向阀 5—换向阀 6—压力表 7—溢流阀

1）按钮操作。Z1 得电，双缸按①→②顺序先后伸出；Z2 得电，双缸同时退回，实现③和④。

2）自动运行。双缸动作顺序见表 4-1-1。按照双缸动作顺序构建继电器控制电气回路，如图 4-1-6 所示。SB1、SB2 为自动复位按钮，K1、K2 为中间继电器及其触点，KT 为通电延时继电器及其常闭触点，S 为行程开关及其常开触点，Z1、Z2 为电磁阀线圈。

按下 SB2，使 K1、Z1 得电，双缸按①→②顺序先后伸出。②动作结束，行程开关 S 被压下；S 闭合，K2 通电、Z1 断电，Z2 通电，KT 通电并开始计时，双缸同时退回③和④。KT 延时后，其常闭触点断开，K2、Z2 断电，双缸停止运动。

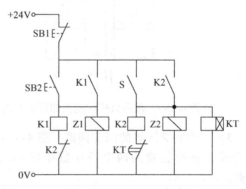

图 4-1-6 双缸动作顺序继电器控制电气接线图

表 4-1-1 双缸动作顺序

顺序动作	Z1	Z2	顺 序 阀	行程开关 S
①	+	-	-/+	-
②	+	-	+	-/+
③④	-	+	-	-

注："+"表示通电，"-"表示断电。

2. 同步回路的应用

（1）同步回路的分类　多缸工作的液压系统中，会遇到两个或两个以上的执行元件同时动作的情况，并要求它们在运动过程中克服负载、摩擦阻力、泄漏、制造精度误差和结构变形上的差异，维持相同的速度或相同的位移——即做同步运动。同步包括速度同步和位置同步两类。

1）液压缸机械连接的同步回路。图 4-1-7 所示为液压缸机械连接的同步回路，这种同步回路是用刚性梁、齿轮、齿条等机械零件在两个液压缸的活塞杆间实现刚性连接以实现位移的同步。此方法比较简单经济，能基本上保证位置同步的要求，但由于机械零件在制造、安装上的误差，同步精度不高；同时，两个液压缸的负载差异不宜过大，否则会造成卡死现象。

2）采用调速阀的同步回路。图 4-1-8 所示为采用调速阀的单向同步回路。两个液压缸是并联的，在它们的进（回）油路上，分别串接一个调速阀，调节两个调速阀的开口大小，便可控制或调节进入或流出液压缸的流量，使两个液压缸在一个运动方向上实现同步，即单向同步。这种同步回路结构简单，但是两个调速阀的调节比较麻烦，而且还受油温、泄漏等的影响，故同步精度不高，不宜用在偏载或负载变化频繁的场合。

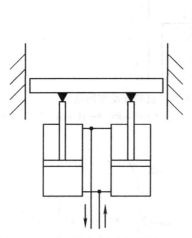

图 4-1-7 液压缸机械连接的同步回路

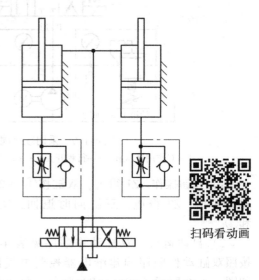

图 4-1-8 采用调速阀的单向同步回路

3）用串联液压缸的同步回路。图 4-1-9 所示为带有补偿装置的两个液压缸串联的同步回路。

当两缸同时下行时，若液压缸 5 的活塞先到达行程终点，则挡块压下行程开关 S1，电磁铁 3YA 通电，换向阀 2 左位工作，压力油经换向阀 2 和液控单向阀 3 进入液压缸 4 的上腔，进行补油，使其活塞继续下行到达行程端点。

如果液压缸 4 的活塞先到达终点，行程开关 S2 使电磁铁 4YA 通电，换向阀 2 右位工作，压力油进入液控单向阀控制腔，打开液控单向阀 3，液压缸 5 的下腔与油箱接通，使其活塞继续下行到达行程终点，从而消除累积误差。

这种回路允许较大偏载，偏载所造成的压差不影响流量的改变，只会导致微小的压缩和泄漏，因此同步精度较高，回路效率也较高。

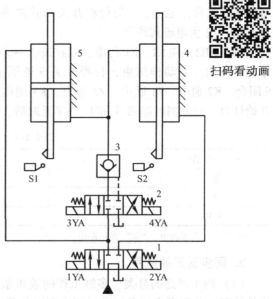

图 4-1-9 用串联液压缸的同步回路
1、2—换向阀　3—液控单向阀　4、5—液压缸

（2）同步回路的连接与调试

1）采用流量阀控制。选用双作用液压缸 1 和 2、单向节流阀 3 和 4、手动换向阀 5、压力表 6、溢流阀 7，组建同步回路，如图 4-1-10 所示。控制换向阀使双缸向右伸出，调节两个节流阀开口，控制双缸同时向前伸出。

2）采用双缸串联。自行设计液压回路，并完成连接与调试。

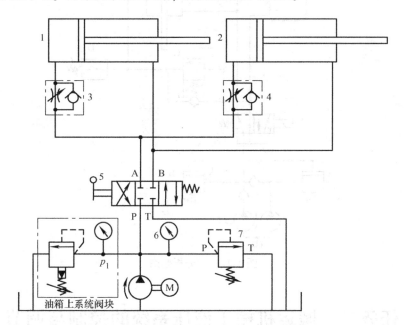

图 4-1-10　采用流量阀控制的双缸同步回路
1、2—双作用液压缸　3、4—单向节流阀　5—手动换向阀　6—压力表　7—溢流阀

（四）任务小结

1）液压多缸动作控制回路可用于控制两个或两个以上液压执行元件的先后顺序动作或同步动作。

2）常用液压多缸顺序动作回路包括以行程阀和行程开关为核心元件的行程控制方法，以及以顺序阀和压力继电器为核心元件的压力控制方法。

3）液压同步回路用于控制两个或两个以上的执行元件以相同的速度或相同的位移运行。

（五）思考与练习

分析题

分析图 4-1-11 所示的定位夹紧系统，由泵 1、2 提供压力油，3 为定位缸（活塞杆向上运动"定位"，向下运动"拔销"），4 为夹紧缸（活塞杆向下运动"夹紧"，向上运动"松开"），试填写：

1）元件 A 是_____阀，其作用是_____；元件 B 是_____阀，其作用是_____；元件 C 是_____阀，其作用是_____；元件 D 是_____阀，其作用是_____。

2）该系统的缸 3、缸 4 的动作顺序是_____。

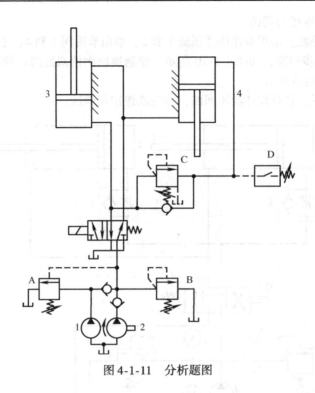

图 4-1-11 分析题图

任务二　搬运机械手液压系统的控制与调节

（一）任务描述

本任务通过动画演示、视频播放，对机械手的实际应用形成初步认识，熟练掌握典型机械手液压系统分析方法，通过仿真操作和练习，实现对液压机械手的电液联合控制。

（二）任务目标

了解搬运机械手的功能和动作要求，根据典型动作循环，完成机械手液压回路和电气控制回路的连接，掌握机械手液压系统的工作原理和系统特点的分析方法。

（三）任务实施

1. 机械手液压系统的认识

机械手液压系统是一种多缸动作的典型液压系统。

（1）**机械手动作要求**　图 4-2-1 所示为自动卸料机械手液压系统。该系统由单向定量泵 2 供油，溢流阀 6 调节系统压力，压力值可通过压力表 8 观察，由行程开关发信号给相应的电磁换向阀，控制机械手动作。

该机械手的典型工作循环为手臂上升→手臂前伸→手指夹紧（抓料）→手臂回转→手臂下降→手指松开（卸料）→手臂缩回→手臂反转（复位）→原位停止。

各功能液压缸的组成如下：

项目四 搬运机械手液压系统的控制与应用

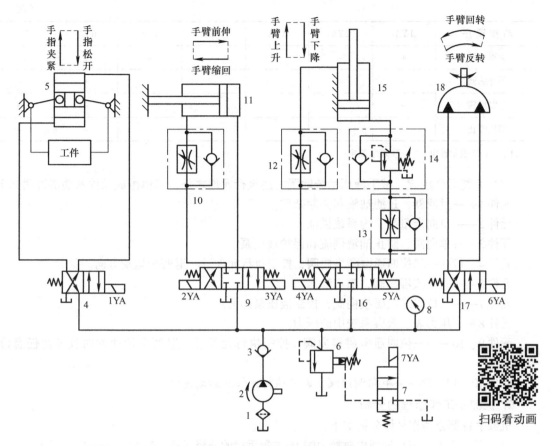

图 4-2-1 自动卸料机械手液压系统
1—过滤器 2—单向定量泵 3—单向阀 4、17—二位四通电磁换向阀 5—无杆活塞缸
6—先导式溢流阀 7—二位二通电磁换向阀 8—压力表 9、16—三位四通电磁换向阀
10、12、13—单向调速阀 11—单杆活塞缸（活塞固定） 15—单杆活塞缸（缸体固定）
14—单向顺序阀 18—单叶片摆动液压马达

手臂回转：单叶片摆动液压马达 18
手臂升降：单杆活塞缸 15（缸体固定）
手臂伸缩：单杆活塞缸 11（活塞固定）
手指松夹：无杆活塞缸 5

在工作循环中，各电磁阀电磁铁动作顺序见表 4-2-1。

表 4-2-1 电磁铁动作顺序表

动作顺序	1YA	2YA	3YA	4YA	5YA	6YA	7YA
手臂上升	−	−	−	−	+	−	−
手臂前伸	+	−	+	−	−	−	−
手指夹紧	−	−	−	−	−	−	−
手臂回转	−	−	−	−	−	+	−
手臂下降	−	−	−	+	−	+	−

动作顺序	1YA	2YA	3YA	4YA	5YA	6YA	7YA
手指松开	+	−	−	−	−	+	−
手臂缩回	−	+	−	−	−	+	−
手臂反转	−	−	−	−	−	−	−
原位停止	−	−	−	−	−	−	+

注:"+"表示通电,"−"表示断电。

(2) 系统元件组成　械手液压系统除了上述执行元件之外,其他组成元件及功能说明如下:
元件1——过滤器,过滤油液和去除杂质。
元件2——单向定量泵,为系统供油。
元件3——单向阀,防止油液倒流和保护液压泵。
元件4、17——二位四通电磁换向阀,控制执行元件进、退两个运动方向。
元件6——先导式溢流阀,溢流稳压。
元件7——二位二通电磁换向阀,控制液压泵卸荷。
元件8——压力表,观察系统中的压力。
元件9、16——三位四通电磁换向阀,控制执行元件进、退两个运动方向且可在任意位置停留。
元件10、12、13——单向调速阀,调节执行元件的运动速度。

2. 机械手工作原理的分析

机械手各部分动作具体分析如下:
(1) 手臂上升　三位四通电磁换向阀16控制手臂的升降运动,5YA(+)→阀16(右位)。
进油路:过滤器1→泵2→阀3→阀16(右位)→阀13→阀14→缸15(下腔) ⎫
回油路:缸15(上腔)→阀12→阀16(右位)→油箱　　　　　　　　　　　　⎬ 缸15活塞上升
速度由单向调速阀12调节,运动较平稳。
(2) 手臂前伸　三位四通电磁换向阀9控制手臂的伸缩动作,3YA(+)→阀9(右位)。
进油路:过滤器1→泵2→阀3→阀9(右位)→缸11(右腔)　⎫
回油路:缸11(左腔)→阀10→阀9(右位)→油箱　　　　　⎬ 缸11缸体右移
同时,1YA(+)→阀4(右位)。
进油路:过滤器1→泵2→阀3→阀4(右位)→缸5(上腔)　⎫
回油路:缸5(下腔)→阀4(右位)→油箱　　　　　　　　　⎬ 手指松开
(3) 手指夹紧　1YA(−)→阀4(左位),缸5活塞上移。
(4) 手臂回转　6YA(+)→阀17(右位)。
进油路:过滤器1→泵2→阀3→阀17(右位)→液压马达18(右位)　⎫液压马达18叶片逆时
回油路:液压马达18(左位)→阀17(右位)→油箱　　　　　　　　　⎬ 针方向转动
(5) 手臂下降　4YA(+)→阀16(左位);6YA(+)→阀17(右位)。
进油路:过滤器1→泵2→阀3→阀16(左位)→阀12→缸15(上腔)　⎫
回油路:缸15(下腔)→阀14→阀13→阀16(左位)→油箱　　　　　⎬ 缸15活塞下移
(6) 手指松开　1YA(+)→阀4(右位)→缸5活塞下移;6YA(+)→阀17(右位)。
(7) 手臂缩回　2YA(+)→阀9(左位)→缸11缸体左移;6YA(+)→阀17(右位)。

(8) 手臂反转　6YA(−)→阀17(左位)→液压马达18叶片顺时针方向转动。
(9) 原位停止　7YA(+)→泵2卸荷。

3. 系统特点的归纳

1) 采用电磁阀换向，操作方便、灵活。
2) 采用回油路节流调速，平稳性好。
3) 手臂升降采用平衡回路，防止手臂自行下滑或超速。
4) 机械手手指采用断电夹紧，安全可靠。
5) 系统设计了卸荷回路，节省功率，效率利用合理。

4. 搬运机械手液压系统的电气控制与调节

(1) 工作循环要求　搬运机械手动作要求如图4-2-2所示。按下起动按钮，机械手开始自动工作循环"①手臂前伸→②手臂下降→③手臂缩回→④手臂上升"，采用行程开关和电磁换向阀联合控制机械手自动循环动作；再次按下此开关，机械手运动停止。

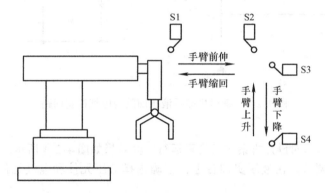

图4-2-2　搬运机械手动作要求

(2) 液压回路连接　图4-2-3a所示为搬运机械手的液压回路，选用两个双作用液压缸A和B，两个双电控电磁换向阀1和2，四个常开型行程开关S1、S2、S3、S4，一个带自锁的按钮开关S。液压系统工作过程如下：

① 手臂前伸：1YA(+)→阀1(左位)→A缸(右移)→S2。
② 手臂下降：S2→3YA(+)→阀2(左位)→B缸(下降)→S4。
③ 手臂缩回：S4→2YA(+)→阀1(右位)→A缸(左移)→S1。
④ 手臂上升：S1→4YA(+)→阀2(左位)→B缸(上升)→S3。
⑤ 第二次循环开始：S3→1YA(+)。

(3) 电气控制回路连接　图4-2-3b所示为搬运机械手的电气控制回路。

电气回路连接注意事项说明如下：

1) 由于电气回路可以被单独绘制，因此在电气元件（如电磁线圈）与液压元件（如换向阀）之间应建立确定联系。标签是建立上述两种回路之间联系的桥梁。
2) 标签具有特定名称，它可以赋予元件。如果两个元件具有相同的标签名，则两者可以进行连接，不过这两个元件之间并无连接线。
3) 双击元件或选定元件，在"编辑"菜单下，执行"属性"命令，弹出"元件属性"对话框，在此键入标签。
4) 与单击阀体相反，双击换向阀左端和右端可建立相应标签。

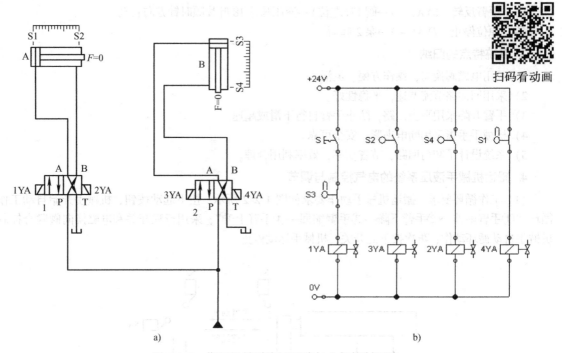

图 4-2-3　搬运机械手液压回路与电气控制回路

(4) 调试运行

1) 软件仿真运行。对设计方案先行仿真运行，其效果如图 4-2-4 所示。

2) 实训台操作调节。在液压实训台上，正确选择液压元件和电气元件，进行连接并调试运行。

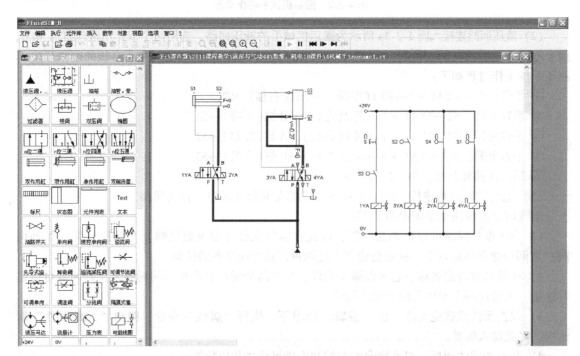

图 4-2-4　搬运机械手的电液联合控制运行

(四) 任务小结

1) 搬运机械手可以代替人的工作,可在恶劣环境下实现自动抓取、搬运等操作。
2) 搬运机械手液压系统采用电磁阀换向,可以与电气控制相结合,操作方便、灵活,自动化程度高。
3) 机械手液压系统采用回油路节流调速,运动平稳性好;设计平衡回路,可以防止手臂自行下滑或超速;机械手手指采用断电夹紧,安全可靠;安排卸荷回路,可以节省功耗,提高效率,可靠性好。
4) 与其他驱动方式相比较,液压机械手具有传递动力大、传动平稳性高等优点。

(五) 思考与练习

分析题

如图 4-2-5 所示,已知夹紧缸无杆腔面积 $A_3 = 100\text{cm}^2$,夹紧力 $F_3 = 30000\text{N}$;工作台液压缸无杆腔面积 $A_1 = 50\text{cm}^2$,有杆腔面积 $A_2 = 25\text{cm}^2$,工作循环为夹紧→快进→工进→快退→原位停止→松开。快进时负载 $F_{L1} = 5000\text{N}$,快进速度 $v_1 = 6\text{m/min}$;工进时负载 $F_{L2} = 20000\text{N}$,工进速度 $v_2 = 0.6\text{m/min}$,背压力 $p_2 = 6 \times 10^5\text{Pa}$;快退时负载 $F_{L3} = 5000\text{N}$,快退速度 $v_3 = 6\text{m/min}$;求:

1) 列出电磁铁动作顺序表。
2) 快进、工进、快退时液压泵的工作压力 p_{p1}、p_{p2}、p_{p3} 各为多少?
3) 阀 A、阀 B 的调定压力为多少?阀 C 的调压范围是多少?
4) 液压泵 1、2 的流量各为多少?(设溢流阀的最小稳定流量为 3L/min)
5) 所需电动机功率为多少?(已知泵的效率为 0.8)

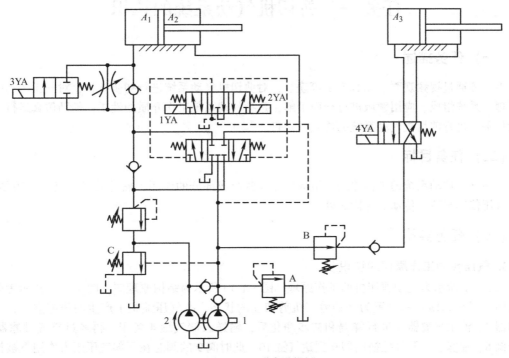

图 4-2-5 分析题图

项目五 剪切机气动系统的构建

钢筋自动剪切机是气动技术应用于建筑行业的一个典型实例。图 5-0-1 所示为采用气动系统的数控钢筋自动剪切机,其冲剪机的冲头由气缸驱动,气缸往返运动由电磁阀控制,电磁阀的开关则受控于冲剪机机身后端定尺架上的行程开关或光电开关。此类剪切机重量轻、工效高,适宜在建筑工地使用。

图 5-0-1 采用气动系统的数控钢筋自动剪切机

任务一 剪切机气动系统的认识

(一) 任务描述

本任务通过视频观看、动画演示等途径,对剪切机气动系统进行初步认识,对气压传动的工作原理、系统组成、应用领域进行全面了解,熟悉气动系统工作介质的性质;借助仿真运行、实训操作平台进行剪切机气动系统的连接与运行。

(二) 任务目标

掌握气压传动系统的工作原理、组成部分及各组成部分的作用,熟悉其优缺点及应用领域,了解气压传动与液压传动的异同之处。

(三) 任务实施

1. 气压传动工作原理的认识

图 5-1-1 所示为气动剪切机的工作原理,图 5-1-1a 所示为结构原理图,图 5-1-1b 所示为图形符号图。图 5-1-1a 所示位置为气动剪切机剪切前的状态。空气压缩机 1 产生的压缩空气,经过冷却器 2、油水分离器 3 进行降温和初步净化后,输送入储气罐 4 备用,再经过空气过滤器 5、减压阀 6、油雾器 7 及气控换向阀 9 到达气缸 10。此时阀 9 的阀芯在下部气压压力作用下被推到上位,使气缸上腔充压,活塞处于下位,剪切机的剪口张开。当送料机构将工件 11 送到规定位

置,将行程阀8的触头压下时,阀9下部通过阀8与大气相通,阀9的阀芯在弹簧作用下向下移,气缸下腔输入压缩空气,气缸上腔通大气,此时活塞带动剪刃快速向上运动将工件切断。工件被切下后即与行程阀脱开,行程阀复位,其排气通道关闭,阀9的阀芯下部气压上升,阀芯上移,使气路换向,气缸上腔进入压缩空气,下腔排气,活塞带动剪刃向下运动,系统恢复原始状态。若在气路中加入流量控制阀,则可以控制剪切机构的运动速度。

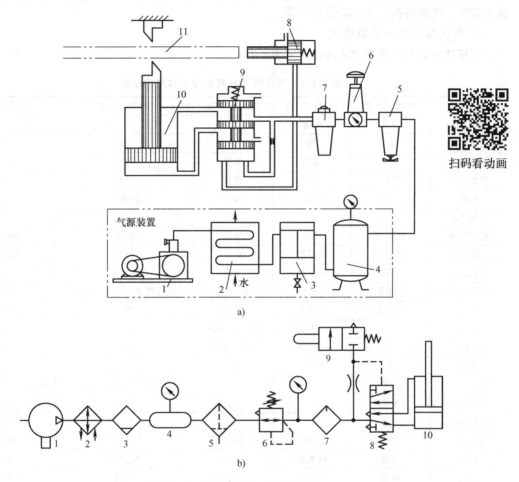

图 5-1-1　气动剪切机的工作原理
1—空气压缩机　2—冷却器　3—油水分离器　4—储气罐　5—空气过滤器
6—减压阀　7—油雾器　8—行程阀　9—气控换向阀　10—气缸　11—工件

2. 气压传动系统的组成

由剪切机气动系统的工作原理可知,气压传动是以压缩空气为工作介质的,一个完整的气压传动系统主要由气源装置、执行元件、控制元件及辅助元件组成。

(1) 气源装置　气源装置主要由空气压缩机和气源处理装置组成。

空气压缩机将原动机供给的机械能转换成气体的压力能,作为传动与控制的动力源。

气源处理装置用于冷却、储存压缩空气,清除压缩空气中的水分、灰尘和油污,以输出干燥洁净的空气以供后续元件使用。气源处理装置包括后冷却器、储气罐、油水分离器、过滤器、干燥器和自动排水器等。

(2) 执行元件　执行元件把空气的压力能转化为机械能,以驱动执行机构做往复或旋转运动。执行元件包括气缸、摆动气缸、气马达、气爪和复合气缸等。

（3）控制元件 控制元件控制和调节压缩空气的压力、流速和流动方向，以保证气动执行元件按预定的程序正常进行工作。控制元件包括压力阀、流量阀、方向阀和比例阀等。

（4）辅助元件 辅助元件指解决元件内部润滑、排气噪声、元件间的连接以及信号转换、显示、放大、检测等所需要的各种气动元件。辅助元件包括油雾器、消声器、压力开关、管接头及连接管、气液转换器和气动传感器等。

3. 气压传动的特点及应用

气压传动与其他传动方式的比较见表5-1-1。

表5-1-1 气压传动与其他传动方式的比较

项目	机械传动	电气传动	电子传动	液压传动	气压传动
输出力	中等	中等	小	很大（10t以上）	大（3t以下）
动作速度	低	高	高	低	高
信号响应	中	很快	很快	快	稍快
位置控制	很好	很好	很好	好	不太好
遥控	难	很好	很好	较良好	良好
安装限制	很大	小	小	小	小
速度控制	稍困难	容易	容易	容易	稍困难
无级变速	稍困难	稍困难	良好	良好	稍良好
元件结构	普通	稍复杂	复杂	稍复杂	简单
动力源中断时	不动作	不动作	不动作	有蓄能器，可短时动作	可动作
管线	无非是	较简单	复杂	复杂	稍复杂
维护	简单	有技术要求	技术要求高	简单	简单
危险性	无特别问题	注意漏电	无特别问题	注意防火	几乎没有问题
体积	大	中	小	小	小
温度影响	普通	大	大	普通（70℃以下）	普通（100℃以下）
防潮性	普通	差	差	普通	注意排放冷凝水
防腐蚀性	普通	差	差	普通	普通
防振性	普通	差	特差	不必担心	不必担心
构造	普通	稍复杂	复杂	稍复杂	简单
价格	普通	稍高	高	稍高	普通

通过比较，可以归纳出气压传动的主要优缺点如下：

1) 气动装置结构简单、紧凑、易于制造，使用维护简单；压力等级低，故使用安全。

2) 工作介质是取之不尽、用之不竭的空气，来源容易；排气处理简单，不污染环境，成本低。

3) 输出力及工作速度的调节非常容易；气缸动作速度一般为50～500mm/s，比液压传动和电气传动的动作速度快。

4) 由于空气流动损失小，因此压缩空气可集中供应和远距离输送。

5) 全气动控制具有防火、防爆、耐潮的能力。

6) 成本低，过载能自动保护。

7) 由于空气具有可压缩性，气缸的动作速度易受负载的变化而变化，因此工作速度的稳定性较差。

8) 由于工作压力低，且结构尺寸不宜过大，因此气动装置的总输出力不会很大。

9) 气动系统有泄漏和较大的排气噪声；空气无润滑性能，应设置润滑装置。

各种传动方式都有自己的优缺点，在选择传动和控制方式时，应扬长避短。对某个工程对象，最理想的传动和控制方式可以是单一式的，也可以是混合式的。例如，气液混合控制就可克服气压传动的运动不够平稳和输出力小的缺陷。

4. 空气基本性质的认识

空气的成分、性能和主要参数等因素对气动系统能否正常工作有直接影响。

(1) 空气的组成　自然界的空气是由许多种气体混合而成的，主要包括氮气、氧气、氩气、二氧化碳、氢气等，另外还包含水蒸气、砂土等。

(2) 空气的湿度　不含水蒸气的空气称为干空气，含有水蒸气的空气称为湿空气。湿度分为绝对湿度和相对湿度。

1) 绝对湿度。绝对湿度是指单位体积的湿空气中所含水蒸气的质量，用 χ 表示，单位为 kg/m^3，其表达式为

$$\chi = \frac{m_s}{V}$$

式中，m_s 为湿空气中水蒸气的质量 (kg)；V 为湿空气的体积 (m^3)。

空气中的水蒸气含量是有极限的。在一定的温度和压力下，空气中所含水蒸气达到最大可能的含量时，此时的空气叫作饱和湿空气。饱和绝对湿度是指在一定温度下，单位体积饱和湿空气所含水蒸气的质量，用 χ_b 表示。

2) 相对湿度。相对湿度是指在某温度和压力下，湿空气的绝对湿度与饱和绝对湿度之比，用 ϕ 表示，其表达式为

$$\phi = \frac{\chi}{\chi_b} \times 100\%$$

当 $\phi = 0$ 时，空气绝对干燥；当 $\phi = 100\%$ 时，湿空气饱和，饱和空气吸收水蒸气的能力为零，此时的温度为露点温度，简称露点。温度降至露点温度以下，湿空气中便有水滴析出。降温法清除湿空气中的水分，就是利用此原理。

如果空气的湿度大，则在一定温度和压力的条件下，会在系统中的局部管道和元件中凝结水滴，使管道和元件锈蚀，严重时可导致整个系统工作失灵。为了使各元件正常工作，气动技术中规定工作介质的相对湿度不得大于 90%。

(3) 空气的主要性能

1) 压缩性。一定质量的静止气体，由于压力改变而导致气体所占容积发生变化的现象，称为气体的压缩性。气体流动时，气体的密度也会发生变化。由于气体比液体容易压缩，故液体常被当作不可压缩流体（密度变化可以忽略不计），而气体常被称为可压缩流体（不能忽略密度变化）。气体容易压缩，有利于气体的储存，但难以实现气缸的平稳运动和低速运动。

2) 黏性。流体的黏性是指流体具有抗拒流动的性质。与液体相比，气体的黏性小得多，但实际上气体也具有黏性。

流体的黏性用动力黏度 μ 来表示，其法定计量单位是 Pa·s。空气的动力黏度 μ 与温度 t 的关系见表 5-1-2。由此可见，温度对空气黏度的影响不大。气体比液体的动力黏度要小得多。如 20℃时，空气的黏度为 18.1×10^{-6} Pa·s，而某液压油的黏度为 5×10^{-2} Pa·s。因此，在管道内流动速度相同的条件下，液压油的流动损失比空气的流动损失大得多。

表 5-1-2　空气的动力黏度 μ 与温度 t 的关系

$t/℃$	-20	0	10	20	30	40	50	60	80	100
$\mu/\times10^{-6}\mathrm{Pa\cdot s}$	16.1	17.1	17.6	18.1	18.6	19.0	19.6	20.0	20.9	21.8

没有黏性的气体称为理想气体，自然界是不存在理想气体的。当气体的黏度较小，运动的相对速度也不大时，所产生的黏性力与其他类型的力相比可以忽略不计，这样的气体就可当作理想气体。

(4) 气体的状态变化

1) 标准状态和基准状态。

① 标准状态：温度为 0℃，压力为 0.1013 MPa（760mmHg）时的气体状态。1atm = 760 mmHg = 0.1013 MPa，标准状态下空气的密度 ρ = 1.293kg/m³。

② 基准状态：温度为 20℃，相对湿度为 65%，压力为 0.1MPa 的状态。在单位后标注 ANR。例如自由空气的流量为 30m³/h，应记为 30m³/h(ANR)，基准状态下空气的密度 ρ = 1.185kg/m³。

2) 理想气体的状态方程。理想气体的状态方程是描述理想气体的状态参数之间关系的方程。对空气而言，其理想气体的状态方程表达式为

$$pv = RT$$

或

$$p = \rho RT = \frac{m}{V}RT$$

对一定质量的理想气体，其状态方程也可写成

$$\frac{p_1 V_1}{T_1} = \frac{p_2 V_2}{T_2}$$

式中，p 为压力 (Pa)；v 为质量体积 (m³/kg)；ρ 为密度 (kg/m³)；T 为温度 (K)；R 为气体常数，对于干燥空气，$R = 287\mathrm{N\cdot m/(kg\cdot K)}$；$m$ 为质量 (kg)；V 为容积 (m³)。

利用气体状态方程，可将有压状态下的流量折算成基准状态下的流量。设有压状态下的压力为 p，温度为 T，单位时间内流入气体的体积为 V，折算成基准状态单位时间内流入气体的体积为 V_a，压力为 p_a，温度为 T_a，根据气体状态方程，在气体质量不变的条件下，则

$$V_a = \frac{T_a}{T}\frac{p}{p_a}V$$

3) 理想气体的状态变化过程。

① 等温过程。一定质量的空气，若其状态变化是在温度不变的条件下进行的，则称为等温过程。其方程为

$$p_1 V_1 = p_2 V_2$$

气体状态变化缓慢进行的过程可看作是等温过程。如较大气罐中的气体经小孔向外排气，则气罐中气体的状态变化可看作是等温过程。

② 等容过程。一定质量的气体，若其状态变化是在容积不变的条件下进行的，则称为等容过程。其方程为

$$\frac{p_1}{T_1} = \frac{p_2}{T_2}$$

密闭气罐中的气体，由于外界环境温度的变化，罐内气体状态变化可看作是等容过程。

③ 等压过程。一定质量的气体，若其状态变化是在压力不变的条件下进行的，则称为等压过程。其方程为

$$\frac{V_1}{V_2}=\frac{T_1}{T_2}$$

负载一定的密闭气缸,被加热或放热时,缸内气体便在等压过程中改变气缸的容积。

④ 绝热过程。一定质量的气体,若其状态变化是在与外界无热交换的条件下进行的,则称为绝热过程。其方程为

$$p/\rho^k = 常数$$

或

$$pV^k = 常数$$

式中,k 为绝热指数,对于空气,$k=1.4$。

气缸内气体受到快速压缩时,缸内气体状态的变化为绝热过程。小气罐上阀门突然开启向外界大量高速排气时,罐内气体状态变化可看作是绝热过程。

⑤ 多变过程。等温过程、等容过程、等压过程和绝热过程是千变万化的热力学过程中的特殊情况,若空气系统的热力学过程介于上述的特殊过程之间,则此过程称为多变过程。其方程为

$$pV^n = 常数$$

式中,n 为多变指数,当 $n=0$ 时,$pV^0=p=$ 常数,为等压过程;当 $n=1$ 时,$pV=$ 常数,为等温过程;当 $n=\pm\infty$ 时,$p^{\frac{1}{n}}V=$ 常数,即 $V=$ 常数,为等容过程;当 $n=k$ 时,$pV^k=$ 常数,为绝热过程。

5. 剪切机气动系统的构建与控制

(1) 明确动作要求 剪切机的动作要求:工件上料时,电磁换向阀换位,控制气缸活塞杆伸出,实现剪切;工件落料后,电磁换向阀复位,气缸活塞杆缩回,剪刃复位。

(2) 设计气动回路 选择合适的气动元件,设计并连接气动控制回路。

1) 执行元件可以选择单作用气缸或双作用气缸。

2) 换向阀可以选择单电控二位五通换向阀、双电控二位五通换向阀或三位五通电控换向阀。

3) 分析比较几种设计方案的合理性,确定优选方案。

(3) 控制系统运行

1) 熟悉气动仿真软件和实训设备的使用方法。

2) 按照气动回路,实施软件仿真模拟检查。

3) 正确安装气动元件,连接气管,完成实训装置的调试运行。

4) 电磁阀的控制可以选择手动或电气接线控制。

(四) 任务小结

通过对剪切机气动系统的认识,获得如下结论:

1) 气压传动是以压缩空气为工作介质进行能量传递或信号传递的传动系统。

2) 气压传动系统由气源装置、控制元件、执行元件和辅助元件组成。

3) 气压传动的特点是气体黏度小,管道阻力损失小,便于集中供气和远距离输送,使用安全,有过载保护能力;但工作压力低,动作稳定性差。

(五) 思考与练习

1. 填空题

1) 气压传动系统主要由_____、_____、_____及_____组成。

2) 气压传动是以_____为工作介质进行能量传递的传动方式。

3) 相对湿度反映了_____,气动技术条件中规定各种阀的工作介质的相对湿度不得大

于_____。

　　4）空气的主要性能包括_____和_____。

　　5）气体在等温状态时，气体的体积与压力成_____比；气体在等压变化过程中，气体的容积与温度成_____比。

2. 判断题

　　1）绝对湿度表明湿空气所含水分的多少，能反映湿空气吸收水蒸气的能力。　　（　　）

　　2）气压传动具有传递功率小、噪声大等缺点。　　（　　）

　　3）与液压计算不同，气动系统因受压力影响，需将不同压力下的压缩空气转换成大气压力下的自由空气流量来计算。　　（　　）

　　4）通常压力表所指示的压力是绝对压力。　　（　　）

3. 选择题

　　1）气压传动的优点是_____。

　　A. 工作介质取之不尽，用之不竭，但易污染　　　　B. 气动装置噪声大

　　C. 执行元件的速度、转矩、功率均可做无级调节　　D. 无法保证严格的传动比

　　2）单位湿空气体积中所含水蒸气的质量称为_____。

　　A. 湿度　　　　B. 相对湿度　　　　C. 绝对湿度　　　　D. 饱和绝对湿度

　　3）打气筒中气体状态变化过程可视为_____。

　　A. 等温过程　　B. 等容过程　　　　C. 等压过程　　　　D. 绝热过程

4. 问答题

　　1）举例说明气动技术的应用。

　　2）气压传动与液压传动相比较，有何优缺点？

　　3）何谓理想气体？其状态变化过程有哪几种？

任务二　气源装置及气动辅助元件的应用

（一）任务描述

气动系统常用气源装置及气动辅助元件举例见表5-2-1。本任务通过动画演示、实例分析等途径，了解气动系统动力元件、气源处理装置的功能及其工作原理，认识不同类型空气压缩机和常用气动辅助元件的结构及其应用特点。

表5-2-1　气动系统常用气源装置及气动辅助元件举例

分　类		典型气源装置及气动辅助元件		
气源装置	空气压缩机	活塞式空气压缩机	滑片式空气压缩机	螺杆式空气压缩机

(续)

分类		典型气源装置及气动辅助元件		
气源装置	气源处理元件	储气罐	后冷却器	空气过滤器
	其他气动辅助元件	消声器	气电转换器	干燥器

(二) 任务目标

明确气源装置及气动辅助元件在气动系统中所处的位置和作用，掌握空气压缩机的工作原理，熟悉气源处理方法，了解气源处理元件之外的气动辅助元件，如润滑元件、消声器、转换器及气动传感器等的结构和功能。

(三) 任务实施

1. 气源装置的应用

气源装置由产生、处理和储存压缩空气的设备组成。典型气源系统的组成如图 5-2-1 所示。

(1) 空气压缩机的分类及选用　空气压缩机是气动系统的动力源，它把电动机输出的机械能转换成压缩空气的压力能输送给气动系统。

1) 空气压缩机的分类。空气压缩机的种类很多，按压力高低可分为低压型（0.2 ~ 1.0MPa）、中压型（1.0 ~ 10MPa）和高压型（>10MPa）；按排气量 V 可分为微型压缩机（$V<1m^3/min$）、小型压缩机（$V = 1 ~ 10m^3/min$）、中型压缩机（$V = 10 ~ 100m^3/min$）和大型压缩机（$V > 100\ m^3/min$）；若按工作原理可分为容积型和速度型两类。

容积型压缩机按结构不同又可分为活塞式、膜片式和螺杆式等。速度型压缩机按结构不同分为离心式和轴流式等。目前，使用最广泛的是活塞式压缩机。

2) 空气压缩机的工作原理。活塞式空气压缩机的工作原理如图 5-2-2 所示，它通过曲柄连杆机构使活塞做往复运动而实现吸、压气，并达到提高气体压力的目的。曲柄9由原动机（电动机）带动旋转，从而驱动活塞5在缸体4内往复运动。当活塞向右运动时，气缸内容积增大而形成部分真空，活塞左腔的压力低于大气压力 p_a，吸气阀2开启，外界空气进入缸内，这个过程称为"吸气过程"；当活塞反向运动时，吸气阀关闭，随着活塞的左移，缸内气体受到压缩而使压力升高，这个过程称为"压缩过程"。当缸内压力高于输出气管内压力 p 后，排气阀1被打开，压缩空气送至输出气管内，这个过程称为"排气过程"。曲柄旋转一周，活塞往复行程一次，即完成一个工作循环。

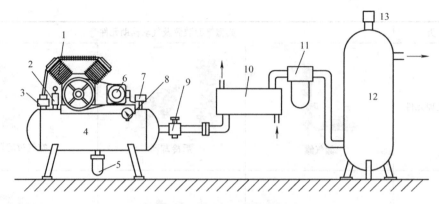

图 5-2-1 典型气源系统的组成

1—空气压缩机 2、13—安全阀 3—单向阀 4—小气罐 5—自动排水器 6—电动机
7—压力开关 8—压力表 9—截止阀 10—冷却器 11—油水分离器 12—大气罐

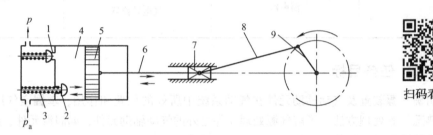

图 5-2-2 活塞式空气压缩机的工作原理

1—排气阀 2—吸气阀 3—弹簧 4—气缸 5—活塞 6—活塞杆 7—滑块 8—连杆 9—曲柄

图 5-2-2 所示为单级活塞式空气压缩机,常用于需要 0.3~0.7MPa 压力范围的系统。单级空气压缩机若压力超过 0.6MPa,产生的热量将大大降低压缩机的效率,因此常用两级活塞式空气压缩机。

图 5-2-3 所示为两级活塞式空气压缩机。若最终压力为 0.7MPa,则第一级通常压缩到 0.3MPa。设置中间冷却器是为了降低第二级活塞的进口空气温度,提高空气压缩机的工作效率。

3) 空气压缩机的选用。首先按空气压缩机的特性要求来确定空气压缩机的类型,再根据气动系统所需要的工作压力和流量两个参数来选择空气压缩机的型号。

① 空气压缩机的输出压力 p_c

$$p_c = p + \sum \Delta p$$

式中,p 为气动执行元件使用的最高工作压力(MPa);$\sum \Delta p$ 为气动系统总的压力损失(MPa)。

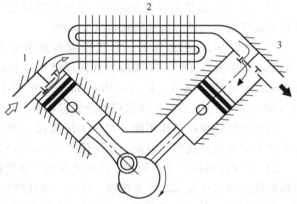

图 5-2-3 两级活塞式空气压缩机

1—第一级活塞 2—中间冷却器 3—第二级活塞

一般情况下,令 $\sum \Delta p = 0.15 \sim 0.2$MPa。

② 空气压缩机的输出流量 q_c。设空气压缩机的理论输出流量为 q_b,则

不设气罐时 $\qquad q_b \geqslant q_{max}$

设气罐时 $\qquad q_b \geqslant q_a$

式中，q_{max} 为气动系统的最大耗气量 [m³/min（ANR）]；q_a 为气动系统的平均耗气量 [m³/min（ANR）]。

空气压缩机实际输出流量 q_c 为

$$q_c = k q_b$$

式中，k 为修正系数，考虑气动元件、管接头等处的泄漏，风动工具等的磨损泄漏，可能增添新的气动装置和多台气动设备不一定同时使用等因素，通常可取 $k = 1.5 \sim 2.0$。

（2）气源处理装置的应用　从空气压缩机输出的压缩空气中含有大量的水分、油分和粉尘等杂质，必须采用适当的方法来清除这些杂质，以免它们对气动系统的正常工作造成危害。变质油分会使橡胶、塑料及密封材料等变质，堵塞小孔，造成元件动作失灵和漏气；水分和尘土还会堵塞节流小孔或过滤网；在寒冷地区，水分会造成管道冻结或冻裂等。如果空气质量不良，将使气动系统的工作可靠性和使用寿命大大降低，由此造成的损失将会超过气源处理装置的成本和维修费用，故正确选用气源处理装置显得尤为必要。

（3）后冷却器　后冷却器的作用就是将空气压缩机出口的高温（70～180℃）压缩空气冷却到40℃以下，使其中的水分和油雾冷凝成液态水滴和油滴，以便将它们去除。

后冷却器有风冷式后冷却器和水冷式后冷却器两种。

图 5-2-4a 所示为蛇管水冷式后冷却器，压缩空气在管内流动，冷却水在管外水套中流动。冷却水与热空气隔开，冷却水沿热空气的反方向流动，以降低

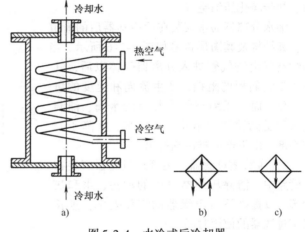

图 5-2-4　水冷式后冷却器

压缩空气的温度。压缩空气的出口温度大约比冷却水的温度高10℃。水冷式后冷却器具有散热面积大（是风冷式后冷却器的25倍）、热交换均匀及分水效率高等特点，适用于进口压缩空气温度较高，且处理空气量较大、湿度大或粉尘多的场合。

图 5-2-4b 所示为带冷却剂管路的冷却器图形符号，图 5-2-5c 所示为冷却器一般图形符号。

风冷式后冷却器是靠风扇产生的冷空气吹向带散热片的热气管道。后冷却器最低处应设置自动或手动排水器，以排除冷凝水。经风冷后的压缩空气的出口温度大约比室温高15℃。风冷式后冷却器具有占地面积小、重量轻、运转成本低及易维修等特点，适用于进口压缩空气温度低于100℃和处理空气量较少的场合。

（4）储气罐　储气罐是气源装置的重要组成部分，其主要作用如下：

1）储存一定量的压缩空气，调节用气量或以备空气压缩机发生故障和临时需要应急使用，维持短时间的供气，以保证气动设备的安全工作。

2）消除压力波动，保证输出气流的连续性、平稳性。

3）依靠绝热膨胀及自然冷却降温，进一步分离掉压缩空气中的水分和油分。

储气罐一般采用圆筒状焊接结构，有立式和卧式两种，通常以立式居多，如图 5-2-5a 所示，其图形符号如图 5-2-5b 所示。立式储气罐的高度为其直径的2～3倍，同时应设置成进气管在

下、出气管在上,并尽可能加大两气管之间的距离,以利于进一步分离空气中的油分和水分。同时,储气罐上应配置安全阀、压力表、排水阀和清理检查用的孔口等。

在选择储气罐的容积 V_c(单位为 m^3)时,一般是以空气压缩机的排气量 q 为依据来确定的,可参考下列经验公式:

当 $q < 0.1 m^3/s$ 时　　$V_c = 0.2q$

当 $q = 0.1 \sim 0.5 m^3/s$ 时　　$V_c = 0.15q$

当 $q > 0.5 m^3/s$ 时　　$V_c = 0.1q$

(5) 过滤器

1) 油水分离器。油水分离器的作用是将压缩空气中的水分、油分和灰尘等杂质分离出来,初步净化压缩空气。

油水分离器通常安装在后冷却器后的管道上,其结构及其图形符号如图 5-2-6 所示。当压缩空气由进气管进入分离器壳体以后,气流先受到隔板的阻挡,产生流向和速度的急剧变化,而在压缩空气中凝聚的水滴、油滴等杂质受到惯性作用而分离出来,沉降于壳体底部,由下部的排污阀排出。

2) 主管道过滤器。主管道过滤器安装在主管路中,清除压缩空气中的油污、水和灰尘等,以提高下游干燥器的工作效率,延长精密过滤器的使用时间。

图 5-2-7 所示为主管道过滤器。它采用微孔过滤、碰撞分离和离心分离三种形式来清除压缩空气中的油分、水分和固体颗粒等。

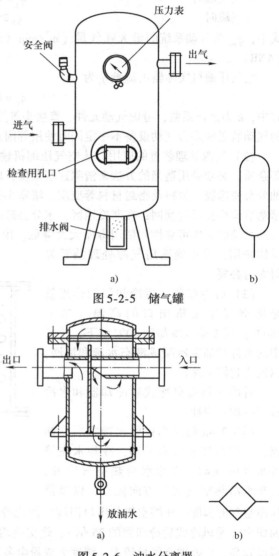

图 5-2-5 储气罐

图 5-2-6 油水分离器

从输入口进入的压缩空气中的气态油分和气态水分,在通过圆筒式烧结陶瓷滤管时,凝成小水滴被滤出。固态杂质($50\mu m$ 以上)被拦截在滤管外。滤出的油、水和固态杂质定期经上排水口排出。过滤后的空气进入滤管内部,向下流向反射板撞击反射,再由导流板迫使气流离心分离,水分从下排水口排出。净化后的空气穿过多孔板从输出口输出。

3) 空气过滤器。空气过滤器的作用是除去压缩空气中的固态杂质、水滴和污油滴,不能除去气态油和气态水。

按过滤器的排水方式可分为手动排水型和自动排水型。自动排水型按无气压时的排水状态又可分为常开型和常闭型。

图 5-2-8 所示为空气过滤器的结构原理。

当压缩空气从输入口流入时,气体中所含的液态油、水和杂质沿自导流叶片在切向的缺口强烈旋转,液态油水及固态杂质受离心力作用被甩到存水杯的内壁上,并流到底部。已除去液态油、水和杂质后的压缩空气通过滤芯进一步清除其中的微小固态粒子,然后从输出口流出。挡水板用来防止已积存的液态油水再混入气流中。旋转放水旋钮，靠螺纹传动将放水塞顶起，则冷凝水从放水塞与密封件之间空隙经放水塞中心孔道排出。

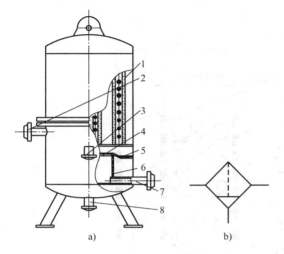

图 5-2-7 主管道过滤器
1—滤管 2—进气口 3—上排水口 4—反射板
5—导流板 6—多孔板 7—出气口 8—下排水口

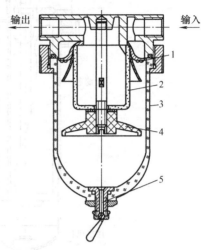

图 5-2-8 空气过滤器的结构原理
1—导流叶片 2—滤芯 3—水杯
4—挡水板 5—放水阀

空气过滤器的标准过滤精度为 $5\mu m$，对一般气动元件的使用已能满足。其他可供选择的过滤精度有 $2\mu m$、$10\mu m$、$20\mu m$、$40\mu m$、$70\mu m$、$100\mu m$，可根据对空气的质量要求选定。

4）油雾过滤器。空气过滤器不能分离悬浮油雾粒子，这是由于处于干燥状态的微小（$2\sim 3\mu m$）油粒很难附着于固体表面，要分离这种油雾粒子，需要使用带凝聚式滤芯的油雾过滤器。

图 5-2-9a 所示为油雾过滤器的结构原理，图 5-2-9b 所示为凝聚式滤芯的结构。油雾过滤器除滤芯为凝聚式滤芯外，与普通的空气过滤器基本相同。当含有油雾的压缩空气由内向外通过凝聚式滤芯时，微小粒子因布朗运动受阻发生相互碰撞或粒子与纤维碰撞，粒子便聚合成较大油滴而进入泡沫塑料层，在重力作用下沉降到滤杯底而被清除。

（6）自动排水器 自动排水器用于自动排除管道低处、油水分离器、储气罐及各种过滤器底部等处的冷凝水；可安装于不便通过人工排污水的地方，如高处、低处、狭窄处；并可防止人工排水被遗忘而造成压缩空气被冷凝水重新污染。自动排水器有气动式和电动式两大类。

（7）干燥器 压缩空气经后冷却器、油水分离器、储气罐、主管道过滤器和空气过滤器初步净化后，仍含有一定量的水分，对于一些精密机械、仪表等装置还不能满足要求，为防止初步净化后的气体中所含的水分对精密机械、仪表等产生锈蚀，需使用干燥器进一步清除水分。干燥器是用来清除水分的，不能清除油分。

干燥器有冷冻式、吸附式和高分子隔膜式等。

2. 其他气动辅助元件的应用

除了气源处理元件之外的气动辅助元件还包括润滑元件、消声器、转换器、气动传感器和放大器等。

（1）油雾器的应用 油雾器是一种特殊的给油装置，其作用是将普通的液态润滑油滴雾化成细微的油雾，并注入空气，随气流输送到滑动部位，达到润滑的目的。

图 5-2-10a 所示为油雾器的工作原理。假设气流输入压力为 p_1，通过文丘里管后压力降为 p_2，当 p_1 和 p_2 的压差 Δp 大于位能 ρgh 时，油被吸上，并被主通道中的高速气流引射出，雾化后

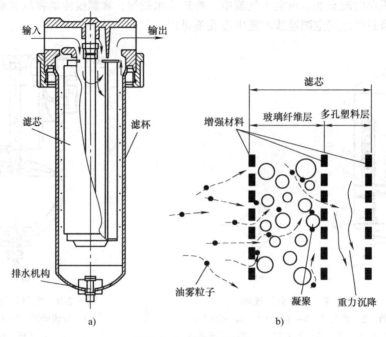

图 5-2-9 油雾过滤器

从输出口输出。图 5-2-10b 所示为油雾器的图形符号。

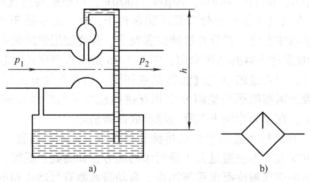

图 5-2-10 油雾器的工作原理及其图形符号

图 5-2-11 所示为普通油雾器的结构示意图。压缩空气从入口进入油雾器后,其中绝大部分气流经文丘里管,从主管道输出,小部分通过特殊单向阀流入油杯使油面受压。由于气流通过文丘里管的高速流动使压力降低,与油面上的气压之间存在着压力差。在此压力下,润滑油经吸油管、给油单向阀和调节油量的针阀,滴入透明的视油器内,并顺着油路被文丘里管的气流引射出来,雾化后随气流一同输出。

实现不停气加油的关键零件是特殊单向阀,特殊单向阀的作用如图 5-2-12 所示。

图 5-2-12a 所示为没有气流输入时的情况,阀中的弹簧把钢球顶起,顶住加压通道。

图 5-2-12b 所示为正常工作状态,压力气体推开钢球,加压通道畅通,气体进入油杯加压,但刚度足够的弹簧不让钢球完全处于下限位置,而正好处于图示位置。

在图 5-2-12c 中,当进行不停气加油时,首先拧松油雾器加油孔的油塞,使油杯中气压降至大气压。此时单向阀的钢球由中间工作位置被压下,单向阀处于截止状态,压缩空气无法进入油杯，确保油杯内的气压保持为大气压，不至于使油杯中的油液因高压气体流入而从加油孔喷出，从而实现不停气加油。

（2）空气处理组件的应用　将过滤器、减压阀和油雾器等组合在一起，称为空气处理组件。该组件可缩小外形尺寸、节省空间，便于维修和集中管理。

将过滤器和减压阀一体化，称为过滤减压阀。

将过滤减压阀和油雾器连成一个组件，称为空气处理二联件。

将过滤器、减压阀和油雾器连成一个组件，称为空气处理三联件，也称气动三大件。

（3）消声器的分类及应用　在执行元件完成动作后，压缩空气便经换向阀的排气口排入大气。由于压力较高，一般排气速度接近声速，空气急剧膨胀，引起气体振动，便产生了强烈的排气噪声，排气噪声一般可达 80 ~

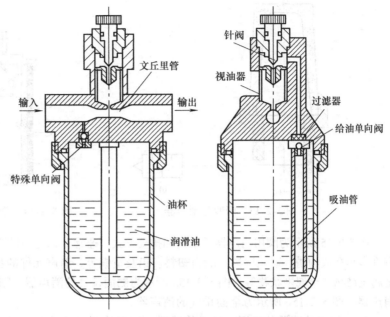

图 5-2-11　普通油雾器的结构示意图

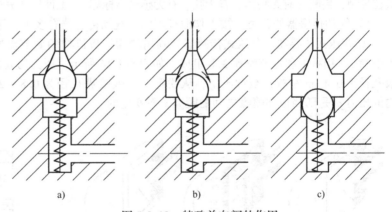

图 5-2-12　特殊单向阀的作用

100dB。这种噪声使工作环境恶化，使人体健康受到损害，工作效率降低。所以，一般车间内噪声高于75dB时，都应采取消声措施。

消除噪声的措施主要包括吸声、隔声、隔振及消声。目前常用的消声器有以下类型。

1）吸收型消声器。吸收型消声器通过多孔的吸声材料吸收声音，如图 5-2-13a 所示。吸声材料大多使用聚苯乙烯或铜珠烧结。吸收型消声器具有良好的消除中、高频噪声的性能，一般可降低噪声20dB以上。图 5-2-13b 所示为其图形符号。

2）膨胀干涉型消声器。这种消声器的直径比排气孔径大得多，气流在里面扩散、碰撞、反射、互相干涉，减弱了噪声强度，最后气流通过由非吸声材料制成的、开孔较大的多孔外壳排入大气。它主要用来消除中、低频噪声。

3）膨胀干涉吸收型消声器。图 5-2-14 所示为膨胀干涉吸收型消声器，其消声效果特别好，低频可消声20dB，高频可消声约50dB。

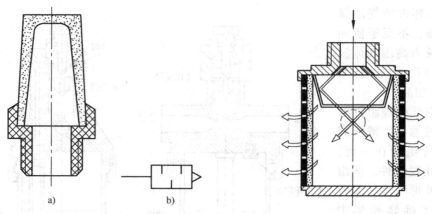

图 5-2-13 吸收型消声器　　图 5-2-14 膨胀干涉吸收型消声器

图 5-2-15 所示为阀用消声器的结构和排气方式。通常在罩壳中设置了消声元件，并在罩壳上开有许多小孔或沟槽。罩壳材料一般为塑料、铝及黄铜等。消声元件的材料通常为纤维、多孔塑料、金属烧结物或金属网状物等。图 5-2-15a 所示为侧面排气的消声器，图 5-2-15b 所示为端面排气的消声器，图 5-2-15c 所示为全面排气的消声器。

（4）气动传感器的应用　气动传感器可用于检测尺寸精度、定位精度、计数、纠偏、测距、液位控制、判断（有无物体、有无孔、有无感测指标等）、工件尺寸分选及料位检测等。

1）气动传感器的分类。按工作原理不同，气动传感器有多种，下面介绍主要的几种。

① 背压式传感器。背压式传感器是利用喷嘴挡板机构的变节流原理构成的。喷嘴挡板机构由喷嘴 2、挡板 1 和恒节流孔 3 等组成，如图 5-2-16 所示。压力为 p_s 的稳压气源经恒节流孔（一般孔径为 0.4mm 左右）至背压室，从喷嘴（一般喷嘴孔径为 0.8~2.5mm）流入大气。背压室内的压力 p_A 是随挡板和喷嘴之间的距离 x 而变化的。

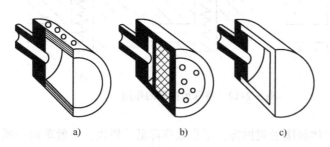

图 5-2-15 阀用消声器的结构和排气方式

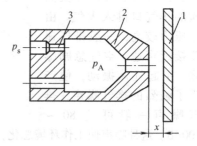

图 5-2-16 背压式传感器
1—挡板　2—喷嘴　3—恒节流孔

背压式传感器对物体（挡板）的位移变化极为敏感，能分辨 2μm 的微小距离变化，有效检测距离一般在 0.5mm 以内，常用于精密测量，如在气动测量仪中，用来检测零件的尺寸和孔径的同心度、椭圆度等几何参数。

② 反射式传感器。反射式传感器由同心的圆环状发射管和接收管构成，如图 5-2-17 所示。压力为 p_s 的稳定气源从发射管的环形通道中流出，在喷嘴出口中心区产生一个低压漩涡，使输出的压力 p_A 为负压。随着被检测物体的接近，自由射流受阻，负压漩涡消失，部分气流被反射到中间的接收管，输出压力 p_A 随 x 的减小而增大。反射式传感器的最大检测距离在 5mm 左右，最小能分辨 0.03mm 的微小距离变化。

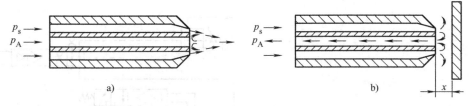

图 5-2-17 反射式传感器

③ 遮断式传感器。遮断式传感器由发射管 1 和接收管 2 组成，如图 5-2-18 所示。当间隙不被挡板 3 隔断时，接收管有一定的输出压力 p_A；当间隙被物体隔断时，$p_A = 0$。当供给压力 p_s 较低（如 0.01MPa）时，发射管内为层流，射出气体也呈层流状态。层流对外界的扰动非常敏感，稍受扰动就成为湍流流动。故用层流型遮断式传感器检测物体的位置具有很高的灵感度，但检测距离不能大于 20mm。若供给压力较高，发射管内为湍流。湍流型遮断式传感器的检测距离可加大，但耗气量也增大，且检测灵敏度不及层流型。遮断式传感器不能在灰尘大的环境中使用。

④ 对冲式传感器。对冲式传感器的工作原理如图 5-2-19 所示。进入发射管 1 的气流分成两路：一路从发射管流出，另一路经节流孔 2 进入接收管 3 从喷嘴流出。这两股气流都处于层流状态，并在靠近接收管出口处相互冲撞形成冲击面，使从接收管流出的一股气流被阻滞，从而形成输出压力 p_A。节流孔径越小，冲击面越靠近接收管出口，则检测距离加大。当发射管与接收管之间有物体存在时，主射流受物体阻碍，冲击面消失，接收管内喷流可通畅流出，输出压力 p_A 近似为零。该传感器的最大检测距离为 50~100mm。超过最大检测距离，则输出压力 p_A 太低，将不足以推动气动放大器工作。对冲式传感器可以避免遮断式传感器易受灰尘影响的缺点。

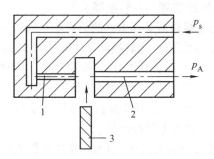

图 5-2-18 遮断式传感器
1—发射管 2—接收管 3—挡板

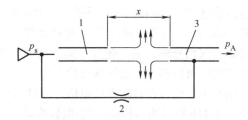

图 5-2-19 对冲式传感器的工作原理
1—发射管 2—节流孔 3—接收管

2）气动传感器的应用举例。图 5-2-20 所示为气动传感器用于液位控制的原理。图 5-2-20a 所示为简易液位控制，图 5-2-20b 所示为最低-最高液位控制。

如图 5-2-20a 所示，浸没管 1 未被液面浸没时，背压传感器 2 的输出口 A 的输出压力太低，不足以使气动放大器 3 切换，故气-电转换器 4 继续使泵处于工作状态。当液位上升到足以关闭浸没管的出口时，A 口便产生一信号，此信号的压力与液面淹没浸没管的深度及液体的密度成正比，直至上升至与供给压力相同为止。只要浸没管的出口孔被液面淹没，信号压力将一直存在。当该信号压力达到某一值后，气动放大器 3 切换，气-电转换器 4 使泵停止工作。

浸没管的材料根据液体性质及其温度高低等因素来选取。若液面有波动，可在浸没管底部加装一缓冲套。一般被测液体的泡沫对气动传感器不起作用，这比电测装置优越。

图 5-2-20b 所示为采用两套气动背压传感器组成的回路。当液位升到最高位置，泵停转；当液位降至最低位置，泵又起动。

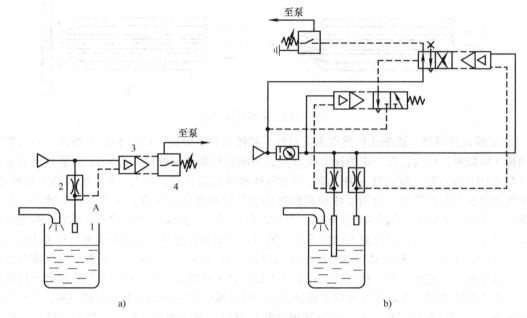

图 5-2-20 液位控制原理
1—浸没管 2—背压传感器 3—气动放大器 4—气-电转换器

(5) 转换器的应用 在气动装置中,控制部分的介质都是气体,但信号传感部分和执行部分可能采用液体和电信号。这样各部分之间就需要能量转换装置——转换器。

1) 气-电转换器的应用。气-电转换器是利用气信号来接通或关断电路的装置。其输入是气信号,输出是电信号。按输入气信号的压力大小不同,可分为低压气-电转换器和高压气-电转换器。

图 5-2-21a 所示为一种低压气-电转换器,其输入气压力小于 0.1MPa。平时阀芯 1 和焊片 4 是断开的,气信号输入后,膜片 2 向上弯曲,带动硬芯上移,与限位螺钉 3 导通,即与焊片导通,调节螺钉可以调节导通气压力的大小。这种气-电转换器一般用来提供信号给指示灯,指示气信号的有无;也可以将输出的电信号经过功率放大后带动电力执行机构。

图 5-2-21b 所示为一种高压气-电转换器,其输入气信号压力大于 1MPa,膜片 5 受压后,推动顶杆 6 克服弹簧的弹簧力向上移动,带动爪枢 7,两个微动开关 8 发出电信号。旋转螺母 9,可调节控制压力范围,这种气-电转换器的调压范围有 0.025~0.5MPa、0.065~1.2MPa 和 0.6~3MPa。这种依靠弹簧可调节控制压力范围的气-电转换器也被称为压力继电器,当气罐内压力升到一定压力后,压力继电器控制电动机停止工作,当气罐内压力降到一定压力后,压力继电器又控制电动机起动,其图形符号如图 5-2-21c 所示。

2) 气-液转换器的应用。气-液转换器是将空气压力转换成油压,且压力值不变的元件。使用气-液转换器,用气压力驱动气-液联用缸动作,就避免了空气可压缩性的缺陷,起动时和负载变动时,也能得到平稳的运动速度,低速动作时,也没有爬行问题,故最适合于精密稳速输送、中停、急速进给和旋转执行元件的慢速驱动等。

如图 5-2-22 所示的气-液转换器是一个油面处于静压状态的垂直放置的油筒。上部接气源,下部可与液压缸相连。为了防止空气混入油中造成传动的不稳定性,在进气口和出油口处,都安装有缓冲板 2。进气口缓冲板还可防止空气流入时发生冷凝水,防止排气时流出油沫。浮子 4 可防止油、气直接接触,避免空气混入油中。所用油可以是透平油或液压油,油的运动黏度为 $40\sim100\text{mm}^2/\text{s}$。

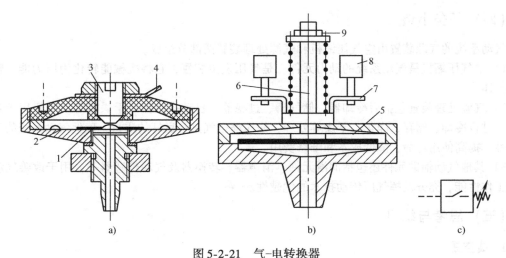

图 5-2-21 气-电转换器

1—阀芯 2、5—膜片 3—限位螺钉 4—焊片 6—顶杆 7—爪枢 8—微动开关 9—螺母

图 5-2-23 所示为气-液转换器和各类阀组合而成的气液回路，阀类组合元件有中停阀 4、变速阀 3 和带压力补偿的单向节流阀（5 和 6）等，当中停阀和变速阀通电时，如主阀 1 复位，气-液联用缸 7 快退；如主阀换向，则气-液联用缸快进。变速阀 3 断电时，则气-液联用缸慢进，慢进速度取决于节流阀 5 的开度。若中停阀 4 断电，则气-液联用缸中停。此回路用于钻孔加工时，其工作过程：气-液联用缸快进，使钻头快速接近工件；钻孔时，气-液联用缸慢进；钻孔完毕，气-液联用缸快速退回；遇到异常，让中停阀断电，实现中停；当钻孔贯通瞬时，由于负载突然减小，为防止钻头飞速伸出，使用了带压力补偿的单向节流阀；当负载突然减小时，气-液联用缸有杆腔的压力突增，控制带压力补偿的单向节流阀的开度变小，以维持气-液联用缸的速度基本不变，防止钻头飞伸。

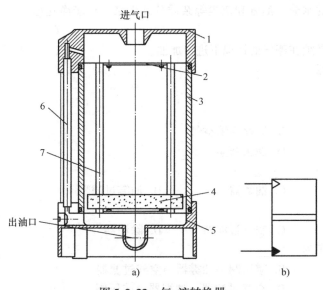

图 5-2-22 气-液转换器
1—头盖 2—缓冲板 3—筒体 4—浮子
5—下盖 6—油位计 7—拉杆

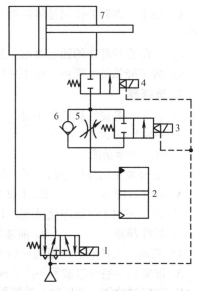

图 5-2-23 气-液转换器的应用回路
1—主阀 2—气-液转换器 3—变速阀 4—中停阀
5—节流阀 6—单向阀 7—气-液联用缸

（四）任务小结

气动系统的气源装置由空气压缩机和气源处理装置两部分组成。

1）空气压缩机是气动系统的动力元件，是气压发生装置，它将机械能转化为压力能，输出压缩气体。

2）气源处理装置包括后冷却器、储气罐、过滤器、自动排水器、干燥器等，主要用于对压缩空气进行冷却、储存、净化、干燥等处理，使压缩空气具有良好的质量，确保气动系统的工作可靠性，提高使用寿命，降低成本和维修费用。

3）其他气动辅助元件还包括润滑元件、消声器、转换器及气动传感器等，用于改善气动系统的工作性能，充分发挥气压传动技术的优越性。

（五）思考与练习

1. 填空题

1）_____是气动系统的动力源，它把电动机输出的机械能转换成_____输送给气动系统。

2）通常根据气动系统所需要的_____和_____两个参数来选取空气压缩机的型号。

3）气源处理装置的作用是_____。

4）气动系统中使用的许多元件和装置都需要通过特殊的给油装置_____进行润滑。

5）将_____、_____和_____组合在一起，称为空气处理组件。

6）消除噪声的措施有_____、_____、_____和_____等。

7）气-电转换器输入的是_____信号，输出的是_____信号。

2. 判断题

1）空气必须先经过滤器过滤后，才能由空气压缩机进入气动系统。（　　）

2）空气压缩机的工作原理与液压泵相似，通过吸、排气向系统连续供气。（　　）

3）油水分离器的作用是将压缩空气中的水分、油分和灰尘等杂质分离出来，初步净化压缩空气。（　　）

4）为防止油杯中的油液喷出，油雾器必须在停气的情况下进行加油。（　　）

5）为了降低排气噪声，必须采用消声器。（　　）

3. 选择题

1）以下不是储气罐的作用是_____。
A. 稳定压缩空气的压力　　　　　　B. 储存压缩空气
C. 分离油水杂质　　　　　　　　　D. 滤去灰尘

2）要分离压缩空气中的油雾，需要使用_____。
A. 空气过滤器　　B. 干燥器　　C. 油雾器　　D. 油雾过滤器

3）以下不属于气源净化装置的是_____。
A. 后冷却器　　B. 油雾器　　C. 空气过滤器　　D. 除油器

4）气动三大件联合使用的正确安装顺序为_____。
A. 油雾器→空气过滤器→减压阀　　B. 减压阀→油雾器→空气过滤器
C. 空气过滤器→减压阀→油雾器　　D. 空气过滤器→油雾器→减压阀

5）为使气动执行元件得到平稳的运动速度，可采用_____。
A. 气-电转换器　　B. 电-气转换器　　C. 液-气转换器　　D. 气-液转换器

4. 问答题

1) 气源系统主要由哪几部分组成？简述其各自的作用。
2) 空气压缩机起何作用？简述活塞式空气压缩机的工作过程。
3) 为何空气压缩机出口处需装后冷却器？试画出其图形符号。
4) 什么是储气罐？简述其作用并绘制图形符号。
5) 油水分离器、空气过滤器和油雾过滤器在功能上有何区别？
6) 简述油雾器的工作原理，并画出其图形符号。
7) 简单说明气动系统噪声大的原因，可采用哪些措施降低噪声？消声器的常用类型有哪些？

任务三　气动执行元件的应用

（一）任务描述

气动系统的执行元件主要包括气缸和气动马达两大类。本任务通过视频、动画及元件拆装等途径，了解气动执行元件的分类及其功能，重点掌握几种特殊气缸的工作原理、结构特点及其应用场合，初步认识气动马达和真空元件的实际应用。气动执行元件的常用结构形式如图 5-3-1 所示。

a) 普通活塞式气缸　　b) 薄型气缸　　c) 膜片气缸
d) 无杆气缸　　e) 气爪　　f) 气液阻尼缸
g) 齿轮齿条摆动气缸　　h) 叶片式气动马达　　i) 活塞式气动马达

图 5-3-1　气动执行元件的常用结构形式

（二）任务目标

了解气动执行元件的分类和结构特点，熟悉常用气动执行元件的工作原理，掌握典型气缸和气动马达的主要功用及特点，初步认识真空元件的实际应用。

（三）任务实施

1. 常用气缸的分类及应用

气缸按功能不同可分为普通气缸和特殊气缸。

（1）普通气缸的应用　在各类气缸中使用最多的是活塞式单活塞杆型气缸，称为普通气缸。普通气缸可分为单作用活塞式气缸和双作用活塞式气缸两种。

1）双作用活塞式气缸。图5-3-2a所示为单活塞杆双作用活塞式气缸的结构简图。它由缸筒、前后缸盖、活塞、活塞杆、紧固件和密封件等零件组成。

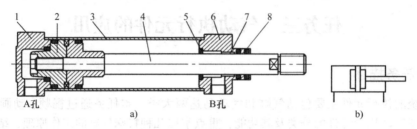

图5-3-2　双作用活塞式气缸
1—后缸盖　2—活塞　3—缸筒　4—活塞杆　5—缓冲密封圈　6—前缸盖　7—导向套　8—防尘圈

当A孔进气、B孔排气时，压缩空气作用在活塞左侧面积上的作用力大于作用在活塞右侧面积上的作用力和摩擦力等反向作用时，压缩空气推动活塞向右移动，使活塞杆伸出；反之，当B孔进气、A孔排气时，压缩空气推动活塞向左移动，使活塞和活塞杆缩回到初始位置。

由于该气缸缸盖上设有缓冲装置，因此它又被称为缓冲气缸。图5-3-2b所示为这种气缸的图形符号。

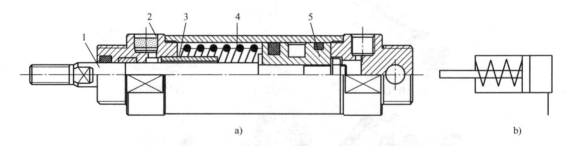

图5-3-3　单作用活塞式气缸
1—活塞杆　2—过滤片　3—止动套　4—弹簧　5—活塞

2）单作用活塞式气缸。图5-3-3a所示为一种单作用气缸的结构简图。压缩空气只从气缸一侧进入气缸，推动活塞输出驱动力，另一侧靠弹簧力推动活塞返回，部分气缸靠活塞和运动部件的自重或外力返回。该气缸缸盖上没有缓冲装置。图5-3-3b所示为这种气缸的图形符号。

这种气缸的特点如下：

① 结构简单；由于只需向一端供气，因此耗气量小。

② 复位弹簧的反作用力随压缩行程的增大而增大，因此活塞的输出力随活塞运动的行程增加而减小。

③ 缸体内安装弹簧，增加了缸筒长度，缩短了活塞的有效行程。这种气缸多用于行程短、

对输出力和运动速度要求不高的场合。

（2）特殊气缸

1）气液阻尼缸。气液阻尼缸是气缸和液压缸的组合缸，用气缸产生驱动力，用液压缸的阻尼调节作用获得平稳的运动。

实现进给驱动的气缸，用于机床和切削加工时，不仅要有足够的驱动力来推动刀具进行切削加工，还要求进给速度均匀、可调，在负载变化时能保持其平稳性，以保证加工的精度。由于空气的可压缩性，因此普通气缸在负载变化较大时容易产生"爬行"或"自走"现象。用气液阻尼缸可克服这些缺点，满足驱动刀具进行切削加工的要求。

气液阻尼缸按其结构不同，可分为串联式气液阻尼缸和并联式气液阻尼缸两种。

图 5-3-4 所示为串联式气液阻尼缸，它由一根活塞杆将气缸 2 的活塞和液压缸 3 的活塞串联在一起，两缸之间用隔板 7 隔开，防止空气与液压油互窜。工作时由气缸驱动，由液压缸起阻尼作用。节流机构（由节流阀 4 和单向阀 5 组成）可调节液压缸的排油量，从而调节活塞运动的速度。油杯 6 起储油或补油的作用。由于液压油可以看作不可压缩流体，因此排油量稳定，只要缸径足够大，就能保证活塞运动速度的均匀性。

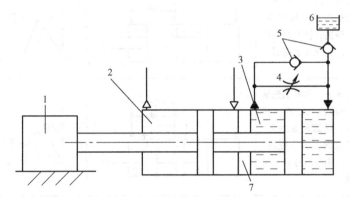

图 5-3-4　串联式气液阻尼缸
1—负载　2—气缸　3—液压缸　4—节流阀　5—单向阀　6—油杯　7—隔板

串联式气液阻尼缸的工作原理：当气缸活塞向左运动时，推动液压缸左腔排油，单向阀油路不通，只能经节流阀回油到液压缸右腔。由于排油量较小，活塞运动速度缓慢、匀速，实现了慢速进给的要求。其速度大小可通过调节节流阀的流通面积来控制。反之，当活塞向右运动时，液压缸右腔排油，经单向阀流到左腔。由于单向阀流通面积大，回油快，因此可使活塞快速退回。这种缸有慢进快退的调速特性，常用于空行程较快而工作行程较慢的场合。

图 5-3-5 所示为并联式气液阻尼缸，其特点是液压缸与气缸并联，用一块刚性连接板相连，液压缸活塞杆可在连接板内浮动一段行程。

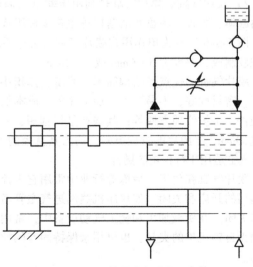

图 5-3-5　并联式气液阻尼缸

并联式气液阻尼缸的优点是缸体长度短、占机床空间位置小，结构紧凑，空气与液压油不互窜；其缺点是液压缸活塞杆与气缸活塞杆安装在不同轴线上，运动时易产生附加力矩，增加导轨磨损，产生爬行现象。

气液阻尼缸按调速特性不同，可分为双向节流型、单向节流型、快速趋进型等多种类型。气液阻尼缸的调速类型及特性见表 5-3-1。

表 5-3-1 气液阻尼缸的调速类型及特性

调速类型	作用原理	结构示意图	特性曲线	应用
双向节流型	在阻尼缸的油路上装节流阀，使活塞慢速往复运动		慢进 慢退	适用于空行程和工作行程都较短的场合
单向节流型	在调速回路中并联单向阀，慢进时单向阀关闭，节流阀调速；快退时单向阀打开，实现快速退回		慢进 快退	适用于加工时空行程短而工作行程较长的场合
快速趋进型	向右进时，右腔油先从 b→a 回路流入左腔，快速趋进；活塞至 b 处后，油经节流阀，实现慢进；退回时，单向阀打开，实现快退		慢进 快退 快进	快速趋进节省了空行程时间，提高了劳动生产率

在气液阻尼缸的实际回路中，除了上述几种常用调速方法之外，也可采用行程阀和单向节流阀等达到实际所需的调速目的。

2）膜片气缸。膜片气缸是利用压缩空气通过膜片的变形来推动活塞杆做直线运动的气缸。它由缸体、膜片、膜盘和活塞杆等主要零件组成，它分为单作用式和双作用式两种。

图 5-3-6 所示为单作用式膜片气缸的工作原理。膜片有平膜片和盘形膜片两种，一般用夹织物橡胶制成，厚度为 5~6mm 或 1~2mm。

膜片气缸的优点是结构简单、紧凑，体积小，重量轻，密封性好，不易漏气，加工简单，成本低，无磨损件，维护修理方便等；其缺点是行程短，一般不超过 50mm，平膜片的行程更短，约为其直径的 1/10。膜片气缸适用于行程短的场合。

膜片气缸在化工、冶炼等行业中常用它来控制管道阀门的开启和关闭，如热压机蒸汽进气主管道的开启和关闭。在机械加工和轻工气动设备中，常用它来推动无自锁机构的夹具，也可用来保持固有的拉力或推力。

3）制动气缸。带有制动装置的气缸称为制动气

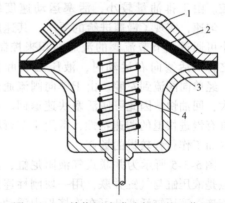

图 5-3-6 单作用式膜片气缸的工作原理
1—缸体 2—膜片 3—膜盘 4—活塞杆

缸，也称锁紧气缸。制动装置一般安装在普通气缸的前端，其结构有卡套锥面式、弹簧式和偏心式等多种形式。

图 5-3-7 所示为卡套锥面式制动气缸的结构示意图，它是由气缸和制动装置两部分组合而成的特殊气缸。气缸部分与普通气缸结构相同，它可以是无缓冲气缸。制动装置由缸体、制动活塞、制动闸瓦和弹簧等构成。

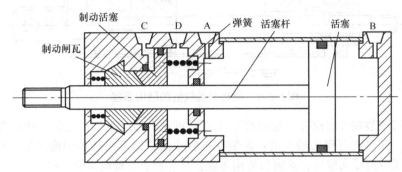

图 5-3-7 卡套锥面式制动气缸的结构示意图

制动气缸在工作过程中，其制动装置有两个工作状态，即放松状态和制动夹紧状态。

① 放松状态：当 C 孔进气、D 孔排气时，制动活塞右移，则制动机构处于松开状态，气缸活塞和活塞杆即可正常自由运动。

② 夹紧状态：当 D 孔进气、C 孔排气时，弹簧和气压同时使制动活塞复位，并压紧制动闸瓦。此时制动闸瓦抱紧活塞杆，对活塞杆产生很大的夹紧力——制动力，使活塞杆迅速停止下来，达到正确定位的目的。

在工作过程中即使动力气源出现故障，由于弹簧力的作用，仍能锁定活塞杆不使其移动。这种制动气缸夹紧力大，动作可靠。

为使制动气缸工作可靠，气缸的换向回路可采用图 5-3-8 所示的平衡换向回路。回路中的减压阀用于调整气缸平衡。制动气缸在使用过程中制动动作和气缸的平衡是同时进行的，而制动的解除与气缸的再起动也是同时进行的。这样，制动夹紧力只要消除运动部件的惯性就可以了。

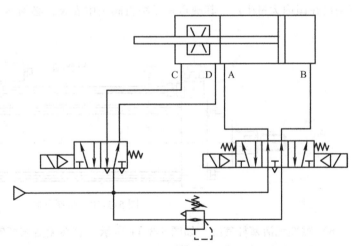

图 5-3-8 制动气缸的平衡换向回路

在气动系统中，采用三位阀能控制气缸活塞在中间任意位置停止，但在外界负载较大且有波动，或气缸垂直安装使用，及对其定位精度与重复精度要求高时，可选用制动气缸。

4）磁性开关气缸。图 5-3-9 所示为磁性开关气缸的结构原理，它由气缸和磁性开关组合而成。气缸可以是无缓冲气缸，也可以是缓冲气缸或其他气缸。将信号开关直接安装在气缸上，同时，在气缸活塞上安装一个永久磁性橡胶环，随活塞运动。

磁性开关又名舌簧开关或磁性发信器。开关内部装有舌簧片式的开关、保护电路和动作指示灯等，均用树脂封在一个盒子内。当装有永久磁铁的活塞运动到舌簧开关附近时，两个簧片被吸引使开关接通。当永久磁铁随活塞离开时，磁力减弱，两簧片弹开，使开关断开。

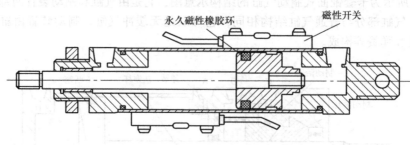

图 5-3-9　磁性开关气缸的结构原理

磁性开关可安装在气缸拉杆（紧固件）上，且可左右移动至气缸任何一个行程位置上。若装在行程末端，即可在行程末端发信；若装在行程中间，即可在行程中途发信，比较灵活。因此，带磁性开关气缸结构紧凑，安装和使用方便，是一种有发展前途的气缸。

磁性开关气缸的缺点是缸筒不能用廉价的普通钢材、铸铁等导磁性强的材料，而要用导磁性弱、隔磁性强的材料，例如黄铜、硬铝、不锈钢等。

5）带阀气缸。带阀气缸是一种为了节省阀和气缸之间的接管，将两者制成一体的气缸。如图 5-3-10 所示，带阀气缸由标准气缸、阀、中间连接板和连接管道组合而成。阀一般用电磁阀，也可用气控阀。按气缸的工作形式可分为通电伸出型和通电退回型两种。

带阀气缸省掉了阀与气缸之间的管路连接，可节省管道材料和接管人工，并减少了管路中的耗气量。带阀气缸具有结构紧凑、使用方便、节省管道和耗量小等优点，深受用户的欢迎，近年来已在国内大量生产；其缺点是无法将阀集中安装，必须逐个安装在气缸上，维修不便。

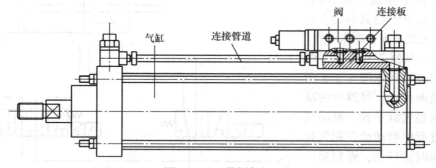

图 5-3-10　带阀气缸

6）磁性无活塞杆气缸。如图 5-3-11 所示，磁性无活塞杆气缸由缸体、活塞组件、移动支架组件三部分组成，其中活塞组件由内磁环、内隔板、活塞等组成；移动支架组件由外磁环、外隔板、套筒等组成。两组件内的磁环形成的磁场产生磁性吸力，使移动支架组件跟随活塞组件同步移动。移动支架承受负载，其承受的最大负载取决于磁钢的性能和磁环的组数，还取决于气缸筒的材料和壁厚。

磁性无活塞杆气缸具有结构简单、重量轻、占用空间小（因没有活塞杆伸出缸外，故可比普通缸节省空间 45% 左右）、行程范围大（直径与行程比一般可达 1/100，最大可达 1/150，例如直径为 $\phi 40mm$ 的气缸，最大行程可达 6m）等优点，已被广泛用于数控机床、大型压铸机、注塑机等机床的开门装置，纸张、布匹、塑料薄膜机中的切断装置，重物的提升、多功能坐标移动等场合；

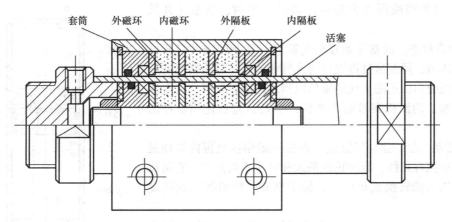

图 5-3-11　磁性无活塞杆气缸

但当速度快、负载大时，内外磁环易脱开，即负载大小受速度的影响。

7）薄型气缸。薄型气缸结构紧凑，轴向尺寸比普通气缸短。如图 5-3-12 所示，薄型气缸的活塞上采用 O 形密封圈密封，缸盖上没有空气缓冲机构，缸盖与缸筒之间采用弹簧卡环固定。薄型气缸行程较短，常用缸径为 10～100mm，行程小于 50mm。

薄型气缸有供油润滑薄型气缸和不供油润滑薄型气缸两种，除采用的密封圈不同外，其结构基本相同。不供油（无给油）润滑薄型气缸中采用了一种特殊的密封圈，在此密封圈内预先填充了 3 号主轴润滑脂或其他油脂，在运动中靠此油脂来润滑，而不需用油雾器供油润滑，润滑脂一

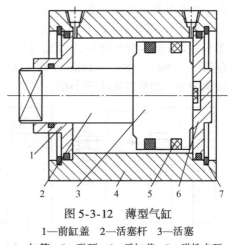

图 5-3-12　薄型气缸
1—前缸盖　2—活塞杆　3—活塞
4—缸筒　5—磁环　6—后缸盖　7—弹性卡环

般每半年到一年换、加一次。不供油润滑薄型气缸的特点是结构简单、紧凑、重量轻、美观；轴向尺寸最短，占用空间小，特别适用于短行程场合；可以在不供油条件下工作，节省油雾器，且对周围环境减少了油雾污染；适宜用于对气缸动态性能要求不高而要求空间紧凑的轻工、电子及机械等行业。

8）冲击气缸。冲击气缸是把压缩空气的能量转换为活塞和活塞杆等运动部件高速运动的动能（最大速度可达 10m/s 以上）的一种特殊气缸，利用此动能对外做功，可完成冲孔、下料、打印、铆接、拆件、压套、装配、弯曲成形、破碎、高速切割、锤击、锻压、打钉及去毛刺等多种作业。

冲击气缸有普通型和快排型两种。它们的工作原理基本相同，差别只是快排型冲击气缸在普通型冲击气缸的基础上增加了快速排气结构，以获得更大的能量。

如图 5-3-13 所示，普通型冲击气缸由缸体、中盖、活塞和活塞杆等主要零件组成。与普通气缸不同的是，此冲击气缸有一个带有流线型喷口的中盖和蓄能腔，喷口的直径为缸径的 1/3。如图 5-3-14 所示，冲击气缸的工作原理如下：

① 初始状态：头腔进气，活塞在工作压力的作用下处于上限位置，封住喷口。

② 蓄能状态：换向阀换向，工作气压向蓄能腔充气，头腔排气。由于喷口的面积为缸径的

1/9，只有当蓄能腔压力为头腔压力的 8 倍时，活塞才开始移动。

③ 冲击状态：活塞开始移动的瞬间，蓄能腔内的气压已达到工作压力，尾腔通过排气口与大气相通。一旦活塞离开喷口，则蓄能腔内的压缩空气经喷口以声速向尾腔充气，且气压作用在活塞上的面积突然增大 8 倍，于是活塞快速向下冲击做功。

9）摆动气缸。摆动气缸是一种在一定角度范围内做往复摆动的气动执行元件，有齿轮齿条式和叶片式两大类。它将压缩空气的压力能转换成机械能，输出转矩，使机构实现往复摆动。

如图 5-3-15 所示，叶片式摆动气缸由叶片轴转子（即输出轴）、定子、缸体和前后端盖等部分组成，定子和缸体固定在一起，叶片和转子连在一起。

叶片式摆动气缸（马达）可分为单叶片式和双叶片式两种。图 5-3-15a 所示为单叶片式摆动气缸，其输出转角较大，摆角范围小于 360°。图 5-3-15b 所示为双叶片式摆动气缸，其输出转角较小，摆角范围小于 180°。

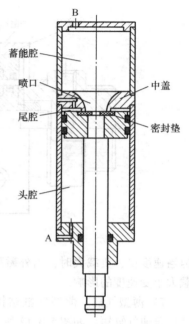

图 5-3-13 冲击气缸

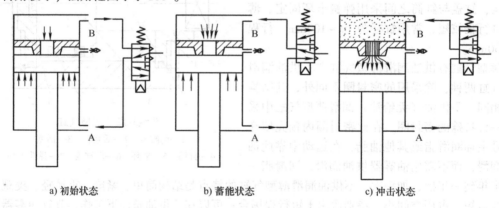

a) 初始状态　　b) 蓄能状态　　c) 冲击状态

图 5-3-14 冲击气缸的工作原理

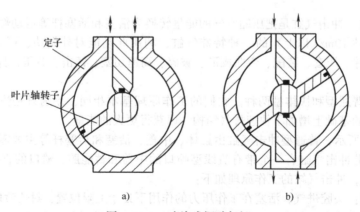

图 5-3-15 叶片式摆动气缸

齿轮齿条式摆动气缸有单齿条和双齿条两种。图 5-3-16 所示为单齿条式摆动气缸，其结构原理为压缩空气推动活塞 2 从而带动齿条组件 3 做直线运动，齿条组件 3 则推动齿轮 4 做旋转运动，由输出轴 5（齿轮轴）输出力矩。输出轴与外部机构的转轴相连，让外部机构做摆动。摆动气缸的行程终点位置可调，且在终端可调缓冲装置，缓冲大小与气缸摆动的角度无关，在活塞上装有一个永久磁环，行程开关可固定在缸体的安装沟槽中。

摆动气缸多用于安装位置受到限制或转动角度小于 360°的回转工作部件，例如夹具的回转、阀门的开启、车床转塔刀架的转位及自动线上物料的转位等场合。

10）气动手指气缸。气动手指又名气动夹爪或气爪。气动手指气缸属于一种变

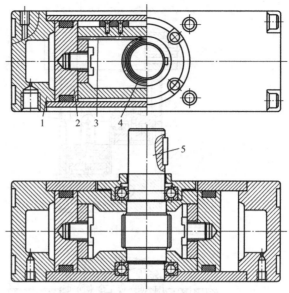

图 5-3-16 齿轮齿条式摆动气缸
1—端盖 2—活塞 3—齿条组件 4—齿轮 5—输出轴

型气缸，它利用压缩空气作为动力，代替人夹取或抓取物体，实现机械手的各种动作。

气动夹爪的常用结构形式有平行夹爪、摆动夹爪、旋转夹爪和三点夹爪，如图 5-3-17 所示。

① 平行夹爪。如图 5-3-17a 所示，平行夹爪的手指是通过两个活塞完成动作的。每个活塞由一个滚轮和一个双曲柄与气动手指相连，形成一个特殊的驱动单元。这样，气动手指总是轴向对心移动，每个手指是不能单独移动的。如果手指反向移动，则先前受压的活塞处于排气状态，而另一个活塞处于受压状态。

② 摆动夹爪（Y 形夹爪）。如图 5-3-17b 所示，摆动夹爪的活塞杆上有一条环形槽，由于手指耳轴与环形槽相连，因而手指可同时移动且自动对中，并确保抓取力矩始终恒定。

③ 旋转夹爪。如图 5-3-17c 所示，旋转夹爪的动作是按照齿条的啮合原理工作的。活塞与一根可上下移动的轴固定在一起，轴的末端有三条环形槽，这些槽与两个驱动轮啮合，因而气动手指可同时移动并自动对中，齿轮齿条啮合原理确保了抓取力矩始终恒定。

④ 三点夹爪。如图 5-3-17d 所示，三点夹爪的活塞上有一条环形槽，每一个曲柄与一个气动手指相连，活塞运动能驱动三个曲柄动作，因而可控制三个手指同时打开和合拢。

2. 气动马达的应用

（1）气动马达的分类

1）叶片式气动马达。如图 5-3-18 所示，叶片式气动马达主要由定子、转子、叶片及壳体构成。转子与定子偏心安装，由转子外表面、定子的内表面、相邻两叶片及两端密封盖形成了若干个密封工作空间。

图 5-3-18a 所示的机构采用了非膨胀式结构。当压缩空气由 A 输入后，分成两路：一路压缩空气经定子两面密封盖的弧形槽进入叶片底部，将叶片推出，叶片就是靠此压力及转子转动时的离心力的综合作用而紧密地抵在定子内壁上的；另一路压缩空气经 A 孔进入相应的密封工作空间，作用在叶片上，由于前后两叶片伸出长度不一样，作用面积也就不相等，作用在两叶片上的转矩大小也不一样，且方向相反，因此转子在两叶片的转矩差的作用下，按逆时针方向旋转。做功后的气体由定子排气孔 B 排出。反之，当压缩空气由 B 孔输入时，就产生顺时针方向的转

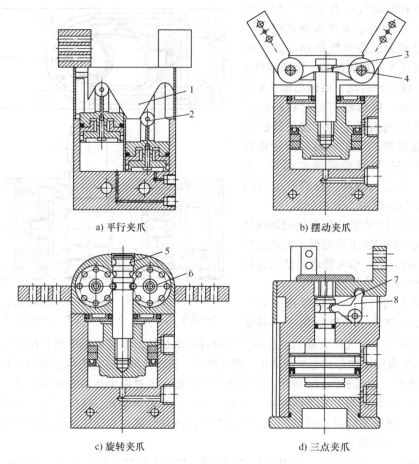

a) 平行夹爪　　b) 摆动夹爪

c) 旋转夹爪　　d) 三点夹爪

图 5-3-17　气动手指气缸

1—双曲柄　2—滚轮　3、7—环形槽　4—耳轴　5—环形槽（三条）　6—驱动轮　8—曲柄

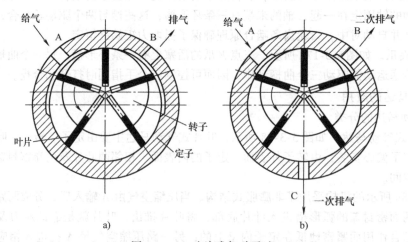

图 5-3-18　叶片式气动马达

矩差，使转子按顺时针方向旋转。

图 5-3-18b 中的机构采用了膨胀式结构。当转子转到排气口 C 位置时，工作室内的压缩空气

进行一次排气，随后其余压缩空气继续膨胀直至转子转到输出口 B 位置进行第二次排气。气动马达采用这种结构能有效利用部分压缩空气膨胀时的能量，提高输出功率。

叶片式气动马达一般在中小容量及高速回转的应用条件下使用，其耗气量比活塞式大，体积小，重量轻，结构简单。其输出功率为 0.1～20kW，转速为 500～25000r/min。另外，叶片式气动马达起动及低速运转时的性能不好，转速低于 500r/min 时必须配用减速机构。叶片式气动马达主要用于矿山机械和气动工具中。

2）活塞式气动马达。活塞式气动马达是一种通过曲柄或斜盘将若干个活塞的直线运动转变为回转运动的气动马达。按其结构不同，可分为径向活塞式和轴向活塞式两种。

图 5-3-19 所示为径向活塞式气动马达，其工作室由缸体和活塞构成。3～6 个气缸围绕曲轴呈放射状分布，每个气缸通过连杆与曲轴相连。通过压缩空气分配阀向各气缸顺序供气，压缩空气推动活塞运动，带动曲轴转动。当配气阀转到某角度时，气缸内的余气经排气口排出。改变进、排气方向，可实现气动马达的正、反转换向。

活塞式气动马达适用于转速低、转矩大的场合。其耗气量大，且构成零件多，价格高。其输出功率为 0.2～20kW，转速为 200～4500r/min。活塞式气动马达主要应用于矿山机械，也可用作传送带等的驱动马达。

3）齿轮式气动马达。图 5-3-20 所示为齿轮式气动马达，其工作室由一对齿轮构成，压缩空气由对称中心处输入，齿轮在压力的作用下回转。采用直齿轮的气动马达可以正反转动，但供给的压缩空气通过齿轮时不膨胀，因此效率低；当采用人字齿轮或斜齿轮时，压缩空气膨胀 60%～70%，提高了效率，但不能正反转。

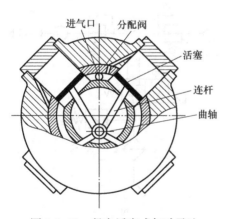

图 5-3-19 径向活塞式气动马达

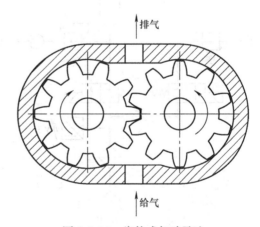

图 5-3-20 齿轮式气动马达

齿轮式气动马达与其他类型的气动马达相比，具有体积小、重量轻、结构简单、对气源质量要求低、耐冲击及惯性小等优点，但转矩脉动较大、效率较低。小型气动马达转速能高达 10000r/min；大型的能达到 1000r/min，功率可达 50kW。齿轮式气动马达主要用于矿山工具。

(2) 气动马达的特点和应用　气动马达的功能类似于液压马达或电动机，与后两者相比，气动马达有如下特点：

1) 可以无级调速：只要控制进排气流量，就能在较大范围调节其输出功率和转速。气动马达功率小到几百瓦，大到几万瓦，转速范围可以从零到 25000r/min 或更高。

2) 能实现正反转：只要操作换向阀换向，改变进排气方向，即能达到正转和反转的目的。换向容易，换向后起动快，可在极短的时间内升到全速。

3) 有较高的起动力矩：可直接带负载起动，起动和停止均迅速。

4) 有过载保护作用：过载时只是转速降低或停转，不会发生烧毁。过载解除后，能立即恢复正常工作。长时间满载工作，升温很小。

5) 工作安全：在高温、潮湿、易燃、振动及多粉尘的恶劣环境下都能正常工作。

6) 操作方便，维修简单。

7) 输出转矩和输出功率较小：目前国产叶片式气动马达的输出功率最大约为15kW，活塞式气动马达的最大功率约为18kW。耗气量较大，故效率低，噪声较大。

由上述特点可知，气动马达适用于无级调速、起动频繁、经常换向、高温潮湿、易燃易爆、多粉尘、带负载起动、有过载可能以及不便人工操作的场合。由气动马达配合机构组装而成的风钻、风铲、风扳手、风砂轮、风动钻削动力头等风动工具，在很多工厂、矿山等地方都在大量使用。

3. 真空元件的应用

（1）真空发生装置的认识　对任何具有较光滑表面的物体，特别是对于非铁、非金属且不适合夹紧的物体，如薄的柔软的纸张、塑料膜、铝箔、易碎的玻璃及其制品、集成电路等微型精密零件，都可使用真空吸附，完成各种作业。真空压力的形成主要依靠真空发生装置，真空发生装置有真空泵和真空发生器两种。

1) 真空泵。真空泵是吸入口形成负压，排气口直接通大气，对容器进行抽气，以获得真空的机械设备。图5-3-21所示为采用真空泵的真空回路。

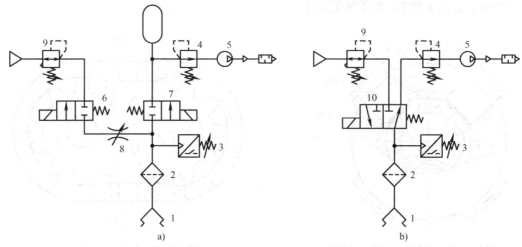

图5-3-21　采用真空泵的真空回路
1—吸盘　2—真空过滤器　3—压力开关　4—真空减压阀　5—真空泵
6—真空破坏阀　7—真空切换阀　8—节流阀　9—减压阀　10—真空选择阀

图5-3-21a所示为采用两个二位二通阀（6、7）控制真空泵5，完成真空吸着和真空破坏的回路。当真空切换阀7通电、真空破坏阀6断电时，真空泵5产生的真空使吸盘1将工件吸起；当阀7断电、阀6通电时，压缩空气进入吸盘，真空被破坏，吹力使吸盘与工件脱离。

图5-3-21b所示为采用一个二位三通阀控制的真空回路。当真空选择阀10断电时，真空泵5产生真空，工件被吸盘吸起；当阀10通电时，压缩空气使工件脱离吸盘。

2) 真空发生器。真空发生器是利用压缩空气通过喷嘴时的高速流动，在喷口处产生一定真空度的气动元件。由于采用真空发生器获取真空容易，因此其应用十分广泛。

图 5-3-22a 所示为真空发生器结构原理，图 5-10-22b 所示为真空发生器的图形符号。

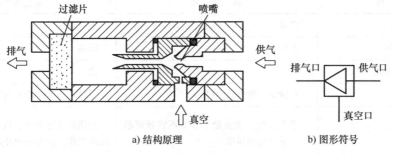

a) 结构原理　　　　　b) 图形符号

图 5-3-22　真空发生器

真空发生器由先收缩后扩张的喷嘴、扩散管和吸附口等组成。压缩空气从输入口供给，在喷嘴两端压差高于一定值后，喷嘴射出超声速射流或近声速射流。由于高速射流的卷吸作用，将扩散腔的空气抽走，使该腔形成真空。在吸附口接上真空吸盘，便可形成一定的吸力，吸起吸吊物。

图 5-3-23 所示为采用三位三通阀的联合真空发生器，控制真空吸着和真空破坏的回路。

① 当三位三通阀 4 的电磁铁 1YA 通电，真空发生器 1 与真空吸盘 7 接通，真空开关 6 检测真空度并发出信号给控制器，吸盘 7 将工件吸起。

② 当三位三通阀 4 不通电时，真空吸着状态能够持续。

③ 当三位三通阀 4 的电磁铁 2YA 通电，压缩空气进入真空吸盘，真空被破坏，吹力使吸盘与工件脱离。吹力的大小由减压阀 2 设定，流量由节流阀 3 设定。

表 5-3-2 给出了真空发生器与真空泵的特点及其应用场合，以便选用。

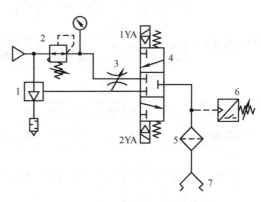

图 5-3-23　采用真空发生器的真空回路
1—真空发生器　2—减压阀　3—节流阀
4—三位通阀　5—过滤器　6—真空开关　7—吸盘

表 5-3-2　真空发生器与真空泵的比较

项　　目	真　空　泵		真空发生器	
最大真空度	可达 101.3kPa	能同时获得大值	可达 88kPa	不能同时获得大值
吸入量	可以很大		不大	
结构	复杂		简单	
体积	大		很小	
重量	重		很轻	
寿命	有可动件，寿命较长		无可动件，寿命长	
消耗功率	较大		较大	
价格	高		低	
安装	不便		方便	

(续)

项 目	真 空 泵	真空发生器
维护	需要	不需要
与配套件复合化	困难	容易
真空的产生和解除	慢	快
真空压力脉动	有脉动，需设真空罐	无脉动，不需设真空罐
应用场合	适合连续、大流量工作，不宜频繁起停，适合集中使用	需供应压缩空气，宜从事流量不大的间歇工作，适合分散使用

（2）真空吸盘的应用　吸盘是直接吸吊物体的元件。吸盘通常是由橡胶材料与金属骨架压制成型的，制造吸盘所用的各种橡胶材料的性能见表 5-3-3。

表 5-3-3　吸盘橡胶材料的性能

吸盘的橡胶材料	性能												搬运物体
	弹性	扯断强度	硬度	压缩永久变形	使用温度/℃	透气性	耐磨性	耐老化性	耐油性	耐酸性	耐碱性	耐溶剂性	耐湿性	耐臭氧	电气绝缘性	
丁腈橡胶	良	可	良	良	-30~120	可	良	差	优	良	可	差	良	差	硬壳纸、胶合板、铁板及其他一般工件
聚氨酯橡胶	优	优	优	优	-30~80	优	优	优	可+	差	差	差	差	良	
硅橡胶	良	差	优	良	-70~230	可	差	良+	可	良-	可	良	良	良	半导体元件、薄工件、金属成形制品、食品类
氟橡胶	可	可	优	良-	-10~200	优	良+	优	优	优	可-	优	优	可	药品类

橡胶材料如果长时间在高温下工作，则使用寿命将会变短。硅橡胶的使用温度范围较宽，但在湿热条件下工作则性能变差。吸盘的橡胶出现脆裂，是橡胶老化的表现，除过度使用的原因外，多由于受热或日光照射所致，故吸盘宜保管在冷暗的室内。

图 5-3-24 所示为真空吸盘的典型结构。根据工件的形状和大小，可以在安装支架上安装单个或多个真空吸盘。

（3）真空气阀的选用

1）真空减压阀。压力管路中的减压阀（见图 5-3-21 中的元件9），应使用一般减压阀。真空管路中的减压阀（见图 5-3-21 中的元件4），应使用真空减压阀。

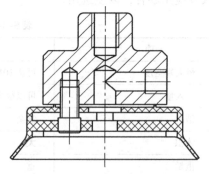

图 5-3-24　真空吸盘的典型结构

真空减压阀的动作原理如图 5-3-25 所示。真空口接真空泵，输出口接负载用的真空罐。

当真空泵工作后，真空口压力降低。顺时针旋转手轮3，设定弹簧4被拉伸，膜片1上移，带动给气阀2的阀芯抬起，则给气孔7打开，输出口与真空口接通。输出真空压力通过反馈孔6

作用于膜片下腔。当膜片处于力平衡时，输出真空压力便达到一定值，且吸入一定流量。当输出口真空压力上升时，膜片上移，阀的开度加大，则吸入流量增大。当输出口压力接近大气压力时，吸入流量达最大值。反之，当吸入流量逐渐减小至零时，输出口真空压力逐渐下降，直至膜片下移，给气口被关闭，真空压力达最低值。手轮全松，复位弹簧推动给气阀，封住给气口，则输出口和设定弹簧室都与大气相通。

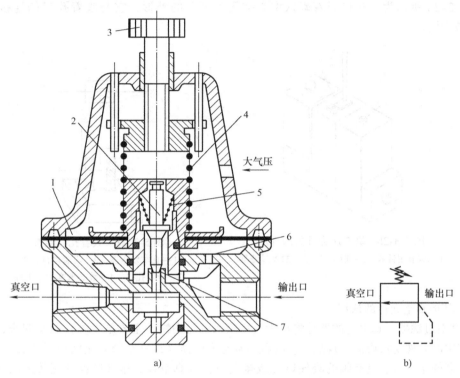

图 5-3-25　真空减压阀的动作原理
1—膜片　2—给气阀　3—手轮　4—设定弹簧　5—复位弹簧　6—反馈孔　7—给气孔

2）换向阀。使用真空发生器的回路中的换向阀有供给阀、真空破坏阀、真空切换阀和真空选择阀等。

真空破坏阀（见图 5-3-21 中的元件 6）是破坏吸盘内的真空状态来使工件脱离吸盘的阀；真空切换阀（见图 5-3-21 中的元件 7）就是接通或断开真空压力源的阀；真空选择阀（见图 5-3-21 中的元件 10）可控制吸盘对工件吸着或脱离，一个阀具有两个功能，以简化回路设计。

供给阀因设置于压力管路中，可选用一般的换向阀。真空破坏阀、真空切换阀和真空选择阀设置于真空回路或存在有真空状态的回路中，故必须选用能在真空压力条件下工作的换向阀。

真空用换向阀要求不泄漏，且不用油雾润滑，故使用截止式和膜片式阀芯结构比较理想，通径大时可使用外部先导式电磁阀；不给油润滑的软质密封滑阀，由于其通用性强，也常作为真空用换向阀使用；间隙密封滑阀存在微漏，只宜用于允许存在微漏的真空回路中。

3）节流阀。真空系统中的节流阀用于控制真空破坏的快慢，节流阀的出口压力不得高于 0.5MPa，以保护真空压力开关和抽吸过滤器。

4）单向阀。单向阀的作用：一是当供给阀停止供气时，保持吸盘内的真空压力不变，可节省能量；二是一旦停电，可延缓被吸吊工件脱落的时间，以便采取安全对策。一般应选用流通能力大、开启压力低（0.01MPa）的单向阀。

（4）真空压力开关的应用　真空压力开关是用于检测真空压力的开关。当真空压力未达到设定值时，开关处于断开状态；当真空压力达到设定值时，开关处于接通状态，发出电信号，指挥真空吸附机构动作。一般使用的真空开关的用途包括真空系统的真空度控制、有无工件的确认、工件吸着确认、工件脱离确认。

图 5-3-26 所示为小孔口吸着确认型真空压力开关的外形，它与吸着孔口的连接方式如图 5-3-27 所示。

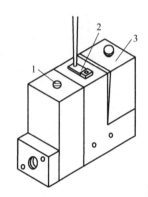
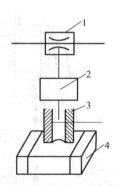

图 5-3-26　真空压力开关的外形
1—调节用针阀　2—指示灯　3—抽吸过滤器

图 5-3-27　吸着孔口连接
1—真空发生器　2—吸着确认开关
3—吸着孔口　4—数毫米宽的小工件

（5）其他真空元件的认识

1）真空过滤器。真空过滤器是将从大气中吸入的污染物（主要是尘埃）收集起来，以防止真空系统中的元件受污染而出现故障。吸盘与真空发生器（或真空阀）之间应设置真空过滤器。真空发生器的排气口、真空阀的吸气口（或排气口）和真空泵的排气口也都应装上消声器，这不仅能降低噪声而且能起过滤作用，以提高真空系统工作的可靠性。

2）真空组件。真空组件是将各种真空元件组合起来的多功能元件。

图 5-3-28 所示为采用真空发生器组件的回路。典型的真空组件由真空发生器 3、真空吸盘 7、压力开关 5 和电磁阀 1、2、4 等构成。当电磁阀 1 通电后，压缩空气通过真空发生器 3，由于气流的高速运动产生真空，真空开关 5 检测真空度，并发出信号给控制器，吸盘 7 将工件吸起。当电磁阀 1 断电，电磁阀 2 通电时，真空发生器停止工作，真空消失，压缩空气进入真空吸盘，将工件与吸盘吹开。此回路中，过滤器 6 的作用是防止在抽吸过程中将异物和粉尘吸入发生器。

3）真空计。真空计是测定真空压力的计量仪表，装在真空回路中，显示真空压力的大小，便于检查和发现问题。常用真空计的量程是 0~100kPa，3 级精度。

4）管道及管接头。真空回路中，应选用真空压力下不变形、不变瘪的管子，可使用硬尼龙管、软尼龙管和聚氨酯管。管接头要使用可在真空状态下工作的。

5）空气处理元件。在真空系统中，处于压力回路中的空气处理元件可使用过滤精度为 5μm 的空气过滤器，过滤精度为 0.3μm 的油雾分离器，出口侧油雾浓度小于 1.0mg/m³。

6）真空用气缸。常用的真空用自由安装型气缸，具有以下特点：

① 它是双作用垫缓冲无给油方形体气缸，有多个安装面可供自由选用，安装精度高。

② 活塞杆带导向杆，为杆不回转型缸。

③ 活塞杆内有通孔，作为真空通路。吸盘安装在活塞杆端部，有螺纹连接式和带倒钩的直

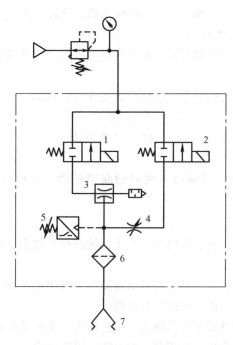

图 5-3-28 采用真空发生器组件的回路
1、2、4—电磁阀 3—真空发生器 5—真空开关 6—过滤器 7—真空吸盘

接安装式，这样可省去配管，节省空间，结构紧凑。

④ 真空口有缸盖连接型和活塞杆连接型。前者缸盖及真空口连接管不动，活塞运动，真空口端活塞杆不会伸出缸盖外；后者气缸轻、结构紧凑，缸体固定，活塞杆运动。

⑤ 在缸体内可以安装磁性开关。

（四）任务小结

1）气动执行元件的功能是将气体压力能转换成机械能以实现往复运动或回转运动，气缸实现直线往复运动，气动马达实现回转运动。

2）气缸在基本结构上分为单作用式和双作用式两种。随着新技术的发展，不断出现新结构的气缸，如膜片气缸、无杆气缸、冲击气缸、气液阻尼缸及气液增压缸等，它们在机械自动化和工业机械人等领域得到了广泛的应用。

3）气动马达常用结构形式有叶片式气动马达、活塞式气动马达及齿轮式气动马达。气动马达具有外壳体轻、输送方便及过载能自动停转等优点，广泛应用于矿山机械、易燃易爆液体及气动工具等场合。

4）真空元件主要用于吸附任何具有较光滑表面的物体，对于非铁、非金属且不适合夹紧的物体，都可使用真空吸附，完成各种搬运作业。

（五）思考与练习

1. 填空题

1）气动执行元件是将压缩空气的_____能转化为_____能的元件，它根据输出运动形式不同可分为_____和_____两大类。

2）根据压缩空气作用在活塞端面上的方向，可分为_____气缸和_____气缸两种。

3）气液阻尼缸是由_____和_____组合而成，它以_____产生驱动力，用液压缸的_____调节作用获得平稳的运动。

4）膜片式气缸因膜片的变形量有限，故其行程_____，且气缸活塞上的输出力随着行程加大而_____。

5）气动马达是将压缩空气的_____转换成连续回转运动_____能的气动执行元件，常用的气动马达有_____、_____及_____等。

6）真空泵是吸入口形成_____，排气口直接通_____，对容器进行抽气，以获得_____的机械设备。

7）_____是利用压缩空气通过喷嘴时的高速流动，在喷口处产生一定真空度的气动元件。

2. 判断题

1）伸缩气缸的特点是行程长，径向尺寸较小而轴向尺寸较大，推力和速度随工作行程的变化而变化。（　　）

2）摆动气缸多用于安装位置受限制或转动角度小于360°的回转工作部件。（　　）

3）带阀气缸相当于气缸和阀组成的气缸回路。（　　）

4）磁性开关气缸依靠磁性活塞与传感器的相互作用，能实现自动控制。（　　）

5）气动马达与电动机和液压马达相同，均可实现回转运动。（　　）

6）薄的柔软的纸张、塑料膜、铝箔等具有较光滑表面的物体，可使用吸盘完成各种作业。（　　）

3. 选择题

1）为了使活塞运动平稳，普遍采用了_____。
A. 活塞式气缸　　B. 叶片式气缸　　C. 膜片式气缸　　D. 气液阻尼缸

2）下列缸中行程最长的是_____。
A. 双出杆气缸　　B. 膜片式气缸　　C. 伸缩式气缸　　D. 气液阻尼缸

3）能用压缩空气输出连续回转运动的气动执行元件是_____。
A. 活塞式气缸　　B. 摆动气缸　　C. 冲击气缸　　D. 气动马达

4）能把压缩空气的能量转化为活塞高速运动能量的气缸是_____。
A. 冲击气缸　　B. 摆动气缸　　C. 膜片气缸　　D. 气液阻尼缸

5）以下属于真空执行元件的是_____。
A. 真空吸盘　　B. 真空压力开关　　C. 真空泵　　D. 真空发生器

6）真空压力的形成主要依靠_____。
A. 真空气缸　　B. 真空阀　　C. 真空吸盘　　D. 真空发生装置

4. 问答题

1）膜片气缸和薄型气缸的工作行程均较短，其主要区别是什么？

2）制动气缸和换向阀的闭锁作用相比，有何不同的效果？何时选用制动气缸？

3）磁性开关气缸取代用行程开关控制的气缸，有何优越性？

4）摆动气缸和气动马达都能实现回转运动吗？两者有何主要区别？

5）简述冲击气缸的工作原理。它可完成哪些加工？

6）气动马达与液压马达相比有何异同之处？

任务四　气动控制元件的应用

（一）任务描述

本任务通过视频、动画及元件拆装等途径，了解气动控制元件的分类及其功能，对比气、液控制阀的异同之处，重点掌握常用方向控制阀、压力控制阀、流量控制阀的工作原理、结构特点及其应用场合。表5-4-1所列为典型气动控制元件产品。

表5-4-1　典型气动控制元件产品

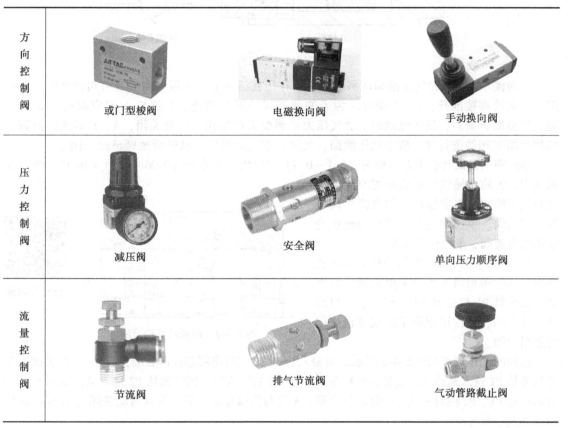

（二）任务目标

认识气动控制阀的类型和功用，了解气动方向控制阀、压力控制阀和流量控制阀的典型结构及工作原理，熟悉常用气动控制阀在气动回路中的应用。

（三）任务实施

1. 方向控制阀的分类及应用

方向控制阀是改变气体的流动方向或通断的控制阀。方向控制阀按气流在阀内的作用方向不同，可分为单向型控制阀和换向型控制阀。

(1) 单向型控制阀的应用　只允许气流沿一个方向流动的控制阀叫单向型控制阀，如单向阀、梭阀、双压阀和快速排气阀等。

1) 单向阀。单向阀是指气流只能向一个方向流动，而不能反方向流动的阀。它的结构如图 5-4-1a 所示，图形符号如图 5-4-1b 所示，其工作原理与液压单向阀基本相同。

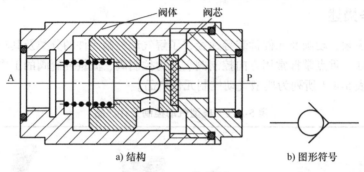

图 5-4-1　单向阀

正向流动时，P 腔气压推动活塞的力大于作用在活塞上的弹簧力和活塞与阀体之间的摩擦阻力，则活塞被推开，P、A 接通。为了使活塞保持开启状态，P 腔与 A 腔应保持一定的压差，以克服弹簧力。反向流动时，受气压力和弹簧力的作用，活塞关闭，A、P 不通。弹簧的作用是增加阀的密封性，防止低压泄漏，另外，在气流反向流动时帮助阀迅速关闭。

单向阀的最低开启压力一般为 $(0.1 \sim 0.4) \times 10^5 \mathrm{Pa}$，压降为 $(0.06 \sim 0.1) \times 10^5 \mathrm{Pa}$。在气动系统中，为防止储气罐中的压缩空气倒流回空气压缩机，在空压机和储气罐之间应装有单向阀。单向阀还可与其他的阀组合成单向节流阀、单向顺序阀等。

2) 梭阀。图 5-4-2 所示为梭阀的结构简图。这种阀相当于由两个单向阀串联而成。无论是 P1 口还是 P2 口输入，A 口总是有输出的，其作用相当于实现逻辑或门的逻辑功能。

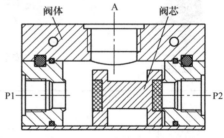

图 5-4-2　梭阀的结构简图

扫码看动画

梭阀的工作原理如图 5-4-3 所示。当输入口 P1 进气时将阀芯推向右端，通路 P2 被关闭，于是气流从 P1 进入通路 A，如图 5-4-3a 所示；当 P2 有输入时，则气流从 P2 进入 A，如图 5-4-3b 所示；若 P1、P2 同时进气，则哪端压力高，A 就与哪端相通，另一端就自动关闭。图 5-4-3c 所示为其图形符号。

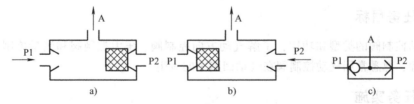

图 5-4-3　梭阀的工作原理

梭阀常用于选择信号，如手动和自动控制并联的回路中，如图 5-4-4 所示。电磁阀通电，梭阀阀芯推向一端，A 有输出，气控阀被切换，活塞杆伸出；电磁阀断电，则活塞杆收回。

电磁阀断电后，按下手动阀按钮，梭阀阀芯推向一端，A 有输出，活塞杆伸出；放开按钮，则活塞杆收回。即手动或电控均能使活塞杆伸出。

3）双压阀。双压阀有两个输入口和一个输出口。当两个输入口同时都有输入时，输出口才会有输出，因此具有逻辑"与"的功能。

图 5-4-5 所示为双压阀的结构。

图 5-4-6 所示为双压阀的工作原理及图形符号。

当 P1 输入时，A 无输出，如图 5-4-6a 所示；当 P2 输入时，A 无输出，如图 5-4-6b 所示；当两个输入口 P1 和 P2 同时有输入时，A 有输出，如图 5-4-6c 所示。双压阀的图形符号如图 5-4-6d 所示。

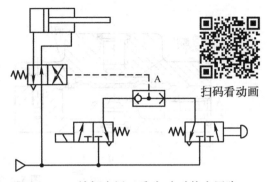

图 5-4-4 梭阀应用于手动-自动换向回路

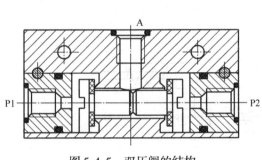

图 5-4-5 双压阀的结构

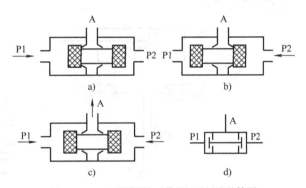

图 5-4-6 双压阀的工作原理及图形符号

双压阀应用较广，如用于钻床控制回路中，如图 5-4-7 所示。只有工件定位信号压下行程阀 1 和工件夹紧信号压下行程阀 2 之后，双压阀 3 才会有输出，使气控阀换向，钻孔缸进给。定位信号和夹紧信号仅有一个时，钻孔缸不进给。

4）快速排气阀。快速排气阀是用于给气动元件或装置快速排气的阀，简称快排阀。

通常气缸排气时，气体从气缸经过管路，由换向阀的排气口排出。如果气缸到换向阀的距离较长，而换向阀的排气口又小时，排气时间就较长，气缸运动速度较慢；若采用快速排气阀，则气缸内的气体就能直接由快排阀排向大气，加快气缸的运动速度。

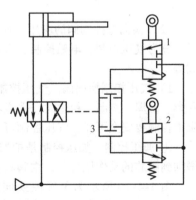

图 5-4-7 双压阀的应用回路
1、2—行程阀 3—双压阀

图 5-4-8 所示为快速排气阀的结构原理，其中图 5-4-8a 为其结构示意图。当 P 进气时，膜片被压下封住排气孔 O，气流经膜片四周小孔从 A 腔输出，如图 5-4-8b 所示；当 P 腔排空时，A 腔压力将膜片顶起，隔断 P、A 通路，A 腔气体经排气孔口 O 迅速排向大气，如图 5-4-8c 所示。快速排气阀的图形符号如图 5-4-8d 所示。

图 5-4-9 所示为快速排气阀的应用。图 5-4-9a 所示为快排阀使气缸往复运动加速的回路，把快排阀装在换向阀和气缸之间，使气缸排气时不用通过换向阀而直接排空，可大大提高气缸的

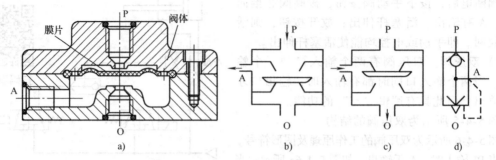

图 5-4-8 快速排气阀

运动速度。图 5-4-9b 所示为快排阀用于气阀的速度控制回路，按下手动阀，由于节流阀的作用，气缸缓慢进气；手动阀复位，气缸中的气体通过快排阀迅速排空，因而缩短了气缸的回程时间，提高了生产率。

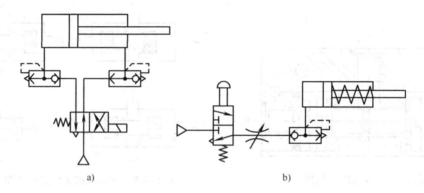

图 5-4-9 快速排气阀的应用

(2) 换向型控制阀的应用　换向型控制阀是指可以改变气流流动方向的控制阀。按控制方式可分为气压控制、电磁控制、人力控制和机械控制。按阀芯结构可分为截止式、滑阀式和膜片式等。

1) 气压控制换向阀。气压控制换向阀利用气体压力使主阀阀芯运动而使气流改变方向。在易燃、易爆、潮湿、粉尘大、强磁场、高温等恶劣工作环境下，用气体压力控制阀芯动作比用电磁力控制要安全可靠。气压控制可分为加压控制、泄压控制、差压控制及时间控制等方式。

① 加压控制。加压控制是指加在阀芯上的控制信号压力值是逐渐上升的控制方式，当气压增加到阀芯的动作压力时，主阀阀芯换向。它有单气控和双气控两种。

图 5-4-10 所示为单气控换向阀的工作原理及图形符号，它是截止式二位三通换向阀。图 5-4-10a 所示为无控制信号 K 时的状态，阀芯在弹簧与 P 腔气压作用下，P、A 断开，A、O 接通，阀处于排气状态；图 5-4-10b 所示为有加压控制信号 K 时的状态，阀芯在控制信号 K 的作用下向下运动，A、O 断开，P、A 接通，阀处于工作状态。

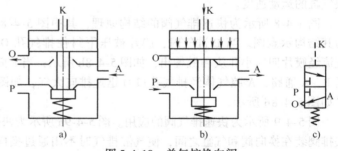

图 5-4-10 单气控换向阀

图 5-4-11 所示为双气控换向阀的工作原理及图形符号,它是滑阀式二位五通换向阀。图 5-4-11a 所示为控制信号 K1 存在、信号 K2 不存在时的状态,阀芯停在右端,P、B 接通,A、O1 接通;图 5-4-11b 所示为信号 K2 存在、信号 K1 不存在时的状态,阀芯停在左端,P、A 接通,B、O2 接通。

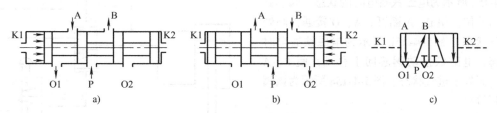

图 5-4-11 双气控换向阀

② 泄压控制。泄压控制是指加在阀芯上的控制信号的压力值是渐降的控制方式,当压力降至某一值时阀便被切换。泄压控制阀的切换性能不如加压控制阀好。

③ 差压控制。差压控制是利用阀芯两端受气压作用的有效面积不等,在气压作用力的差值作用下,使阀芯动作而换向的控制方式。

图 5-4-12 所示为二位五通差压控制换向阀的图形符号,当 K 无控制信号时,P 与 A 相通,B 与 O2 相通;当 K 有控制信号时,P 与 B 相通,A 与 O1 相通。差压控制的阀芯靠气压复位,不需要复位弹簧。

④ 延时控制。延时控制的工作原理是利用气流经过小孔或缝隙被节流后,再向气室内充气,经过一定的时间,当气室内压力升至一定值后,再推动阀芯动作而换向,从而达到信号延迟的目的。

图 5-4-13 所示为二位三通延时阀的图形符号,它由延时部分和换向部分两部分组成。其工作原理:当 K 无控制信号时,P 与 A 断开,A 与 O 相通,A 腔排气;当 K 有控制信号时,控制气流先经可调节流阀,再到储气罐。由于节流后的气流量较小,储气罐中气体压力增长缓慢,经过一定时间后,当储气罐中气体压力上升到某一值时,阀芯换位,使 P 与 A 相通,A 腔有输出。当气控信号消除后,储气罐中的气体经单向阀迅速排空。调节节流阀开口大小,可调节延时时间的长短。这种阀的延时时间在 0~20s 范围内,常用于易燃、易爆等不允许使用时间继电器的场合。

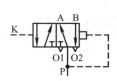

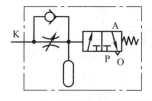

图 5-4-12 差压控制换向阀的图形符号　　图 5-4-13 延时控制换向阀的图形符号

图 5-4-14 所示为延时阀用于压注机的应用回路。按下手动阀 A,气缸下压工件,工件受压的时间长短由 B、C、D 组成的延时阀控制。

2) 电磁控制换向阀。电磁控制换向阀是由电磁铁通电对衔铁产生吸力,利用这个电磁力实现阀的切换以改变气流方向的阀。利用这种阀易于实现电、气联合控制,能实现远距离操作,故得到了广泛的应用。电磁控制换向阀可分成直动式电磁换向阀和先导式电磁换向阀。

① 直动式电磁换向阀。由电磁铁的衔铁直接推动阀芯换向的气动换向阀称为直动式电磁换

向阀。直动式电磁换向阀有单电控和双电控两种。

图5-4-15所示为单电控直动式电磁换向阀的工作原理及图形符号，它是二位三通电磁阀。图5-4-15a所示为电磁铁断电时的状态，阀芯靠弹簧力复位，使P、A断开，A、O接通，阀处于排气状态。图5-4-15b所示为电磁铁通电时的状态，电磁铁推动阀芯向下移动，使P、A接通，阀处于进气状态。图5-4-15c所示为该阀的图形符号。

图5-4-16所示为双电控直动式电磁换向阀的工作原理及图形符号，它是二位五通电磁换向阀。如图5-4-16a所示，电磁铁1通电、电磁铁2断电时，阀芯3被推到右位，A口有输出，B口排气；电磁铁1断电，阀芯位置不变，即具有记忆能力。如图5-4-16b所示，电磁铁2通电、电磁铁1断电时，阀芯被推到左位，B口有输出，A口排气；若电磁铁2断电，空气通路不变。图5-4-16c所示为该阀的图形符号。这种阀的两个电磁铁只能交替得电工作，不能同时得电，否则会产生误动作。

② 先导式电磁换向阀。先导式电磁换向阀由电磁先导阀和主阀两部分组成，电磁先导阀输出先导压力，此先导压力再推动主阀阀芯使阀换向。当阀的通径较大时，若采用直动式，则所需电磁铁要大，体积和电耗都大，为克服这些弱点，宜采用先导式电磁换向阀。

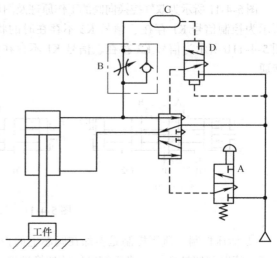

图5-4-14 延时阀于压注机的应用回路

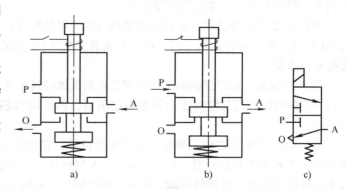

图5-4-15 单电控直动式电磁换向阀

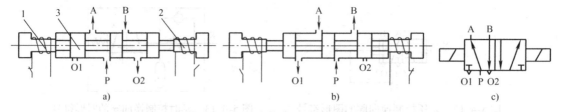

图5-4-16 双电控直动式电磁换向阀

先导式电磁换向阀按控制方式可分为单电控和双电控方式，按先导压力来源，有内部先导式和外部先导式，它们的图形符号如图5-4-17所示。

图5-4-18所示为单电控外部先导式电磁换向阀的工作原理及图形符号。

如图5-4-18a所示，当电磁先导阀的激磁线圈断电时，先导阀的X、A1口断开，A1、O1口接通，先导阀处于排气状态，此时，主阀阀芯在弹簧和P口气压作用下向右移动，将P、A断开，A、O接通，即主阀处于排气状态。如图5-4-18b所示，当电磁先导阀通电后，使X、A1接

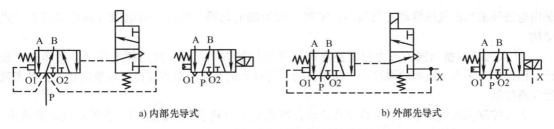

a) 内部先导式 b) 外部先导式

图 5-4-17 先导式电磁换向阀的图形符号

通，电磁先导阀处于进气状态，即主阀控制腔 A1 进气。由于 A1 腔内气体作用于阀芯上的力大于 P 口气体作用在阀芯上的力与弹簧力之和，因此将活塞推向左边，使 P、A 接通，即主阀处于进气状态。图 5-4-18c 所示为单电控外部先导式电磁阀的详细图形符号，图 5-4-18d 所示为其简化图形符号。

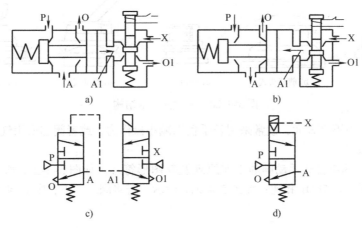

图 5-4-18 单电控外部先导式电磁换向阀

图 5-4-19 所示为双电控内部先导式电磁换向阀的工作原理及图形符号。如图 5-4-19a 所示，当电磁先导阀 1 通电而电磁先导阀 2 断电时，由于主阀 3 的 K1 腔进气，K2 腔排气，使主阀阀芯移到右边。此时，P、A 接通，A 口有输出；B、O2 接通，B 口排气。如图 5-4-19b 所示，当电磁先导阀 2 通电而先导阀 1 断电时，主阀 K2 腔进气，K1 腔排气，主阀阀芯移到左边。此时，P、B 接通，B 口有输出；A、O1 接通，A 口排气。双电控换向阀具有记忆性，即通电时换向，断电时并不返回，可用单脉冲信号控制。为保证主阀正常工作，两个电磁先导阀不能同时通电，电路中要考虑互锁保护。

直动式电磁阀与先导式电磁阀相比，前者依靠电磁铁直接推动阀芯，实现阀通路的切换，其通径一般较小或采用间隙密封的结构形式。通径小的直动式电磁阀也常称作微型电磁阀，常用于小流量控制或作为先导式电磁阀的先导。而先导式电磁阀

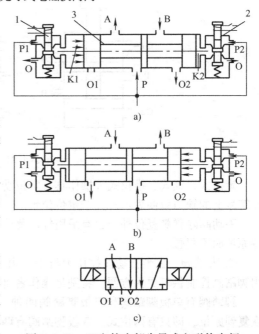

图 5-4-19 双电控内部先导式电磁换向阀

是由电磁阀输出的气压推动主阀阀芯,实现主阀通路的切换。通径大的电磁气阀都采用先导式结构。

3)人力控制换向阀。人力控制换向阀与其他控制方式相比,使用频率较低、动作速度较慢。因操作力不大,故阀的通径小、操作灵活,可按人的意志随时改变控制对象的状态,可实现远距离控制。

人力控制换向阀在手动、半自动和自动控制系统中得到了广泛的应用。在手动气动系统中,一般直接操纵气动执行机构。在半自动和自动系统中多作为信号阀使用。

人力控制换向阀的主体部分与气控阀类似,按其操纵方式可分为手动阀和脚踏阀两类。

① 手动阀。手动阀的操纵头部结构有多种,如图5-4-20所示,有按钮式、蘑菇头式、旋钮式、拨动式、锁定式等。

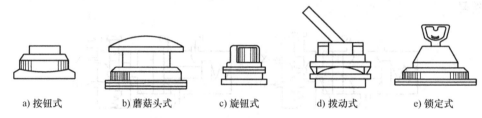

图5-4-20 手动阀头部结构

手动阀的操作力不宜太大,故常采用长手柄以减小操作力,或者阀芯采用气压平衡结构,以减小气压作用面积。

图5-4-21所示为推拉式手动阀的工作原理及其图形符号。如图5-4-21a所示,用手拉起阀芯,则P与B相通,A与O1相通;如图5-4-21b所示,若将阀芯压下,则P与A相通,B与O2相通。

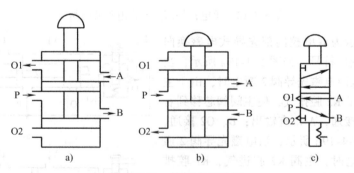

图5-4-21 推拉式手动阀

旋钮式、锁式、推拉式等操作具有定位功能,即操作力除去后能保持阀的工作状态不变。图形符号上的缺口数便表示有几个定位位置。

手动阀除弹簧复位外,也有采用气压复位的,好处是具有记忆性,即不加气压信号,阀能保持原位而不复位。

② 脚踏阀。在半自动气控压力机上,由于操作者两只手需要装卸工件,为提高生产效率,用脚踏阀控制供气更为方便,特别是操作者坐着干活的压力机。

脚踏阀有单板脚踏阀和双板脚踏阀两种。单板脚踏阀是脚一踏下便进行切换,脚一离开便恢复到原位,即只有两位式。双板脚踏阀有两位式和三位式之分。两位式的动作是踏下踏板后,脚离开,阀不复位,直到踏下另一踏板后,阀才复位。三位式有三个动作位置,脚没有踏下时,两边踏板处于水平位置,为中间状态;踏下任一边的踏板,阀被切换,待脚一离开又立即回复到中位状态。

图 5-4-22 所示为脚踏阀的结构示意图及头部控制图形符号。

4) 机械控制换向阀。机械控制换向阀是利用执行机构或其他机构的运动部件,借助凸轮、滚轮、杠杆和撞块等机械外力推动阀芯,实现换向的阀。

如图 5-4-23 所示,机械控制换向阀按阀芯的头部结构形式来分,常见的有直动圆头式、杠杆滚轮式、可通过滚轮杠杆式、旋转杠杆式、可调杠杆式及弹簧触须式等。

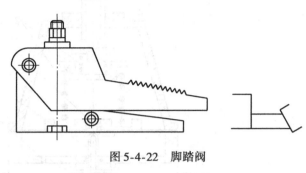

图 5-4-22 脚踏阀

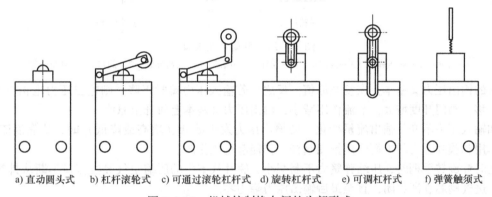

a) 直动圆头式　b) 杠杆滚轮式　c) 可通过滚轮杠杆式　d) 旋转杠杆式　e) 可调杠杆式　f) 弹簧触须式

图 5-4-23 机械控制换向阀的头部形式

直动圆头式是由机械力直接推动阀杆的头部使阀切换。滚轮式头部结构可以减小阀杆所受的侧向力,杠杆滚轮式可减小阀杆所受的机械力。可通过滚轮杠杆式结构的头部滚轮是可折回的,当机械撞块正向运动时,阀芯被压下,阀换向。撞块走过滚轮,阀芯靠弹簧力返回。撞块返回时,由于头部可折,滚轮折回,阀芯不动,阀不换向。弹簧触须式结构操作力小,常用于计数发信号。

2. 压力控制阀的分类及应用

压力控制阀是调节和控制压力大小的控制阀。它包括减压阀、安全阀及顺序阀等。

(1) 减压阀的应用　减压阀又称调压阀,它可以将较高的空气压力降低且调节到符合使用要求的压力,并保持调后的压力稳定。其他减压装置(如节流阀)虽能降压,但无稳压能力。

减压阀按压力调节方式,可分成直动式和先导式。

图 5-4-24 所示为一种常用的直动式减压阀的结构原理及图形符号。此阀可利用手柄直接调节调压弹簧来改变阀的输出压力。

顺时针旋转手柄 1,则压缩调压弹簧 2,推动膜片 4 下移,膜片又推动阀芯 5 下移,阀口 7 被打开,气流通过阀口后压力降低;与此同时,部分输出气流经反馈导管 6 进入膜片气室,在膜片上产生一个向上的推力,当此推力与弹簧力相平衡时,输出压力便稳定在一定的值。

若输入压力发生波动,例如压力 p_1 瞬时升高,则输出压力 p_2 也随之升高,作用在膜片上的推力增大,膜片上移,向上压缩弹簧,从溢流口 3 有瞬时溢流,并靠复位弹簧 8 及气压力的作用,使阀杆上移,阀门开度减小,节流作用增大,使输出压力 p_2 回降,直到新的平衡为止。重新

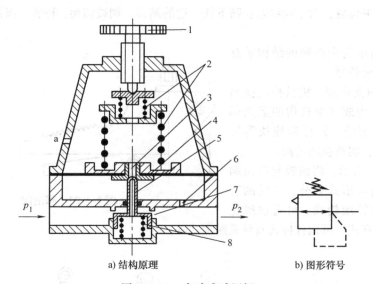

a) 结构原理　　　　b) 图形符号

图 5-4-24　直动式减压阀

1—手柄　2—调压弹簧　3—溢流口　4—膜片　5—阀芯　6—反馈导管　7—阀口　8—复位弹簧

平衡后的输出压力又基本上恢复至原值。反之，若输入压力瞬时下降，则输出压力也相应下降，膜片下移，阀门开度增大，节流作用减小，输出压力又基本上回升至原值。

如输入压力不变，输出流量变化，使输出压力发生波动（增高或降低）时，依靠溢流口的溢流作用和膜片上力的平衡作用推动阀杆，仍能起稳压作用。

逆时针旋转手柄时，压缩弹簧力不断减小，膜片气室中的压缩空气经溢流口不断从排气孔 a 排出，进气阀芯逐渐关闭，直至最后输出压力降为零。

先导式减压阀是使用预先调整好压力的空气来代替直动式调压弹簧进行调压的。其调节原理和主阀部分的结构与直动式减压阀相同。先导式减压阀的调压空气一般是由小型的直动式减压阀供给的。若将这种直动式减压阀装在主阀内部，则称为内部先导式减压阀；若将它装在主阀外部，则称外部先导式或远程控制减压阀。

减压阀的溢流结构有溢流式、恒量排气式和非溢流式三种，如图 5-4-25 所示。

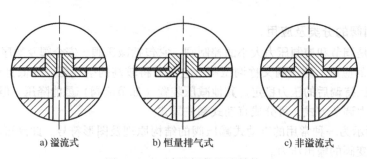

a) 溢流式　　　　b) 恒量排气式　　　　c) 非溢流式

图 5-4-25　减压阀的溢流结构

图 5-4-25a 所示为溢流式结构，它有稳定输出压力的作用，当阀的输出压力超过调定值时，气体能从溢流口排出，维持输出压力不变。但由于经常要从溢流孔排出少量气体，在介质为有害气体的气路中，为防止工作场所的空气受污染，应选用非溢流式结构。

图 5-4-25b 所示为恒量排气式结构，此阀在工作时，始终有微量气体从溢流阀座上的小孔排出，它能提高减压阀在小流量输出时的稳压性能。

图 5-4-25c 所示为非溢流式结构，它与溢流式的区别就是溢流阀座上没有溢流孔。

(2) 溢流阀的应用　溢流阀和安全阀在结构和功能方面相类似，有时可以不加以区别。它们的作用是当气动回路和容器中的压力上升到超过调定值时，能自动向外排气，以保持进口压力为调定值。实际上，溢流阀是一种用于维持回路中空气压力恒定的压力控制阀；而安全阀是一种防止系统过载、保证安全的压力控制阀。

安全阀和溢流阀的工作原理是相同的，图 5-4-26 所示为一种直动式溢流阀的工作原理及图形符号。

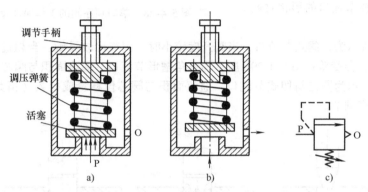

图 5-4-26　溢流阀的工作原理及图形符号

图 5-4-26a 所示为阀在初始工作位置，预先调整手柄，使调压弹簧压缩，阀门关闭；图 5-4-26b 所示为当气压达到给定值时，气体压力将克服预紧弹簧力，活塞上移，开启阀门排气；当系统内压力降至给定压力以下时，阀重新关闭。调节弹簧的预紧力，即可改变阀的开启压力。

(3) 顺序阀的应用　顺序阀是依靠气压的大小来控制气动回路中各元件动作的先后顺序的压力控制阀，常用来控制气缸的顺序动作。若将顺序阀与单向阀并联组装成一体，则称为单向顺序阀。

图 5-4-27 所示为顺序阀的工作原理及图形符号。

图 5-4-27a 所示为压缩空气从 P 口进入阀后，作用在阀芯下面的环形活塞面积上，当此作用力低于调压弹簧的作用力时，阀关闭。图 5-4-27b 所示为当空气压力超过调定的压力值即将阀芯顶起，气压立即作用于阀芯的全面积上，使阀达到全开状态，压缩空气便从 A 口

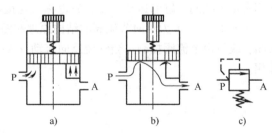

图 5-4-27　顺序阀的工作原理及图形符号

输出。当 P 口的压力低于调定压力时，阀再次关闭。图 5-4-27c 所示为顺序阀的图形符号。

图 5-4-28 所示为单向顺序阀的工作原理及图形符号。

图 5-4-28a 所示为气体正向流动时，进口 P 的气压力作用在活塞上，当它超过压缩弹簧的预紧力时，活塞被顶开，出口 A 就有输出；单向阀在压差力和弹簧力作用下处于关闭状态。图 5-4-28b 所示为气体反向流动时，进口变成排气口，出口压力将顶开单向阀，使 A 和排气口接通。调节手柄可改变顺序阀的开启压力。图 5-4-28c 所示为单向顺序阀的图形符号。

3. 流量控制阀的分类及应用

流量控制阀是通过改变阀的通流截面积来实现流量控制的元件。在气动系统中，控制气缸运动速度、控制信号延迟时间、控制油雾器的滴油量、控制缓冲气缸的缓冲能力等都是依靠控制

流量来实现的。流量控制阀包括节流阀、单向节流阀、排气节流阀及柔性节流阀等。

（1）节流阀的应用　常用节流阀的节流口的形式如图5-4-29所示。对于节流阀调节特性的要求是流量调节范围要大、阀芯的位移量与通过的流量成线性关系。节流阀节流口的形状对调节特性影响较大。

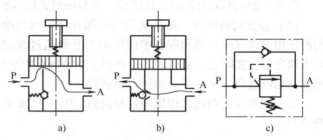

图5-4-28　单向顺序阀的工作原理及图形符号

图5-4-29a所示为针阀式节流口，当阀开度较小时，调节比较灵敏，当超过一定开度时，调节流量的灵敏度就会变差；图5-4-29b所示为三角槽形节流口，通流面积与阀芯位移量成线性关系；图5-4-29c所示为圆柱斜切式节流口，通流面积与阀芯位移量成指数（指数大于1）关系，能进行小流量精密调节。

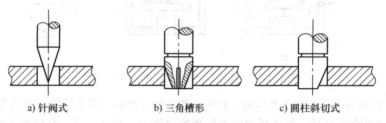

图5-4-29　常用节流口的形式

图5-4-30所示为节流阀的结构原理及图形符号。当压力气体从P口输入时，气流通过节流通道自A口输出。旋转阀芯螺杆，就可改变节流口的开度，从而改变阀的流通面积。

（2）单向节流阀的应用　单向节流阀是由单向阀和节流阀并联而成的组合式流量控制阀。该阀常用于控制气缸的运动速度，故也称"速度控制阀"。

图5-4-31所示为单向节流阀的结构原理和图形符号。当气流正向流动（P→A）时，单向阀关闭，流量由节流阀控制；当气流反向流动（A→O）时，在气压作用下单向阀被打开，无节流作用。

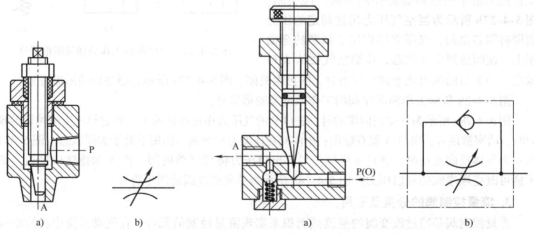

图5-4-30　节流阀的结构原理及图形符号　　图5-4-31　单向节流阀的结构原理和图形符号

若用单向节流阀控制气缸的运动速度,安装时该阀应尽量靠近气缸。在回路中安装单向节流阀时不要将方向装反。为了提高气缸运动的稳定性,应该按出口节流方式安装单向节流阀。

(3) 排气节流阀的应用 图5-4-32所示为排气节流阀的结构原理和图形符号。排气节流阀安装在气动装置的排气口上,控制排入大气的气体流量,以改变执行机构的运动速度。排气节流阀常带有消声器以减小排气噪声,并能防止不清洁的气体通过排气孔污染气路中的元件。

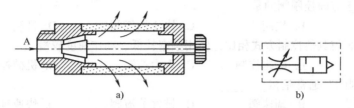

图5-4-32 排气节流阀的结构原理和图形符号

排气节流阀宜用于在换向阀与气缸之间不能安装速度控制阀的场合。应**注意**,排气节流阀对换向阀会产生一定的背压,对有些结构形式的换向阀而言,此背压对换向阀的动作灵敏性可能有些影响。

(四) 任务小结

1) 气动控制阀的功能是控制和调节压缩空气的压力、流量、流动方向和发送信号,气动控制阀按功能不同分为方向控制阀、压力控制阀和流量控制阀。

2) 气动方向控制阀是改变和控制气流流动方向的控制元件,分为单向型(单向阀、梭阀、快速排气阀)和换向型(气压控制阀、电磁控制阀、人力控制阀、机械控制阀)。

3) 气动压力控制阀是用于控制和调节压缩空气压力的控制元件,主要分为减压阀、安全阀(溢流阀)和顺序阀三种。

4) 气动流量控制阀通过调节压缩空气的流量来控制气动执行元件的运动速度,主要包括节流阀、单向节流阀及排气节流阀等。

除上述三类控制阀外,还有能实现一定逻辑功能的逻辑元件。在结构原理上,逻辑元件基本上和方向控制阀相同,仅仅是体积和通径较小,一般用来实现信号的逻辑运算功能。

(五) 思考与练习

1. 填空题

1) 气动控制阀是气动系统的_____元件,根据用途和工作特点不同,控制阀可以分为三类:_____、_____和_____。

2) 气动压力控制阀按其控制功能可分为_____、_____和_____。

3) 气动方向控制阀按其作用特点可分为_____控制阀和_____控制阀两种。

4) 快速排气阀常装在_____和_____之间,它使气缸的排气不通过换向阀而_____排出,从而加快了气缸往复运动速度,缩短了工作周期。

2. 判断题

1) 气动系统的工作压力是由溢流阀调定的。   (   )
2) 通常调压阀的出口压力保持恒定,且可以调高或调低压力值。   (   )
3) 安全阀即溢流阀,在系统正常工作时处于常开的状态。   (   )

4）换向型方向控制阀的功用是改变气流通道，使气流方向发生变化，改变阀芯的运动方向。

（　　）

5）差压控制是利用控制气压作用在阀芯两端相同面积上所产生的压力差，使阀换向的一种方式。

（　　）

3. 选择题

1）以下不属于方向控制阀的是_____。
A. 双压阀　　　　B. 梭阀　　　　C. 快速排气阀　　　　D. 排气节流阀

2）_____阀与其他控制方式相比，使用频率较低、动作速度较慢。
A. 气压控制　　　B. 电磁控制　　C. 人力控制　　　　　D. 机械控制

3）"速度控制阀"通常是指_____。
A. 单向节流阀　　B. 调速阀　　　C. 排气节流阀　　　　D. 快速排气阀

4）气动系统的调压阀通常是指_____。
A. 溢流阀　　　　B. 减压阀　　　C. 安全阀　　　　　　D. 顺序阀

4. 问答题

1）直动式电磁换向阀和先导式电磁换向阀有何主要区别？

2）简述气动压力控制阀的分类及功用。

3）气动减压阀有何作用？其溢流结构有哪几种类型？各有何特点？

4）画出下列阀的图形符号：

① 二位三通双气控加压换向阀　　② 双电控二位五通先导式电磁换向阀

③ 二位二通推拉式手动换向阀　　④ 梭阀

⑤ 二位三通延时阀　　　　　　　⑥ 溢流式减压阀

⑦ 单向顺序阀　　　　　　　　　⑧ 排气节流阀

5）用一个单电控二位五通阀、一个单向节流阀和一个快速排气阀，设计一个可使双作用气缸慢进→快速返回的控制回路。

项目六 铆合机的气液联合控制

图 6-0-1 所示为苏州维捷自动化系统有限公司设计的、采用气液联合控制的铆合机。在自动化装配行业,中小型压合设备通常优先考虑气动系统设计方案,因为与其他传动方式相比,气压传动具有结构简单、重量轻、价格低廉及无污染等优点。

图 6-0-1 采用气液联合控制的铆合机

任务一 气动回路的分类及应用

(一) 任务描述

本任务通过视频、动画,认识常用气动回路的分类及应用特点;借助仿真实训平台,完成典型方向控制回路、压力控制回路、速度控制回路、位置控制回路、同步控制回路和安全保护回路的连接与运行。

(二) 任务目标

了解气动系统常用回路的类型及功用,正确选择气动元件,组建各种气动回路,以实现方向控制、压力控制、速度控制、位置控制等功能,掌握气动控制回路的实际应用。

(三) 任务实施

1. 方向控制回路的分类及应用

(1) 单作用气缸的换向回路 单作用气缸靠气压使活塞杆朝单方向伸出,反向依靠弹簧力或自重等其他外力返回。

1) 采用二位三通阀控制。图 6-1-1 所示为采用手控二位三通阀控制的单作用气缸换向回路。图 6-1-1a 所示为采用弹簧复位式手控二位三通换向阀的换向回路；图 6-1-1b 所示为采用带定位机构手控二位三通换向阀的换向回路，此方法适用于气缸缸径较小的场合。

图 6-1-2 所示为采用气控二位三通阀换向阀控制的换向回路。当缸径很大时，手控阀的流通能力过小将影响气缸运动速度。因此，直接控制气缸换向的主控阀需采用通径较大的气控阀 2，图中阀 1 为手动操作阀，阀 1 也可用机控阀代替。

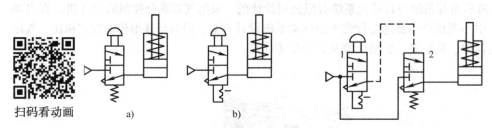

图 6-1-1 采用二位三通阀的手动换向回路　　图 6-1-2 采用二位三通阀的气控换向回路

图 6-1-3 所示为采用电控二位三通阀换向阀的控制回路。图 6-1-3a 所示为采用单电控换向阀的控制回路，此回路如果气缸在伸出时突然断电，则单电控阀将立即复位，气缸返回；图 6-1-3b 所示为采用双电控换向阀的控制回路，双电控阀为双稳态阀，具有记忆功能，当气缸在伸出时突然断电，气缸仍将保持在原来的状态。

图 6-1-4 所示为采用一个二位二通阀和一个二位三通阀的组合控制回路，该回路能实现单作用气缸的中间停止功能。

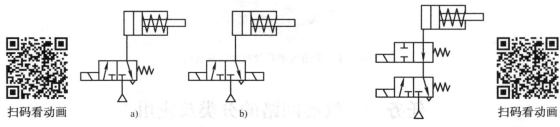

图 6-1-3 采用二位三通阀的电控换向回路　　图 6-1-4 采用二位二通阀和二位三通阀的
联合电控换向回路

2) 采用三位三通阀控制。图 6-1-5 所示为采用三位三通阀的换向控制回路，该回路能实现活塞杆在行程中途的任意位置停留。不过由于空气的可压缩性原因，其定位精度较差。

3) 采用二位二通阀控制。图 6-1-6 所示为采用二位二通阀的换向控制回路，对于该回路应注意的问题是两个电磁阀不能同时通电。

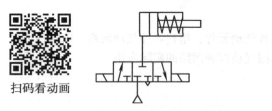
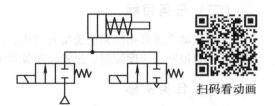

图 6-1-5 采用三位三通阀的电控换向回路　　图 6-1-6 采用二位二通阀的电控换向回路

(2) 双作用气缸的换向回路　双作用气缸的换向回路是指通过控制气缸两腔的供气和排气来实现气缸的伸出和缩回运动的回路。

1) 采用二位五通阀控制。图 6-1-7 所示为采用二位五通阀手动控制的双作用气缸换向回路。图 6-1-7a 所示为采用弹簧复位的手动二位五通阀换向回路，它是不带"记忆"的换向回路；图 6-1-7b 所示为采用有定位机构的手动二位五通阀换向回路，是有"记忆"的手控阀换向回路。

图 6-1-8 所示为采用二位五通阀的气控换向回路。图 6-1-8a 所示为采用双气控二位五通阀为主控阀的换向回路，它是具有"记忆"的换向回路，气控信号 m 和 n 由手控阀或机控阀供给；图 6-1-8b 所示为采用单气控二位五通阀为主控阀的换向回路，由带定位机构的手控二位三通阀提供气控信号。

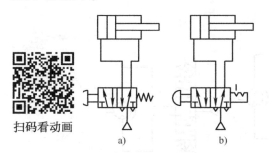
图 6-1-7　采用二位五通阀的手动换向回路

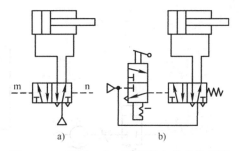
图 6-1-8　采用二位五通阀的气控换向回路

图 6-1-9 所示为采用二位五通阀电气控制的换向回路。图 6-1-9a 所示为单电控方式；图 6-1-9b 所示为双电控方式。

2) 采用三位五通阀控制。当需要中间定位时，可采用三位五通阀构成的换向回路，如图 6-1-10 所示。图 6-1-10a 所示为采用双气控三位五通换向阀控制；图 6-1-10b 所示为采用双电控气动三位五通换向阀控制。

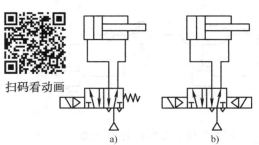
图 6-1-9　采用二位五通阀的电气控制换向回路

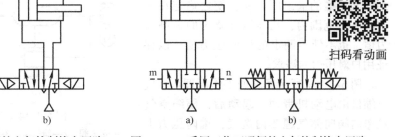
图 6-1-10　采用三位五通阀的电气控制换向回路

3) 采用二位三通阀控制。图 6-1-11 所示为由两个单控常通式二位三通阀组成的换向回路，活塞在中途可以停止运动。

(3) 差动回路　差动回路是指气缸的两个运动方向采用不同压力供气，从而利用差压进行工作的回路。图 6-1-12 所示为差动回路，活塞上侧有低压 p_2，活塞下侧有高压 p_1，目的是为了减小气缸运动的撞击（如气缸垂直安装）或减少耗气量。

(4) 气动马达换向回路　图 6-1-13 a 所示为气动马达单方向旋转的回路，采用二位二通电磁阀来实现转停控制，气动马达的转速用节流阀来调整；图 6-1-13b、c 所示的回路分别为采用两个二位三通阀和一个三位五通阀来控制气动马达正反转的回路。

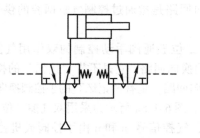
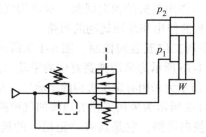

图 6-1-11 采用二位三通阀组合的换向回路　　　图 6-1-12 差动回路

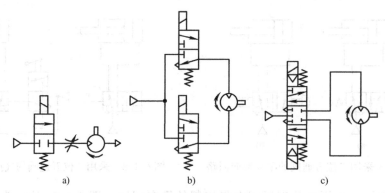

图 6-1-13 气动马达换向回路

2. 压力控制回路的应用

(1) 气源压力控制回路　气源压力控制回路通常又称为一次压力控制回路,如图 6-1-14 所示,该回路用于控制压缩空气站的储气罐的输出压力 p_s,使之稳定在一定的压力范围内,既不超过调定的最高压力值,也不低于调定的最低压力值,以保证用户对压力的需求。

图 6-1-14a 所示回路的工作原理:空气压缩机由电动机带动,起动后,压缩空气经单向阀向储气罐 2 内送气,罐内压力上升。当 p_s 上升到最大值 p_{max} 时,电触点压力

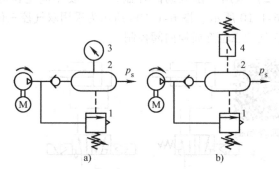

图 6-1-14 气源压力控制回路
1—安全阀　2—储气罐　3—电触点压力表　4—压力继电器

表 3 内的指针碰到上触点,即控制其中间继电器断电,控制电动机停转,压缩机停止运转,压力不再上升;当压力 p_s 下降到最小值 p_{min} 时,指针碰到下触点,使中间继电器闭合通电,控制电动机起动和压缩机运转,并向储气罐供气,p_s 上升。上、下两触点可调。

图 6-1-14b 所示的回路中用压力继电器(压力开关)4 代替了图 6-1-14 a 中的电触点压力表 3。压力继电器同样可调节压力的上限值和下限值,这种方法常用于小容量压缩机的控制。该回路中的安全阀 1 的作用是当电触点压力表、压力继电器或电路发生故障而失灵后,导致压缩机不能停止运转,储气罐内压力不断上升,当压力达到调定值时,该安全阀会打开溢流,使 p_s 稳定在调定压力值的范围内。

(2) 工作压力控制回路　为了使系统正常工作,保持稳定的性能,以达到安全、可靠及节能等目的,需要对系统工作压力进行控制。

在图 6-1-15 所示的压力控制回路中，从压缩空气站一次回路过来的压缩空气，经空气过滤器 1、减压阀 2、油雾器 3 供给气动设备使用，在此过程中，调节减压阀就能得到气动设备所需的工作压力 p。应该指出，这里的油雾器 3 主要用于对气动换向阀和执行元件进行润滑。如果采用无给油润滑气动元件，则不需要油雾器。

（3）双压驱动回路　在气动系统中，有时需要提供两种不同的压力来驱动双作用气缸在不同方向上的运动。图 6-1-16 所示为采用带单向减压阀的双压驱动回路。当电磁阀 1 通电时，系统采用正常压力驱动活塞杆伸出，对外做功；当电磁阀 1 断电时，气体经过单向减压阀 2 后，进入气缸有杆腔，以较低的压力驱动气缸缩回，达到节省耗气量的目的。

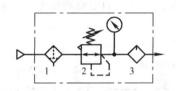

图 6-1-15　工作压力控制回路
1—空气过滤器　2—减压阀　3—油雾器

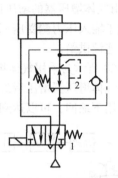

图 6-1-16　双压驱动回路
1—电磁阀　2—单向减压阀

（4）多级压力控制回路　如果有些气动设备时而需要高压，时而需要低压，就可采用图 6-1-17 所示的高低压转换回路。其原理是先将气源用减压阀 1 和 2 调至两种不同的压力 p_1 和 p_2，再由二位三通阀 3 转换成 p_2 和 p_1。

在一些场合，例如在平衡系统中，需要根据工件重量的不同提供多种平衡压力。这时就需要用到多级压力控制回路。图 6-1-18 所示为一种采用远程调压阀的多级压力控制回路。该回路中的远程调压阀 1 的先导压力通过三个二位三通电磁换向阀 2、3、4 的切换来控制，可根据需要设定低、中、高三种先导压力。在进行压力切换时，必须用电磁阀 5 先将先导压力泄压，然后再选择新的先导压力。

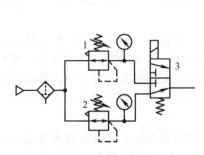

图 6-1-17　高低压转换回路
1、2—减压阀　3—二位三通阀

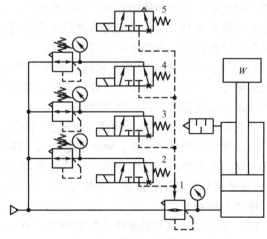

图 6-1-18　采用远程调压阀的多级压力控制回路
1—远程调压阀　2、3、4—二位三通电磁换向阀　5—电磁阀

(5) 连续压力控制回路　当需要设定的压力等级较多时，就需要使用较多的减压阀和电磁阀。这时可考虑使用电-气比例压力阀代替减压阀和电磁阀来实现压力的无级控制。

图 6-1-19 所示为采用比例阀构成的连续压力控制回路。气缸有杆腔的压力由减压阀 1 调为定值，而无杆腔的压力由计算机输出的控制信号控制比例阀 2 的输出压力来实现控制，从而使气缸的输出力得到连续控制。

(6) 增压回路　当压缩空气的压力较低，或气缸设置在狭窄的空间里，不能使用较大面积的气缸，而又要求很大的输出力时，可采用增压回路。增压一般使用增压器，增压器可分为气体增压器和气液增压器。气液增压器的高压侧用液压油，以实现从低压空气到高压油的转换。

1) 采用气体增压器的增压回路。气体增压器是以输入气体压力为驱动源，根据输出压力侧受压面积小于输入压力侧受压面积的原理，得到大于输入的压力的增压装置。它可以通过内置换向阀实现连续供给。

图 6-1-20 所示为采用气体增压器的增压回路。二位五通电磁阀通电，气控信号使二位三通阀换向，经气体增压器增压后的压缩空气进入气缸无杆腔；二位五通电磁阀断电，气缸在较低的供气压力作用下缩回，可以达到节能的目的。

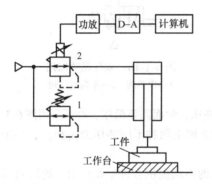

图 6-1-19　连续压力控制回路
1—减压阀　2—比例阀

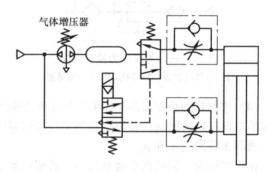

图 6-1-20　采用气体增压器的增压回路

2) 采用气液增压器的夹紧回路。图 6-1-21 所示为采用气液增压器的夹紧回路。电磁阀左侧通电，对增压器低压侧施加压力，增压器动作，其高压侧产生高压油并供应给工作缸，推动工作缸活塞动作并夹紧工件。电磁阀右侧通电可实现工作缸及增压器回程。使用该增压回路时，油、气关联处密封要好，油路中不得混入空气。

3) 采用气液转换器的冲压回路。冲压回路主要用于薄板压力机、压配压力机等设备中。由于在实际冲压过程中，往往仅在最后一段行程里做功，其他行程不做功，因而宜采用低压、高压二级回路，无负载时低压，做功时高压。

如图 6-1-22 所示的冲压回路，电磁换向阀通电后，压缩空气进入气液转换器，使工作缸动作。当活塞前进到某一位置，触动三通高低压转换阀时，该阀动作，压缩空气供入增压器，使增压器动作。由于增压器活塞动作，气液转换器到增压器的低压液压回路被切断（由内部结构实现），高压油作用于工作缸进行冲压做功。当电磁阀复位时，气压作用于增压器及工作缸的回程侧，使之分别回程。

(7) 利用串联气缸的多级力控制回路　在气动系统中，力的控制除了可以通过改变输入气缸的工作压力来实现外，还可以通过改变有效作用面积来实现力的控制。

图 6-1-23 所示为利用串联气缸的多级力控制回路，串联气缸的活塞杆上连接有数个活塞，

每个活塞的两侧可分别供给压力。通过对电磁阀1、2、3的通电个数进行组合，可实现气缸的多级力输出。

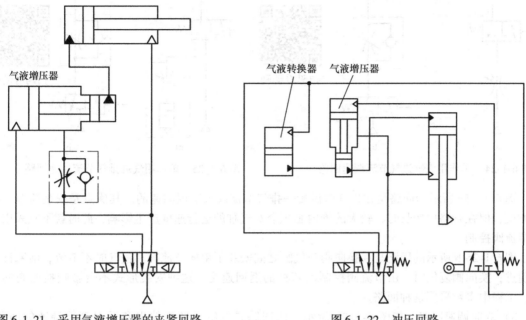

图 6-1-21　采用气液增压器的夹紧回路　　图 6-1-22　冲压回路

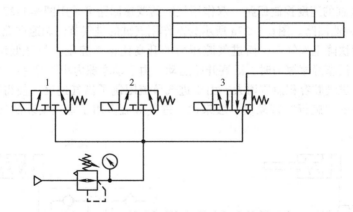

图 6-1-23　利用串联气缸的多级力控制回路

3. 速度控制回路的应用

控制气动执行元件运动速度的一般方法是改变气缸进排气管路的阻力。因此，利用流量控制阀来改变进排气管路的有效截面面积，即可实现速度控制。

（1）单作用气缸的速度控制回路

1）进气节流调速回路。图 6-1-24a、b 所示的调速回路分别采用了节流阀和单向节流阀，通过调节节流阀的不同开度，可以实现进气节流调速。气缸活塞杆返回时，由于没有节流，可以快速返回。

2）排气节流调速回路。图 6-1-25 所示的回路均是通过排气节流来实现快进→慢退的。

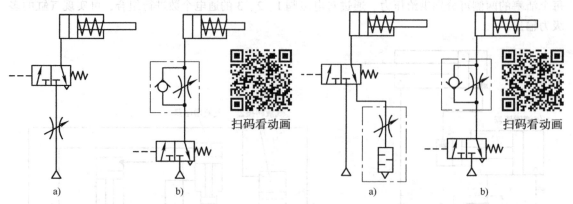

图 6-1-24 单作用气缸进气节流调速回路　　图 6-1-25 单作用气缸排气节流调速回路

图 6-1-25a 所示的回路是在排气口设置一排气节流阀来实现调速的。其优点是安装简单，维修方便；但在管路比较长时，较大的管内容积会对气缸的运行速度产生影响，此时就不宜采用排气节流阀控制。

图 6-1-25 b 所示的回路是在换向阀与气缸之间安装了单向节流阀。进气时不节流，活塞杆快速前进；换向阀复位时，由节流阀控制活塞杆的返回速度。这种安装形式不会影响换向阀的性能，工程中多数采用这种回路。

3) 双向调速回路。如图 6-1-26 所示，此回路是气缸活塞杆伸出和返回都能调速的回路，进、退速度分别由阀 1、2 调节。

(2) 双作用气缸的速度控制回路　双作用气缸的调速回路可采用图 6-1-27 所示的几种方法。

1) 进气节流调速回路。图 6-1-27a 所示为双作用气缸的进气节流调速回路。在进气节流时，气缸排气腔压力很快降至大气压，而进气腔压力的升高比排气腔压力的降低缓慢。当进气腔压力产生的合力大于活塞静摩擦力时，活塞开始运动。由于动摩擦力小于静摩擦力，因此活塞起动时运动速度较快，进气腔容积急剧增大，由于进气节流限制了供气速度，使得进气腔压力降低，从而容易造成气缸的"爬行"现象。一般来说，进气节流多用于垂直安装的气缸支撑腔的供气回路。

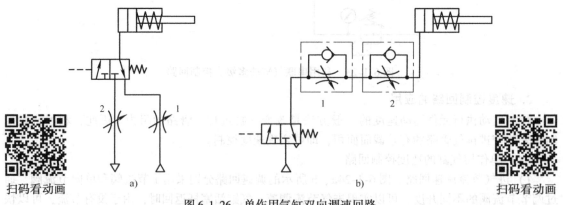

图 6-1-26 单作用气缸双向调速回路

2) 排气节流调速回路。图 6-1-27b 所示为双作用气缸的排气节流调速回路。在排气节流时，排气腔内可以建立与负载相适应的背压，在负载保持不变或微小变动的条件下，运动比较平稳，调节节流阀的开度即可调节气缸往复运动的速度。从节流阀的开度和速度的比例、初始加速度、

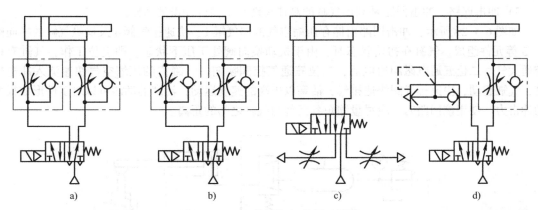

a)　　　　　　　　b)　　　　　　　　c)　　　　　　　　d)

图 6-1-27　双作用气缸的调速回路

扫描看视频

缓冲能力等特性来看，双作用气缸一般采用排气节流控制。

图 6-1-27c 所示为采用排气节流阀的调速回路。

3）快速返回回路。图 6-1-27d 所示为采用快速排气阀的气缸快速返回回路。此回路在气缸返回时的出口安装了快速排气阀，这样可以提高气缸的返回速度。

4）缓冲回路。气缸驱动较大负载高速移动时，会产生很大的动能。将此动能从某一位置开始逐渐减小，逐渐减慢速度，最终使执行元件在指定位置平稳停止的回路称为缓冲回路。

缓冲的方法大多是利用空气的可压缩性，在气缸内设置气压缓冲装置。对于行程短、速度高的情况，气缸内设气压缓冲吸收动能比较困难，一般采用液压吸振器，如图 6-1-28a 所示；对于运动速度较高、惯性力较大、行程较长的气缸，可采用两个节流阀并联使用的方法，如图 6-1-28b 所示。

在图 6-1-28b 所示的回路中，节流阀 3 的开度大于节流阀 2 的节流口。当阀 1 通电时，A 腔进气，B 腔的气流经节流阀 3、换向阀 4 从阀 1 排出。调节阀 3 的节流阀开度可改变活塞杆的前进速度。当活塞杆挡块压下行程终端的行程阀 4 后，阀 4 换向，通路切断，这时 B 腔的余气只能从阀 2 的节流阀排出。如果把阀 2 的节流开度调得很小，则 B 腔内压力猛升，对活塞产生反向作用力，阻止和减小活塞的高速运动，从而达到在行程末端减速和缓冲的目的。根据负载大小调整行程阀 4 的位置，即调整 B 腔的缓冲容积，就可获得较好的缓冲效果。

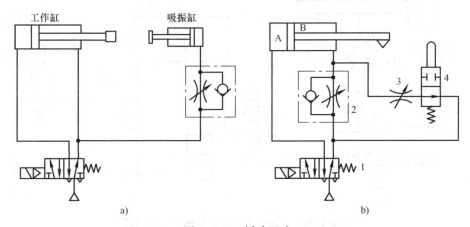

a)　　　　　　　　　　　　　　b)

图 6-1-28　缓冲回路

5) 冲击回路。冲击回路是利用气缸的高速运动给工件以冲击的回路。

如图 6-1-29 所示，冲击回路由储存压缩空气的储气罐 1、快速排气阀 4 及操纵气缸的换向阀 2、3 等元件组成。气缸在初始状态时，由于机动换向阀处于压下状态，即上位工作，气缸有杆腔通大气。二位五通电磁阀通电后，二位三通气控阀换向，气罐内的压缩空气快速流入冲击气缸，气缸起动，快速排气阀快速排气，活塞以极高的速度运动，活塞的动能可以对工件形成很大的冲击力。使用该回路时，应尽量缩短各元件与气缸之间的距离。

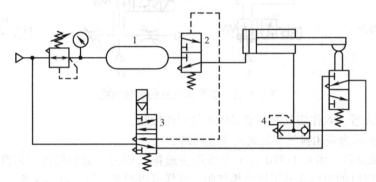

图 6-1-29 冲击回路

1—储气罐 2、3—换向阀 4—快速排气阀

(3) 气液转换速度控制回路　由于空气的可压缩性，气缸活塞的速度很难平稳，尤其是在负载变化时其速度波动更大。在有些场合，例如机械切削加工中的进给气缸要求速度平稳、加工精确，普通气缸难以满足此要求。为此可使用气液转换器或气液阻尼缸，通过调节油路中的节流阀开度来控制活塞运动的速度，实现低速和平稳的进给运动。

1) 采用气液转换器的速度控制回路。图 6-1-30a 所示为采用气液转换器的双向调速回路，该回路中，原来的气缸换成液压缸，但原动力还是压缩空气。由换向阀 1 输出的压缩空气通过气液转换器 2 转换成油压，推动液压缸 4 做前进与后退运动。两个节流阀 3 串联在油路中，可控制液压缸活塞进退运动的速度。由于油是不可压缩的介质，因此其调节的速度容易控制、调速精度高、活塞运动平稳。

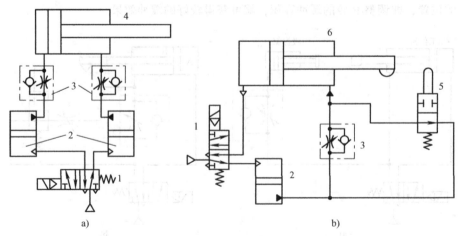

图 6-1-30 采用气液转换器的速度控制回路

1—换向阀 2—气液转换器 3—单向节流阀 4—液压缸 5—行程阀 6—气液缸

需要注意的是，气液转换器的储油容积应大于液压缸的容积，而且要避免气体混入油中，否则会影响调速精度与活塞运动的平稳性。

图 6-1-30 b 所示为采用气液转换器，且能实现"快进→慢进→快退"的变速回路。

快进阶段：当换向阀 1 通电时，缸 6 左腔进气，右腔经阀 5 快速排油至气液转换器 2，活塞杆快速前进。

慢进阶段：当活塞杆的挡块压下行程阀 5 后，油路切断，右腔余油只能经阀 3 的节流阀回流到气液转换器 2，因此活塞杆慢速前进，调节节流阀 3 的开度，就可得到所需的进给速度。

快退阶段：当阀 1 复位后，经气液转换器，油液经阀 3 迅速流入缸 6 右腔，同时缸左腔的压缩空气迅速从阀 1 排空，使活塞杆快速退回。

这种变速回路常用于金属切削机床上推动刀具进给和退回的驱动缸。行程阀 5 的位置可根据加工工件的长度进行调整。

2) 采用气液阻尼缸的速度控制回路。在这种回路中，用气缸传递动力，并由液压缸进行阻尼和稳速，由液压缸和调速机构进行调速。由于调速是在液压缸和油路中进行的，因而调速精度高、运动速度平稳，因此这种调速回路应用广泛，尤其是在金属切削机床中用得最多。

图 6-1-31a 所示为串联型气液阻尼缸双向调速回路。由换向阀 1 控制气液阻尼缸 2 的活塞杆前进与后退，节流阀 3 和节流阀 4 调节活塞杆的进、退速度，油杯 5 起补充回路中少量漏油的作用。

图 6-1-31b 所示为并联型气液阻尼缸调速回路。调节连接液压缸两腔回路中设置的节流阀 6，即可实现速度控制，7 为储存液压油的蓄能器。这种回路的优点是比串联型结构紧凑，气液不宜相混；不足之处是如果两缸安装轴线不平行，会由于机械摩擦导致运动速度不平稳。

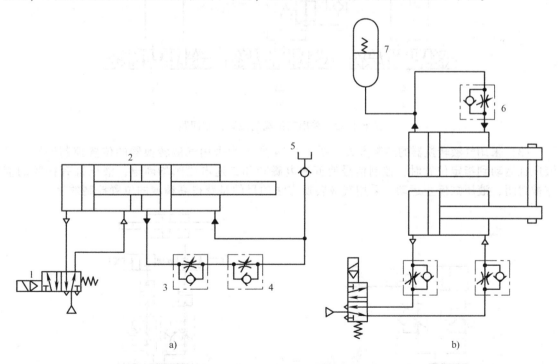

图 6-1-31 采用气液阻尼缸的速度控制回路
1—换向阀 2—气液阻尼缸 3、4、6—节流阀 5—油杯 7—蓄能器

4. 位置控制回路的应用

气动系统中，气缸通常只有两个固定的定位点。如果要求气动执行元件在运动过程中的某个中间位置停下来，则要求气动系统具有位置控制功能。常采用的位置控制方式有气压控制方式、机械挡块方式、气液转换方式和制动气缸控制方式等。

（1）采用三位阀的控制方式　图 6-1-32a 所示为采用三位五通阀中位封闭式的位置控制回路。当阀处于中位时，气缸两腔的压缩空气被封闭，活塞可以停留在行程中的某一位置。这种回路不允许系统有内泄漏，否则气缸将偏离原停止位置。另外，由于气缸活塞两端作用面积不同，阀处于中位后活塞仍将移动一段距离。

图 6-1-32b 所示的回路可以克服上述缺点，因为它在活塞面积较大的一侧和控制阀之间增设了调压阀。调节调压阀的压力，可以使作用在活塞上的合力为零。

图 6-1-32c 所示的回路采用了中位加压式三位五通换向阀，适用于活塞两侧作用面积相等的气缸。由于空气的可压缩性，采用纯气动控制方式难以得到较高的控制精度。

（2）利用机械挡块的控制方式　图 6-1-33 所示为采用机械挡块辅助定位的控制回路。该回路简单可靠，其定位精度取决于挡块的机械精度。必须注意的问题是，为防止系统压力过高，应设置有安全阀；为了保证高的定位精度，挡块的设置既要考虑有较高的刚度，又要考虑具有吸收冲击的缓冲能力。

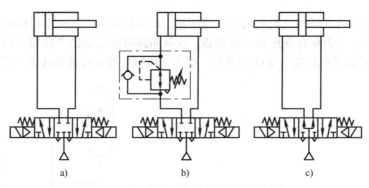

图 6-1-32　采用三位阀的位置控制回路

（3）采用气液转换器的控制方式　图 6-1-34 所示为采用气液转换器的位置控制回路。当液压缸运动到指定位置时，控制信号使五通电磁阀和二通电磁阀均断电，液压缸有杆腔的液体被封闭，液压缸停止运动。采用气液转换方法的目的是获得高精度的位置控制效果。

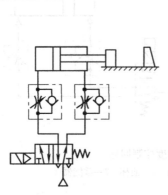 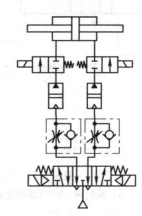

图 6-1-33　采用机械挡块的位置控制回路　　图 6-1-34　采用气液转换器的位置控制回路

（4）采用制动气缸的控制方式　图 6-1-35 所示为采用制动气缸实现中间定位控制的回路。该回路中，三位五通换向阀 1 的中位机能为中位加压型，二位五通阀 2 用来控制制动活塞的动作，利用带单向阀的减压阀 3 来进行负载的压力补偿。当阀 1、2 断电时，气缸在行程中间制动并定位；当阀 2 通电时，制动解除。

（5）采用比例阀、伺服阀的方法　比例阀和伺服阀可连续控制压力或流量的变化，不采用机械式辅助定位也可达到较高精度的位置控制。

图 6-1-36 所示为采用流量伺服阀的连续位置控制回路。该回路由气缸、流量伺服阀、位移传感器及计算机控制系统组成。活塞位移由位移传感器获得并送入计算机，计算机按一定的算法求得伺服阀的控制信号的大小，从而控制活塞停留在期望的位置上。

5. 同步控制回路的应用

同步控制回路是指驱动两个或多个执行机构以相同的速度移动或在预定的位置同时停止的回路。

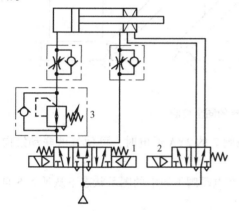
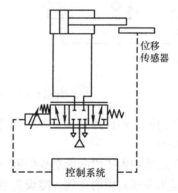

图 6-1-35　采用制动气缸的位置控制回路　　图 6-1-36　采用流量伺服阀的连续位置控制回路

（1）利用机械连接的同步控制　图 6-1-37a 所示的同步装置使用齿轮齿条将两只气缸的活塞杆连接起来，使其同步动作。图 6-1-37b 所示为使用连杆机构的气缸同步装置。

对于利用机械连接的同步控制来说，其缺点是机械误差会影响同步精度，且两个气缸的设置距离不能太大，机构较复杂。

（2）利用节流阀的同步控制回路　图 6-1-38 所示为采用出口节流调速的同步控制回路。由节流阀 4、6 控制气缸 1、2 同步上升，由节流阀 3、5 控制气缸 1、2 同步下降。用这种同步控制方法，如果气缸缸径相对于负载来说足够大、工作压力足够高，则可以取得一定程度的同步效果。

此方法为最简单的气缸速度控制方法，但它不能适应负载 F_1 和 F_2 变化较大的场合，即当负载变化时，同步精度会降低。

（3）采用气液联动缸的同步控制回路　对于负载在运动过程中有变化，且要求运动平稳的场合，使用气液联动缸可取得较好的效果。

图 6-1-39 所示为采用两个气缸和液压缸串联而成的气液联动缸的同步控制回路。图中工作平台上施加了两个不相等的负载 F_1 和 F_2，且要求水平升降。当回路中的电磁阀 7 的 1YA 通电时，阀 7 左位工作，压力气体流入气液联动缸 1、2 的下腔中，克服负载 F_1 和 F_2 推动活塞上升。此时，在来自梭阀 6 先导压力的作用下，常开型二通阀 3、4 关闭，使气液联动缸 1 的液压缸上腔的油压入气液联动缸 2 的液压缸下腔，气液联动缸 2 的液压缸上腔的油被压入气液联动缸 1 的液

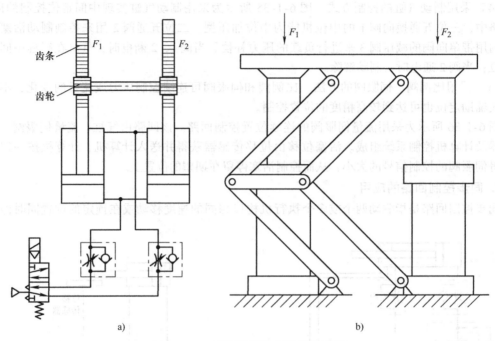

图 6-1-37 利用机械连接的同步控制

压缸下腔,从而使它们保持同步上升。同样,当电磁阀 7 的 2YA 通电时,可使气液联动缸向下的运动保持同步。

这种上下运动中由于泄漏而造成的液压油不足可在电磁阀不通电的图示状态下从油箱 5 自动补充。为了排出液压缸中的空气,需设置放气塞 8 和 9。

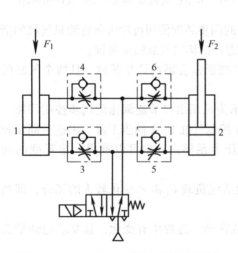

图 6-1-38 利用节流阀的同步控制回路
1、2—气缸 3、4、5、6—节流阀

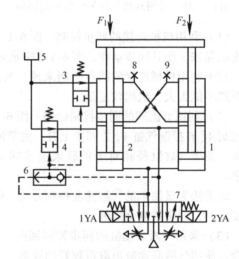

图 6-1-39 采用气液联动缸的同步控制回路
1、2—气液联动缸 3、4—二通阀 5—油箱
6—梭阀 7—电磁阀 8、9—放气塞

(4) 闭环同步控制方法 在开环同步控制方法中,所产生的同步误差虽然可以在气缸的行程端点等特殊位置进行修正,但为了实现高精度的同步控制,应采用闭环同步控制方法,在同步

动作中连续地对同步误差进行修正。

图 6-1-40a、b 所示分别为反馈同步控制的方框图和气动回路。

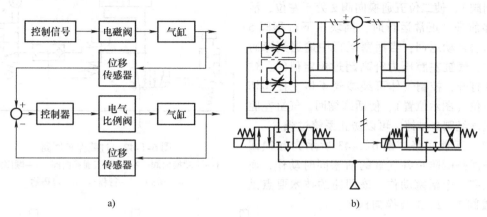

图 6-1-40　闭环同步控制回路

6. 安全保护回路的应用

由于气动执行元件的过载、气压的突然降低以及气动执行机构的快速动作等情况都可能危及操作人员或设备的安全，因此在气动回路中，常常要加入安全回路。

(1) 双手操作安全回路　所谓双手操作回路，就是使用了两个起动用的手动阀，只有同时按动这两个阀时才动作的回路。这在锻压、冲压设备中常用来避免误动作，以保护操作者的安全及设备的正常工作。

图 6-1-41a 所示的回路需要在双手同时按下手动阀时，才能切换主阀，气缸活塞才能下落并锻、冲工件。实际上给主阀的控制信号相当于阀 1、2 相 "与" 的信号。如阀 1（或 2）的弹簧折断不能复位，此时单独按下一个手动阀，气缸活塞也可以下落，因此该回路并不十分安全。

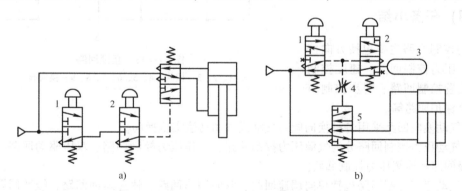

图 6-1-41　双手操作安全回路
1、2—手动阀　3—储气罐　4—节流阀　5—换向阀

在图 6-1-41b 所示的回路中，当双手同时按下手动阀时，储气罐 3 中预先充满的压缩空气经节流阀 4，延迟一定时间后切换换向阀 5，活塞才能落下。如果双手不同时按下手动阀，或因其中任一个手动阀弹簧折断不能复位，储气罐 3 中的压缩空气都将通过手动阀 1 的排气口排空，不足以建立起控制压力，因此换向阀 5 不能被切换，活塞也不能下落，所以此回路比图 6-1-41a 所示回路更为安全。

(2) 过载保护回路　当活塞杆在伸出途中遇到故障或其他原因使气缸过载时，活塞能自动返回的回路,称为过载保护回路。

如图6-1-42所示的过载保护回路,按下手动换向阀1,使二位五通换向阀2处于左位,活塞右移前进,正常运行时,挡块压下行程阀5后,活塞自动返回;当活塞运行中途遇到障碍物6时,气缸左腔压力升高超过预定值时,顺序阀3打开,控制气体可经梭阀4将主控阀切换至右位(图示位置),使活塞缩回,气缸左腔压缩空气经阀2排掉,可以防止系统过载。

(3) 互锁回路 图6-1-43所示为互锁回路。该回路能防止各气缸的活塞同时动作,而保证只有一个活塞动作。该回路的技术要点是利用梭阀1、2、3及换向阀4、5、6进行互锁。

例如,当换向阀7切换至左位,则换向阀4至左位,使A缸活塞杆上移伸出。与此同时,气缸进气管路的压缩空气使梭阀1、2动作,把换向阀5、6锁住,B缸和C缸活塞杆均处于下降状态。此时换向阀8、9即使有信号,B、C缸也不会动作。如果要改变缸的动作,则必须把前动作缸的气控阀复位。

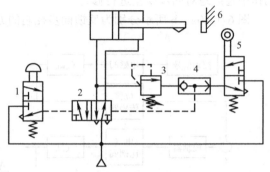

图6-1-42 过载保护回路
1—手动换向阀 2—二位五通换向阀 3—顺序阀
4—梭阀 5—行程阀 6—障碍物

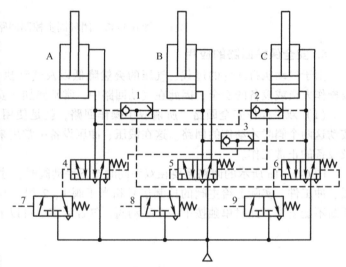

图6-1-43 互锁回路
1、2、3—梭阀 4、5、6、7、8、9—换向阀

(四) 任务小结

气动控制回路主要包括方向控制回路、压力控制回路、速度控制回路、位置控制回路、同步控制回路和安全保护回路等。

1) 气动换向回路采用各种换向阀对气缸或气动马达实现换向。

2) 气动压力控制回路分为气源压力控制回路、工作压力控制回路、双压驱动回路、增压回路、多级回路和连续压力控制回路。

3) 气动速度控制回路包括单向调速回路、双向调速回路、快速返回回路、缓冲回路、冲击回路和气液转换速度控制回路。

4) 采用三位阀、机械挡块、气液转换器、制动器等位置控制回路实现气缸停止定位。

5) 利用机械连接、节流阀、气液联动缸及闭环控制实现多缸同步。

6) 安全保护回路分为双手操作安全回路、过载保护回路及互锁回路等。

(五) 思考与练习

1. 填空题

1) 气动回路按功能不同,可以分为_____、_____、_____和_____等基本类型，另外还有_____、_____及_____等几种其他控制回路。

2）_____可以构成单作用执行元件和双作用执行元件的各种换向控制回路。

3）压力控制方法通常可分为_____压力控制、_____压力控制、_____压力控制、_____压力控制及_____控制等。

4）速度控制回路是利用_____来改变进排气管路的有效截面面积，以实现速度控制的。

5）如果要求气动执行元件在运动过程中的某个中间位置停下来，则要求气动系统应具有_____控制功能。

6）_____是指驱动两个或多个执行机构以相同的速度移动或在预定的位置同时停止的回路。

7）在气动系统中，加入安全回路的目的是为了保证_____的安全。

2. 判断题

1）当需要中间定位时，可采用三位五通阀构成的换向回路。（　）
2）气动系统的差动回路可以实现快速运动。（　）
3）一次压力控制回路通常是指气源压力控制回路。（　）
4）减压阀是各种压力控制回路的主要核心元件。（　）
5）为了提高速度平稳性、加工精确性，可通过气液转换器或气液阻尼缸实现。（　）
6）采用闭环同步控制方法，可以实现高精度的同步控制。（　）
7）互锁回路的作用是防止气缸动作而相互锁紧。（　）

3. 选择题

1）以下不属于压力控制回路的是_____。

A.　　　　　　　　　　　　B.

C.　　　　　　　　　　　　D.

2）在气动系统中，有时需要提供两种不同的压力来驱动双作用气缸在不同方向上的运动，这时可采用_____。

A. 双作用气缸回路　　　　　B. 双压驱动回路

C. 双向速度回路　　　　　　D. 双动控制回路

3) 气液联动速度控制回路常用元件是_____。

A. 液气转换器　　B. 气液阻尼缸　　C. 气液阀　　D. 气液增压器

4. 分析题

说明图 6-1-44 所示气动系统中各组成元件的名称及作用，分析回路工作特点并比较进退速度快慢。

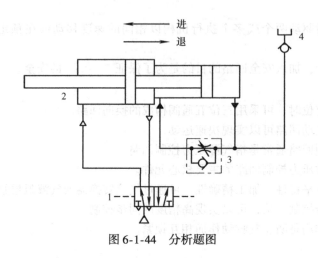

图 6-1-44　分析题图

任务二　单气缸往返运动的全气动控制

（一）任务描述

本任务通过仿真模拟和实训操作，正确选择气动控制元件，熟练掌握气动元件的装拆，完成简单气动系统的构建与连接，实现单作用气缸和双作用气缸的全气动直接控制、速度控制和逻辑控制。

（二）任务目标

掌握单作用气缸和双作用气缸的正确使用方法，熟悉气缸起动的直接控制与间接控制，熟练完成气动元件的选型与装拆，完成简单气动系统的回路设计与调试运行。

（三）任务实施

1. 单作用气缸的直接控制

（1）操作要求

1) 按下按钮阀开关，单作用气缸的活塞杆向前运动。

2) 松开按钮阀开关，活塞杆返回。

（2）气动回路构建　构建的单作用气缸直接控制的气动回路如图 6-2-1 所示。

选择气动元件，见表 6-2-1。

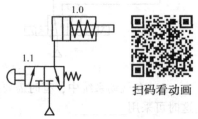

图 6-2-1　单作用气缸直接控制的气动回路

扫码看动画

表 6-2-1　单作用气缸直接控制的气动元件

标　号	名 称 类 型
1.0	单作用气缸
1.1	二位三通按钮阀

(3) 操作说明

1) 初始位置：气缸 1.0 的弹簧使活塞杆缩回，气缸中的空气通过二位三通按钮阀 1.1 排出。

2) 按下按钮阀开关，使二位三通按钮阀开通，空气输入气缸活塞后部，活塞杆伸出；如果继续按着二位三通按钮阀开关，则活塞杆将保持在前端位置。

3) 松开二位三通按钮阀开关，气缸中的空气通过二位三通按钮阀 1.1 排出，弹簧力使活塞返回初始位置。

2. 单作用气缸的速度控制

(1) 操作要求

1) 按下按钮阀开关使单作用气缸迅速回程。

2) 当松开按钮阀开关后，活塞杆向前运动，向前运动时间 $t=0.9\mathrm{s}$。

(2) 气动回路构建　构建的单作用气缸速度控制的气动回路如图 6-2-2 所示。

选择气动元件，见表 6-2-2。

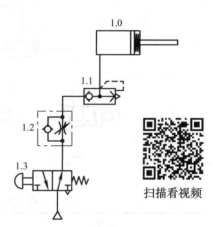

图 6-2-2　单作用气缸速度控制的气动回路

表 6-2-2　单作用气缸速度控制的气动元件

标　号	名 称 类 型
1.0	单作用气缸
1.1	快速排气阀
1.2	单向节流阀
1.3	二位三通按钮阀

(3) 操作说明

1) 初始位置：单作用气缸的初始位置在前端，因为压缩空气通过常开的二位三通按钮阀施加于气缸了。

2) 通过操纵二位三通按钮阀 1.3，气缸中的空气通过快速排气阀 1.1 排出，活塞杆迅速回程。如果二位三通按钮阀 1.3 的开关继续按着，则活塞杆将停留在尾部位置。

3) 松开二位三通按钮阀的开关，活塞杆向前运动，且理想时间是 0.9s，可通过调节单向节流阀 1.2 来设定。

3. 双作用气缸的逻辑控制

(1) 操作要求

1) 通过两个起动按钮阀开关中的任意一个来控制具有排气节流控制的气缸向前慢进。

2) 当活塞杆运行至最前端且按下按钮阀开关时，气缸活塞杆迅速回程。

(2) 气动回路构建　构建的双作用气缸逻辑控制的气动回路如图 6-2-3 所示。

选择气动元件，见表 6-2-3。

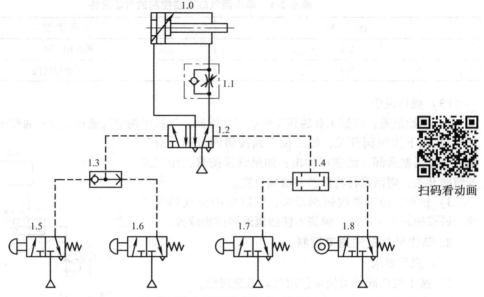

图 6-2-3　双作用气缸逻辑控制的气动回路

表 6-2-3　双作用气缸逻辑控制的气动元件

标　号	名　称　类　型
1.0	双作用气缸
1.1	单向节流阀
1.2	双气控二位五通换向阀
1.3	梭阀
1.4	双压阀
1.5～1.7	二位三通按钮阀
1.8	二位三通滚轮杆行程换向阀

（3）操作说明

1）初始位置：气缸 1.0 的活塞杆的初始位置在尾端。设双气控二位五通换向阀 1.2 将压缩空气送入气缸的有杆腔，则无杆腔的空气被排出。

2）作为信号输入的两个二位三通按钮阀 1.5 和 1.6 只要至少有一个的开关按下了，通过梭阀 1.3 就能使双气控二位五通换向阀动作，气缸活塞杆由于单向节流阀 1.1 的作用缓慢地向前运动。当达到前端位置，活塞杆压下滚轮杆行程换向阀 1.8，如果这时没有开关被按下，则气缸将保持在前端位置。

3）按下回程二位三通按钮阀 1.7 的开关，双气控二位五通换向阀换向，活塞杆迅速回程。

注意：双气控二位五通换向阀具有双稳记忆作用，因此在安装系统之前需对其工作位进行校核。按下开关，按钮阀 1.7 使气缸发生回程动作，仅当活塞杆处于前端位置并压下了滚轮杆行程换向阀 1.8 才有可能。

（四）任务小结

简单气动系统主要采用单作用气缸或双作用气缸，通过若干气动阀进行控制。

1）单作用气缸通过二位三通按钮式手动换向阀实现直接起动，并控制气缸往返运行。

2）单作用气缸通过单向节流阀控制前进速度，通过快速排气阀加快返程速度。

3) 双作用气缸的起动前进,采用两个按钮式手动换向阀,通过梭阀和双气控换向阀联合实现间接"或"逻辑控制;双作用气缸的返回运动,通过双压阀,实现手动和机动操作的"与"逻辑控制。

(五) 思考与练习

1. 分析题
如图 6-2-2 所示,将单向节流阀反接,观察控制系统动作性能的变化,分析其原因。

2. 设计题
1) 单作用气缸往返进给运动控制,要求:按下手动阀按钮,慢速前进;松开手动阀按钮,单作用气缸慢速退回;进退速度可以根据需要任意调整。试绘制气动回路图并调试运行。

2) 双作用气缸往返进给运动控制,要求:按下手动阀按钮,慢速前进;松开手动阀按钮,双作用气缸慢速退回;进退速度可以根据需要任意调整。试绘制气动回路图并调试运行。

任务三 铆合机气液控制系统的设计

(一) 任务描述

本任务基于企业典型案例,了解铆合机气液控制系统的设计方案,以压缩空气为动力源,将气液增压缸作为执行元件,充分利用气压传动和液压传动的优点,既满足铆合机出力大的实际需要,又保证设备结构简单紧凑。

(二) 任务目标

依据工作要求,设计气液联合控制系统。了解气动元件的组成和功能,掌握气液增压缸的工作原理,分析气动回路的应用特点,总结设计方案的优越性。

(三) 任务实施

1. 铆合机控制系统的设计依据

在自动化装配行业中,中小型压合装置通常优先考虑气动系统设计方案,因为与其他传动方式相比,气压传动装置具有结构简单、重量轻、价格低廉、无污染等优点。但当同时要求传力大且运动平稳性高时,纯粹的气动控制方式已无法满足实际需要,可以考虑采用气液联合控制的方式。

某企业生产的箱体类工件,安装在箱底的衬套需压入挡圈,压合力要求达到 15kN,由于箱体尺寸和装配的需要,要求总行程为 150mm,力行程为 15mm,现欲设计一台铆合机以实现装配要求。为满足此类铆合机出力大、空行程长、工作行程短的实际需要,可以采用气液联合控制,即控制机构的主体部分按气动系统设计,而执行元件采用气液增压缸。这种气液控制系统只需 0.5MPa 的压缩空气驱动,通过气液增压缸,可在短距离内输出 15kN 的力。

2. 气液增压缸的结构原理及选用

本系统执行元件选用台湾某企业生产的气液增压缸,其工作原理如图 6-3-1 所示,这种气液增压缸将液压缸和增压器结合成为一体式,使用纯气压为动力,利用增压器大小活塞截面面积之比,将压缩空气的低压提高数十倍,供应液压缸使用,使其达到液压的高出力。

图 6-3-1 所示的气液增压缸有两套活塞组件(增压活塞 1 和工作活塞 2),四个气口(K1、K2、K3 和 K4),可以实现三个行程:①空行程,当 K2、K3 进气,K1、K4 排气时,增压活塞 1

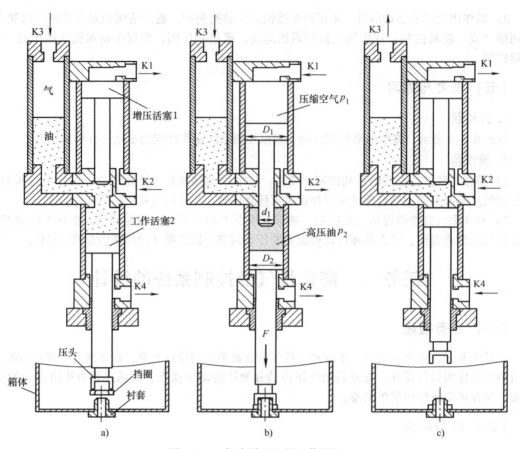

图 6-3-1 气液增压缸的工作原理

向上缩回，工作活塞 2 快速向下空运行，压头趋近挡圈、衬套；②增压行程，当 K1、K3 进气，K2、K4 排气时，增压活塞 1 下行至一定位置，使工作活塞 2 上腔压力增大，此时高压油推动工作活塞 2 继续下行，并输出大推力，压头使挡圈与衬套铆合；③返回行程，当 K2、K4 进气，K1、K3 排气时，增压活塞 1 和工作活塞 2 同时向上返回，压头快速退回。

铆合过程的增压原理如图 6-3-1b 所示，增压活塞 1 的上腔输入压缩空气的压力为 p_1，活塞直径为 D_1，活塞杆直径为 d_1，根据力平衡原理，工作活塞 2 上腔的高压油压力 p_2 的计算公式为

$$p_2 = p_1 \left(\frac{D_1}{d_1}\right)^2$$

当工作活塞的直径为 D_2 时，则其输出力 F 的计算公式为

$$F = \frac{\pi}{4} p_2 D_2^2 = \frac{\pi}{4} p_1 \left(\frac{D_1 D_2}{d_1}\right)^2$$

由于 D_1、D_2 较大，d_1 较小，因此气液增压缸的输出力 F 非常大。

选用 MARTO 品牌，型号为 MPT-63-150-15-1T 的标准型增压缸，其内径为 63mm，总行程为 150mm，力行程为 15mm，当操作压力为 0.1~0.7MPa 时，其总出力为 3~21.5kN，可以满足本铆合机执行部件实际工作的需要。

3. 铆合机气液控制系统回路的设计

为了安全、方便地控制铆合机完成装料、压合等工作程序，设计图 6-3-2 所示的铆合机气液

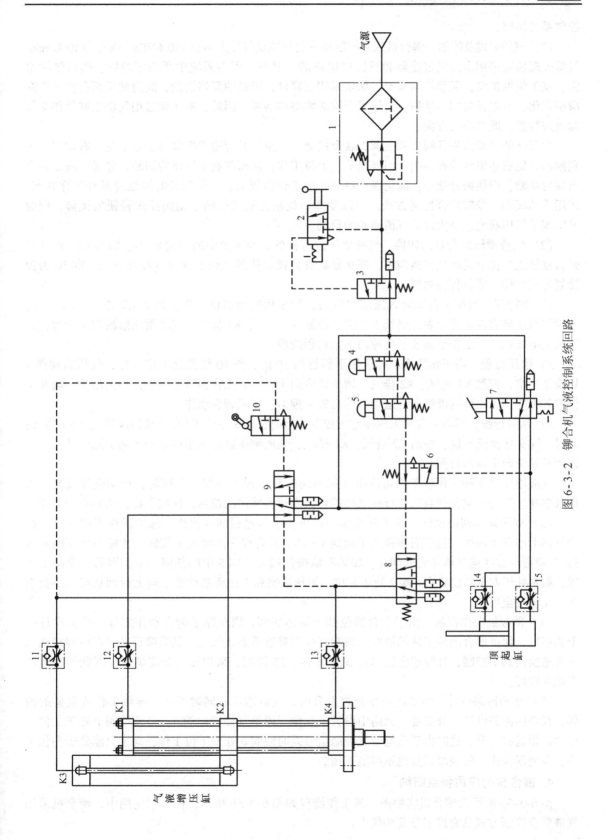

图6-3-2 铆合机气液控制系统回路

控制系统回路。

(1) 气源处理及控制　铆合机气液控制系统的气源供气压力不小于 0.6MPa，流量为 100L/min。气源处理装置采用由空气过滤器和减压阀组成的二联件，因为系统中所选用的缸、阀自带润滑脂，属于免维护型，无须给油润滑。如果采用三联件，增设油雾器给油，润滑油反而会使元件润滑脂融化，若未及时加油维护，易导致严重的摩擦和磨损。因此，本系统选用气动二联件作为气源处理装置，既经济又方便。

主气路的通断由先导阀 2 和主阀 3 联合控制。二位三通旋钮式换向阀 2 处于左、右位时，分别控制二位三通单气控换向阀 3 切换至下、上位工作，从而控制主气路的切断、导通。阀 2 具有自保持功能，即使松开旋钮，阀仍保持在原先的工作位置上，并可以长时间维持某种工作状态。采用手动阀和气控阀联合控制方式，可以发挥小规格面板式旋钮手动阀操作轻便的优势，同时又实现了气压阀能控制大流量气流通断的目的。

(2) 气液增压缸行程的切换　气液增压缸行程的切换主要由换向阀 8、9、10 控制。阀 8 是弹簧复位式二位五通单气控换向阀，阀 9 是具有自锁功能的二位五通双气控换向阀，阀 10 为弹簧复位式二位三通行程换向阀。

1) 空行程。当阀 8 右端输入压缩空气时，阀 8 切换至右位工作，控制 K3 进气、K4 排气；此时因阀 9 具有自保持功能，仍处于左位，控制 K2 进气、K1 排气，气液增压缸的增压活塞仍处于向上缩回状态，工作活塞处于快速向下空行程阶段。

2) 增压行程。当工作活塞下行至压下行程阀 10 时，阀 10 切换至上位工作，气压力使阀 9 切换至右位，控制 K1 进气、K2 排气，增压活塞向下运动，工作活塞上腔工作压力增大，阀 8 工作位置不变，工作活塞继续向下运动，输出极大推力，完成铆合动作。

3) 返回行程。当阀 8 右端无压缩空气控制信号时，阀 8 左位工作，控制 K4 进气、K3 排气；同时，阀 9 切换至左位，控制 K2 进气、K1 排气，气液增压缸的增压活塞处于向上缩回状态，工作活塞处于向上返回行程。

气液增压缸三种工作状态的切换由气控换向阀和行程换向阀联合控制，自动化程度高，工作效率高。铆合机空行程与工作行程之间的切换由行程换向阀控制，换接平稳，调整行程方便。

(3) 双手操作回路设计　为了避免铆合机压头下落过程的误操作，保护操作者的安全，在主气路上串联了两个二位三通按钮式手动阀 4 和 5。只有双手同时按下按钮，才能切换主换向阀 8，气液增压缸才能下落并完成铆合。如果不慎按住阀 4 或阀 5 中的任何一个，因另一个阀不导通，阀 8 处于左位复位状态，阀 9 处于左位，增压活塞和工作活塞均处于向上返回状态，不会下落，比较安全可靠。

(4) 顶起缸动作控制　由于铆合部位处于箱体底部，因此除了铆合动作之外，还需设计一个顶起缸，保证铆合前后工件的放取。顶起缸采用普通活塞式气缸，其升降运动方向由脚踏式二位五通换向阀 7 控制，升降速度由单向节流阀 14、15 控制，采用排气节流调速，因此气缸运动平稳性较好。

(5) 互锁回路设计　为了防止顶起缸上升时，气液增压缸同时下压，导致工件或设备的损坏，互锁回路的设计十分必要。回路中设置了二位三通单气控换向阀 6，当脚踏阀 7 处于上位工作时，顶起缸上升，这时由于压缩空气控制信号同时使阀 6 处于下位工作，阀 8 只能处于左位工作，即使误操作，气液增压缸也不可能下压。

4. 铆合机的应用特点归纳

图 6-3-3a 所示为铆合机实物图，其工作流程如图 6-3-3b 所示。在实际应用中，铆合机采用气液联合控制方式具有以下显著的优点：

1) 出力大，可达液压的高出力，非纯气压可达到。
2) 速度比液压传动快，且比气压传动平稳。
3) 装置简单，调整容易，保养方便，噪声小，工作环境清洁。
4) 动力来源方便，设备简单轻巧，易于搬运，设备单价比液压设备低廉。

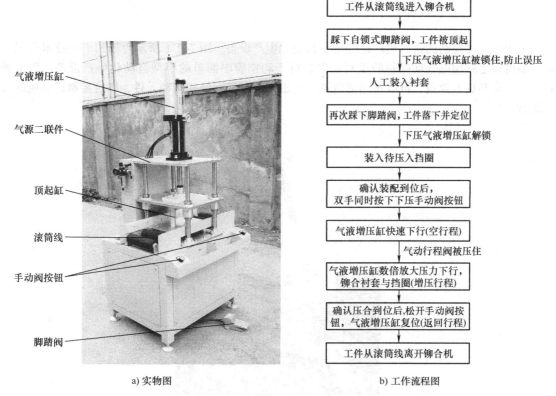

a) 实物图　　　　　　　　　　b) 工作流程图

图 6-3-3　铆合机实物图及其工作流程

（四）任务小结

铆合机采用气液联合控制，具有其他传动控制方式所不具备的优越性，它以压缩空气为动力源，将气液增压缸作为执行元件，既能发挥气压传动价廉、简便、清洁等优点，又能体现液压传动高出力、运动平稳等优越性。实践证明，铆合机气液控制系统的设计与应用，提高了生产设备的利用率，改善了工作环境，降低了生产成本。

（五）思考与练习

问答题

1) 简述气液增压缸的优点及其应用场合。
2) 气源处理二联件和三联件有何区别？试分析铆合机选择气源处理元件的依据。
3) 铆合机主气路的通断采用了哪种控制方式？为什么？
4) 铆合机采用气液联合控制有何优点？

项目七 送料机的电气动控制

采用电气动控制的送料机广泛应用于自动化生产设备。图 7-0-1 所示为苏州汇川技术有限公司产品设备上采用电气动控制的送料装置。对于动作程序简单的小型自动化生产设备，为了兼顾生产效率和成本效益，可以选用继电器、电磁阀等电气元件和气动元件，联合控制送料机的自动运行。

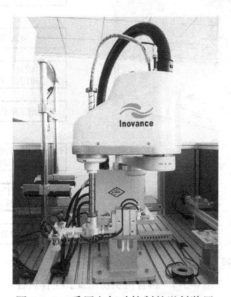

图 7-0-1 采用电气动控制的送料装置

任务一 送料装置的直接控制与间接控制

（一）任务描述

如图 7-1-1 所示，选择送料装置为典型案例，认识电气动控制系统的基本功能及运行方式，通过单电控换向阀，对单作用气缸进行直接控制；运用中间继电器和双电控换向阀，实现双作用气缸的间接控制；借助仿真实训平台，完成送料装置的连接与运行。

（二）任务目标

了解电气动控制系统的功能，巩固常用电气元件符号，掌握电气回路图的绘制方法。掌握单电控和双电控换向阀的正确选用，掌握按钮和中间继电器的使用，分别实现单作用气缸的直接控制和双作用气缸的间接控制。

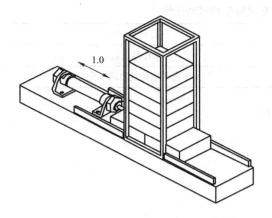

典型案例：送料装置预将阀门块件送到加工位置。

操作要求：按下按钮，气缸的活塞杆向前运动送料；当松开按钮时，活塞杆缩回。

图 7-1-1　送料装置

（三）任务实施

1. 单作用气缸的直接控制（单电控）

（1）电气动控制系统的组成　电气动控制系统主要采用电磁阀控制气缸的运行，其特点是响应快，动作准确，在气动自动化应用中相当广泛。

电气动控制回路包括气动回路和电气回路两部分，气动回路视作动力部分，电气回路则为控制部分。

（2）电气回路图的绘制　电气回路图通常以一种层次分明的梯形法表示，也称梯形图。它是利用电气元件符号进行顺序控制系统设计的最常用的一种方法。梯形图表示法可分为水平梯形回路图及垂直梯形回路图两种。

图 7-1-2b 所示为水平梯形回路图，图形上下两平行线代表控制回路的电源线，称为母线。其梯形图的绘图原则如下：

1）图形上端为相线，下端为接地线。

2）梯形图的构成是由左而右进行的。为便于读图，接线上要加上线号。

3）控制元件的连接线接于电源母线之间，且应力求直线。

4）连接线与实际的元件配置无关，其由上而下，依照动作的顺序来决定。

5）连接线所连接的元件均以电气符号表示，且均为未操作时的状态。

6）在连接线上，所有的开关、继电器等的触点位置由梯形图上侧的电源母线开始连接。

7）一个梯形图网络由多个梯级组成，每个输出元素（继电器线圈等）可构成一个梯级。

8）在连接线上，各种负载，如继电器、电磁线圈、指示灯等的位置通常是输出元素，要放在梯形图的下侧。

9）在以上的各元件的电气符号旁注上文字符号。

（3）单作用气缸的直接控制

1）操作要求。

① 按下按钮，气缸的活塞杆向前伸出。

② 松开按钮，活塞杆回复到气缸的末端。

2）气动回路构建。气动回路如图 7-1-2a 所示。

选择气动元件，见表 7-1-1。

表 7-1-1　单作用气缸直接控制的气动元件

标　号	元件名称
1.0	单作用气缸
1.1	二位三通单电控换向阀（先导式）

3）控制电路连接。控制电路如图 7-1-2b 所示。

扫码看动画

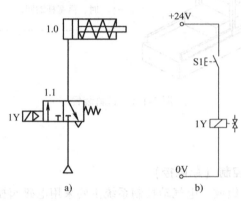

图 7-1-2　单作用气缸直接控制的气动回路与控制电路

选择电气设备元件，见表 7-1-2。

表 7-1-2　单作用气缸直接控制的电气设备元件

标　号	元件名称
S1	按钮
1Y	电磁线圈

4）操作说明。

① 按下按钮 S1，电磁线圈 1Y 的回路接通，二位三通电磁阀开启，气缸的活塞杆向前运动，直到前端。

② 松开按钮 S1，电磁线圈 1Y 的回路断开，二位三通电磁阀回到初始位置，活塞杆退回到气缸的末端。

2. 双作用气缸的间接控制（双电控）

（1）中间继电器的应用

1）继电器的认识。继电器控制系统是用继电器、行程开关、转换开关等有触点低压电器构成的电气控制系统。

继电器控制系统的特点是动作状态比较清楚，但系统电路比较复杂，变更控制过程以及扩展比较困难，灵活性和通用性较差，主要适用于小规模的气动顺序控制系统。

继电器控制电路中使用的主要元件为继电器。继电器有很多种，如电磁继电器、时间继电器、干簧继电器和热继电器等。

图 7-1-3 所示为电磁继电器的结构原理，它是一种最常用的继电器，主要由固定铁心、可动铁心（衔铁）、线圈、返回弹簧、常开触点和常闭触点等组成。

当线圈中通以规定的电压或电流后，衔铁就会在电磁吸力的作用下克服弹簧拉力，使常闭触点（a 触点）断开，常开触点（b 触点）闭合；线圈失电后，电磁力消失，衔铁在返回弹簧的作用下返回原位，使常闭触点闭合，常开触点断开。

2）中间继电器的结构及功能。中间继电器实质上是一种电压继电器，其结构和工作原理与接触器相同。但它的触点数量较多，在电路中主要是扩展触点的数量，另外其触点的额定电流较大。

继电器线圈消耗电能很小，故用很小的电流通过线圈即可使电磁铁励磁，而其控制的触点可通过相当大的电压和电流，以实现弱电控制强电。

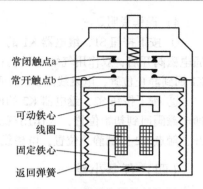

图 7-1-3 电磁继电器的结构原理

（2）双作用气缸的间接控制

1）操作要求。

① 按下一个按钮，气缸活塞杆向前伸出。

② 按下另一个按钮，活塞杆回复到气缸末端。

2）气动回路构建。构建的气动回路如图 7-1-4a 所示。

选择气动元件，见表 7-1-3。

表 7-1-3 双作用气缸间接控制的气动元件

标　　号	元 件 名 称
1.0	双作用气缸
1.1	二位五通双电控换向阀

3）控制电路连接。控制电路如图 7-1-4b 所示。

扫码看动画

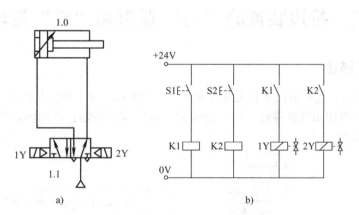

图 7-1-4 双作用气缸间接控制的气动回路与控制电路

选择电气设备元件，见表 7-1-4。

表 7-1-4 双作用气缸间接控制的电气设备元件

标　　号	元 件 名 称
S1、S2	按钮
K1、K2	中间继电器
1Y、2Y	电磁线圈

4）操作说明。

① 按下按钮 S1，继电器 K1 的回路闭合，触点 K1 动作，电磁线圈 1Y 的回路闭合，二位五通电磁阀开启，双作用气缸的活塞杆运动至前端。松开按钮 S1，继电器 K1 的回路打开，触点 K1 回到静止位置，电磁线圈 1Y 的回路断开。

② 按下按钮 S2，继电器 K2 的回路闭合，触点 K2 动作，电磁线圈 2Y 的回路闭合，二位五通电磁阀回到初始位置，双作用气缸的活塞杆退回到末端。松开按钮 S2，继电器 K2 的回路断开，触点 K2 回到静止位置，电磁线圈 2Y 的回路断开。

（四）任务小结

电气动控制回路主要包括气动回路和电气回路两部分。通常在设计电气回路之前，一定要先设计出气动回路，然后选择采用何种形式的电磁阀来控制气动执行元件的运动，从而设计电气回路。

送料装置的进退运动控制：
1）采用按钮，选用单电控换向阀对单作用气缸实现直接控制。
2）采用按钮，选用双电控换向阀和中间继电器对双作用气缸实现间接控制。

（五）思考与练习

简答题
1）绘制常用电气按钮的符号，并注明其名称。
2）比较单电控换向阀与双电控换向阀在气动回路中的功能有何区别。
3）比较单作用气缸和双作用气缸的应用特点有何区别。

任务二　折边装置的"与"逻辑和"或"逻辑控制

（一）任务描述

如图 7-2-1 所示，选择折边装置为典型案例，认识串联电路、并联电路的基本功能，改变按钮的连接方式，对双作用气缸进行"与"逻辑和"或"逻辑控制；借助仿真实训平台，完成折边装置的连接与运行。

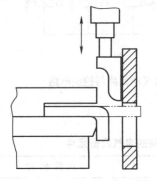

典型案例：折边装置的成形模具向下锻压。

操作要求：分别采用"与"逻辑和"或"逻辑功能，操作两个按钮，使折边装置的成形模具向下锻压，完成平板折边。

图 7-2-1　折边装置

（二）任务目标

熟悉串联电路和并联电路，熟练掌握按钮、中间继电器、电磁换向阀的连接方法，实现双作用气缸的"与"逻辑直接控制和双作用气缸的"或"逻辑间接控制。

(三) 任务实施

1. 串联电路与并联电路的应用

(1) 串联电路　图 7-2-2 所示为串联电路，它由两个起动按钮 S1 和 S2 串联后，控制继电器 K 动作，此串联电路实际上属于"与"逻辑电路。它可用于安全操作系统，例如一台设备为了防止误操作，保证生产安全，就可以安装两个起动按钮，让操作者只有同时按下两个起动按钮时，设备才能开始运行。

(2) 并联电路　图 7-2-3 所示的并联电路也称为"或"逻辑电路。该电路一般用于要求在一条自动化生产线上的多个操作点可以进行作业的场合，操作时只需按下起动按钮 S1、S2 和 S3 中的任一个，继电器 K 均可实现动作。

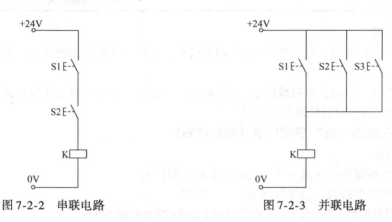

图 7-2-2　串联电路　　　　图 7-2-3　并联电路

2. 双作用气缸的"与"逻辑控制（直接控制）

(1) 操作要求

1) 同时按下两个按钮，气缸活塞杆向前伸出。
2) 松开一个或两个按钮，活塞杆回复到气缸末端。

(2) 气动回路构建　构建的双作用气缸"与"逻辑控制（直接控制）的气动回路，如图 7-2-4a 所示。

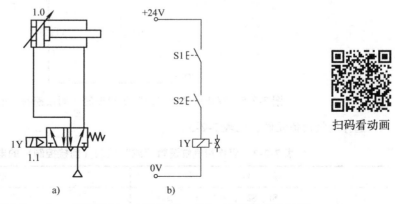

图 7-2-4　双作用气缸"与"逻辑控制（直接控制）的气动回路与控制电路

选择气动元件，见表 7-2-1。

表 7-2-1 双作用气缸"与"逻辑控制的气动元件

标　号	元件名称
1.0	双作用气缸
1.1	二位五通单电控换向阀

（3）控制电路连接　控制电路如图 7-2-4b 所示。
选择电气设备元件，见表 7-2-2。

表 7-2-2　双作用气缸"与"逻辑控制（直接控制）的电气设备元件

标　号	元件名称
S1、S2	按钮
1Y	电磁线圈

（4）操作说明

1）按下按钮 S1 和 S2，电磁线圈 1Y 的回路闭合，二位五通电磁阀被开启，双作用气缸的活塞杆运动至前端。

2）松开按钮 S1 或 S2，电磁线圈 1Y 的回路断开，二位五通电磁阀在反弹弹簧作用下回到初始位置，双作用气缸的活塞杆退回到末端。

3. 双作用气缸的"或"逻辑控制（间接控制）

（1）操作要求

1）按下两个按钮中的任意一个，气缸活塞杆向前伸出。

2）同时松开两个按钮，活塞杆回复到气缸末端。

（2）气动回路构建　构建的气动回路与图 7-2-4a 所示回路相同。

（3）控制电路连接　控制电路如图 7-2-5 所示。

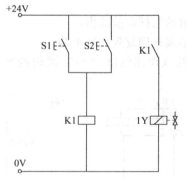

扫码看动画

图 7-2-5　双作用气缸"或"逻辑控制（间接控制）的控制电路

选择电气设备元件，见表 7-2-3。

表 7-2-3　双作用气缸逻辑"或"控制（间接控制）的电气设备元件

标　号	元件名称
S1、S2	按钮
K1	中间继电器
1Y	电磁线圈

（4）操作说明

1）按下按钮 S1 或 S2，电磁线圈 1Y 的回路闭合，二位五通电磁阀开启，双作用气缸的活塞杆运动至前端。

2）松开按钮 S1 和 S2，电磁线圈 1Y 的回路断开，二位五通电磁阀在反弹弹簧作用下回到静止位置，双作用气缸的活塞杆退回到末端。

（四）任务小结

1）采用两个按钮串联连接，控制电磁阀线圈通断电，对双作用气缸的进退运动实现直接控制。

2）采用两个按钮并联连接，通过中间继电器控制电磁阀线圈通断电，对双作用气缸的进退运动实现间接控制。

（五）思考与练习

设计操作题

预实现双作用气缸"与"逻辑控制（间接控制），同时按下两个按钮，气缸活塞杆向前伸出，且指示灯亮；松开任意一个按钮，气缸活塞杆向后缩回，且指示灯不亮。要求：

1）画出气动回路图。

2）画出控制电路图。

3）组建气动回路和电气回路并运行。

任务三　工件岔道转辙器送料装置的安全操作

（一）任务描述

如图 7-3-1 所示，选择工件岔道转辙器送料装置为典型案例，认识自锁电路的基本功能，熟悉常闭按钮和常开按钮的选型及应用，对双作用气缸进行进退运动控制；借助仿真实训平台，构建"断开优先"和"导通优先"的自锁回路，完成工件岔道转辙器送料装置的安全操作。

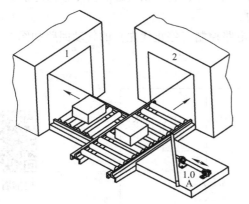

图 7-3-1　工件岔道转辙器送料装置

典型案例：工件岔道转辙器用于将制造大阀门的铸件送到加工线 1 和 2。

操作要求：通过按下按钮 1，起动单作用气缸向前运动。当按下另一下按钮 2，气缸回程。气缸向前运动的信号分别用"断开优先"和"导通优先"的自锁回路来记忆。

（二）任务目标

熟悉自锁电路的应用，掌握常闭按钮和常开按钮的正确使用方法，选择中间继电器、电磁换向阀和双作用气缸,组建"断开优先"和"导通优先"的自锁回路,实现双作用气缸的"停止优先"和"起动优先"的安全运行。

(三) 任务实施

1. 自保持电路的应用

在通常的电路中,按下按钮,电路通电;松开按钮,电路断电。如果按下开关,就能够自动保持持续通电,直到按下其他开关使之断电为止,这样的电路称为自锁电路,即自保持电路,又称为记忆电路。在各种液压、气压装置的控制电路中,尤其是使用单电控电磁换向阀控制液压、气压缸的运动时,通常需要采用自保持电路。

图 7-3-2a 所示为停止优先自保持电路。虽然图中的按钮 S1 按一下即会放开,发出的是一个短信号。但由于继电器 K 的常开触点 K 和开关 S1 并联,当松开 S1 后,继电器 K 也会通过常开触点 K 继续保持得电状态,使继电器 K 获得"记忆"。图中 S2 是用来解除自保持状态的按钮,并且因为当 S1 和 S2 同时按下时,S2 先切断电路,S1 按下是无效的,因此这种电路也称为停止优先自保持电路。

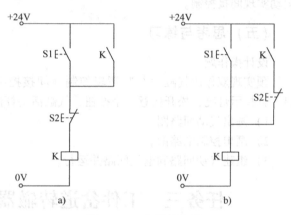

图 7-3-2 自保持电路

图 7-3-2b 所示为起动优先自保持电路。在这种电路中,当 S1 和 S2 同时按下时,S1 使继电器 K 动作,S2 无效,因此这种电路被称为起动优先自保持电路。

2. 双作用气缸的自锁电路控制(停止优先)

(1) 操作要求

1) 按下一个按钮,气缸活塞杆向前伸出,按下另一个按钮,则气缸活塞杆回到初始位置。

2) 若同时按下两个按钮,气缸的活塞杆不动。

(2) 气动回路构建 构建的双作用气缸自锁电路控制(停止优先)的气动回路如图 7-3-3a 所示。

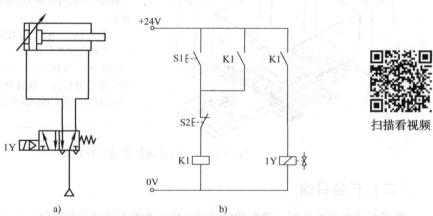

图 7-3-3 双作用气缸自锁电路控制(停止优先)的气动回路和控制电路

(3) 控制电路连接 控制电路如图 7-3-3b 所示。

选择电气设备元件，见表 7-3-1。

表 7-3-1 双作用气缸自锁电路控制（停止优先）的电气设备元件

标　　号	元 件 名 称
S1	按钮（常开）
S2	按钮（常闭）
K1	中间继电器
1Y	电磁线圈

(4) 操作说明

1) 按下按钮 S1（常开），使继电器 K1 的回路因按钮 S2 未动作（常闭）而闭合，触点 K1 动作。松开按钮 S1（常开）后，具有触点 K1 的自锁电路使继电器 K1 的回路仍然闭合。电磁线圈 1Y 回路接通，二位五通电磁阀开启，双作用气缸的活塞杆运动至前端。

2) 按下按钮 S2（常闭）使继电器 K1 的回路断开，触点 K1 复位，电磁线圈 1Y 断电，二位五通电磁阀由于反弹弹簧作用回到初始位置，双作用气缸的活塞杆退回到末端。

3) 同时按下 S1 和 S2，继电器 K1 断开，电磁线圈 1Y 断电，双作用气缸"停止优先"。

3. 双作用气缸的自锁电路控制（起动优先）

(1) 操作要求

1) 按下一个按钮，气缸活塞杆向前伸出，按下另一个按钮，则气缸活塞杆回到气缸末端。

2) 若同时按下两个按钮，气缸的活塞杆仍向前伸出。

(2) 气动回路构建 构建双作用气缸自锁电路控制（起动优先）的气动回路如图 7-3-4a 所示。

(3) 电气控制线路连接 电气控制线路如图 7-3-4b 所示。

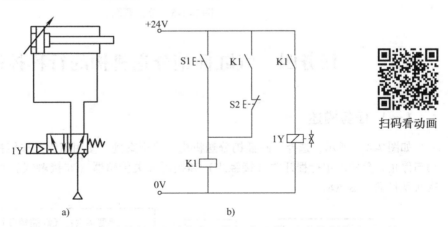

图 7-3-4 双作用气缸自锁电路控制（起动优先）的气动回路和电气控制线路

选择电气设备元件，同表 7-3-1。

(4) 操作说明

1) 按下按钮 S1（常开），继电器 K1 的回路闭合，触点 K1 动作。在未使用按钮 S2（常闭）的情况下，松开按钮 S1（常开）后，带触点 K1 的自锁电路使继电器 K1 的回路仍然闭合。1Y 通电，二位五通电磁阀开启，双作用气缸的活塞杆运动至前端。

2) 按下按钮 S2（常闭），继电器 K1 的回路断开，触点 K1 断开，电磁线圈 1Y 断电，二位五通电磁阀回到初始位置，双作用气缸的活塞杆运动到末端。

3）同时按下 S1 和 S2，继电器 K1 闭合，电磁线圈 1Y 通电，双作用气缸"起动优先"。

（四）任务小结

1）采用常开按钮和常闭按钮分别控制双作用气缸的外伸和缩回运动。

2）改变常闭按钮的安装位置，同时按下两个按钮，对双作用气缸可以实行"停止优先"或"起动优先"的安全操作。

（五）思考与练习

分析题

如图 7-3-5 所示，将电气回路图中的按钮 S2 分别安置在 A、B 处时，试分析气缸的工作运行状态。

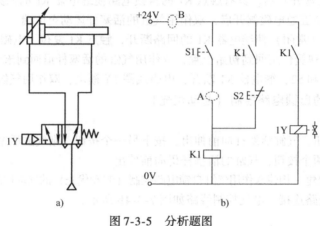

图 7-3-5 分析题图

任务四　气缸插销分送机构的行程控制

（一）任务描述

如图 7-4-1 所示，选择气缸插销分送机构为典型案例，使用闭锁式按钮控制双作用气缸的起动与停止，分别采用行程开关（接触式）和接近开关传感器（非接触式）控制气缸插销分送机构实现自动往返运动。

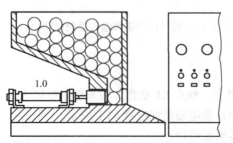

典型案例：气缸插销分送机构自动往复运动的行程控制。

操作要求：用双作用气缸 1.0 将气缸插销送入测量机，气缸插销用往复运动的活塞杆分送，按下控制开关，气缸 1.0 自动往返运动，循环往复；再次按下控制开关，气缸停止运行。

图 7-4-1　气缸插销分送机构

(二) 任务目标

掌握闭锁式按钮与瞬动型按钮的区别,认识行程开关和传感器的基本功能及应用特点。选择闭锁式按钮、双电控换向阀和双作用气缸,在气缸活塞杆往复行程两端分别安装行程开关或接近开关传感器,实现气缸插销分送机构自动往返运动的行程控制。

(三) 任务实施

1. 电气开关的选用

电气动控制系统中常用的按钮、行程开关和接近开关的基本功能和应用特点介绍如下。

(1) 按钮的选用 图 7-4-2 所示为常用按钮的分类及符号,其中图 7-4-2a 所示为瞬动型常开按钮,图 7-4-2b 所示为瞬动型常闭按钮,图 7-4-2c 所示为闭锁式常开按钮,图 7-4-2d 所示为闭锁式常闭按钮。

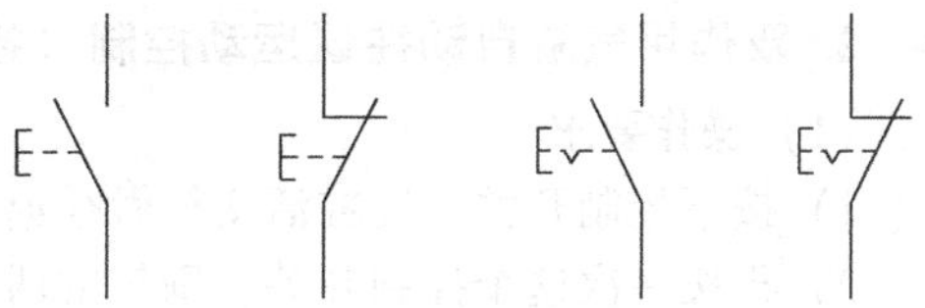

闭锁式按钮可以通过按钮本身的机械装置锁定其电路通断的状态。当按一下按钮时,电路导通

图 7-4-2 常用按钮的图形符号

(或断开),再次按一下这个按钮时,电路断开(或导通),按钮动作后自动保持在动作后的状态。

瞬动型按钮又称点动按钮。按下按钮时,电路导通(或断开),手指松开按钮立即回位。

闭锁式按钮使用比较方便,且按钮闭锁后,不可以对设备进行起动,或防止误入带电隔离,以保证设备运行和检修的安全。

(2) 行程开关的使用 行程开关即位置开关(又称限位开关),是一种常用的小电流主令电器。利用生产机械运动部件的碰撞使其触头动作来实现接通或分断控制电路,达到一定的控制目的。通常,这类开关被用来限制机械运动的位置或行程,使运动机械按一定位置或行程自动停止、反向运动、变速运动或自动往返运动等。

行程开关主要由操作头、触点系统和外壳组成,行程开关按其结构不同可分为直动式、滚轮式、微动式和组合式。

滚轮式行程开关的图形符号如图 7-4-3 所示。其中,图 7-4-3a 所示为常开滚轮式行程开关,图 7-4-3b 所示为常闭滚轮式行程开关。

(3) 接近开关的使用 接近开关又称接近开关传感器,它是一种具有感知物体接近能力的器件。当运动的物体与其接近到一定位置时,即能发出信号以控制运动物体的位置或行程。由于接近开关是非接触型的物体检测装置,因此可用作无接触和无触点化的微动开关、行程开关和限位开关。

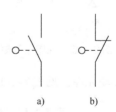

图 7-4-3 滚轮式行程开关的图形符号

接近开关按工作原理可分为高频振荡型、电容型、感应电桥型、永久磁铁型和霍尔效应型等。应用最多的是高频振荡型接近开关,约占 80%,这种开关的工作原理以高频振荡电路状态的变化为基础。

图 7-4-4 所示为常用接近开关的图形符号。其中,图 7-4-4a 所示为电感式接近开关,图 7-4-4b 所示为电容式接近开关,图 7-4-4c 所示为光电式接近开关。

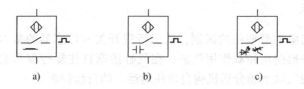

图 7-4-4　常用接近开关的图形符号

接近开关有 PNP 型与 NPN 型两种，其实就是利用晶体管的饱和和截止，输出两种状态，PNP 型输出的是高电平，NPN 型输出的是低电平。在实际使用时，应根据接近开关的选型，采取不同的接线方法。

2. 双作用气缸自动往返运动控制（接触式）

（1）操作要求

1）按下控制开关，气缸活塞杆做往返运动。

2）再按一次这个控制开关，则气缸活塞杆停止运行。

（2）气动回路构建　构建的双作用气缸自动往返运动控制（接触式）的气动回路如图 7-4-5a 所示。

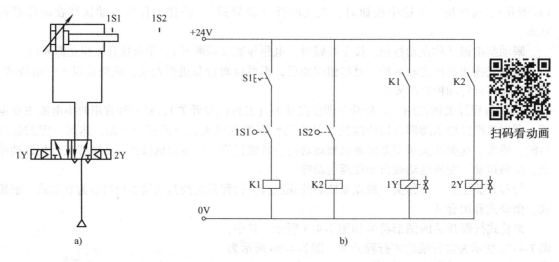

图 7-4-5　双作用气缸自动往返运动控制（接触式）的气动回路与控制电路

选择气动元件，见表 7-4-1。

表 7-4-1　双作用气缸自动往返运动控制（接触式）的气动元件

标　号	元件名称
1.0	双作用气缸
1.1	二位五通双电控换向阀

（3）控制电路连接　控制电路如图 7-4-5b 所示。

选择电气设备元件，见表 7-4-2。

表7-4-2 双作用气缸自动往返运动控制（接触式）的电气设备元件

标　号	元 件 名 称
S1	按钮（闭锁式）
1S1、1S2	限位行程开关
K1、K2	中间继电器
1Y、2Y	电磁线圈

(4) 操作说明

1) 按下闭锁式按钮 S1，使继电器 K1 的回路闭合，触点 K1 动作，电磁线圈 1Y 通电，二位五通电磁阀左位工作，气缸活塞杆运动至前端并使限位开关 1S2 闭合。活塞杆离开末端后，通过限位开关 1S1 的作用使继电器 K1 的回路断开，触点 K1 复位断开。

2) 通过限位开关 1S2 使继电器 K2 的回路闭合，触点 K2 闭合，电磁线圈 2Y 通电，二位五通电磁阀换至右位工作，气缸活塞杆退回到末端并使限位开关 1S1 闭合。活塞杆离开前端后，由于限位开关 1S2 的作用使电磁线圈 2Y 断电。

3) 在控制按钮 S1 导通的情况下，继电器 K1 的回路通过限位开关 1S1 的作用而闭合，触点 K1 动作，电磁线圈 1Y 的回路接通，二位五通电磁阀开启，双作用气缸的活塞杆重新运动至前端。

4) 如此循环动作，直至再次按下控制按钮 S1，继电器 K1 的回路断开，运行停止。

3. 双作用气缸自动往返运动控制（非接触式）

(1) 操作要求

1) 按下一个按钮，气缸活塞杆往返运动。

2) 按下另一个按钮则停止运行。

(2) 气动回路构建　构建双作用气缸自动往返运动控制（非接触式）的气动回路如图7-4-6a 所示。

选择气动元件，与表7-4-1 相同。

(3) 控制电路连接　控制电路如图7-4-6b 所示。

扫码看动画

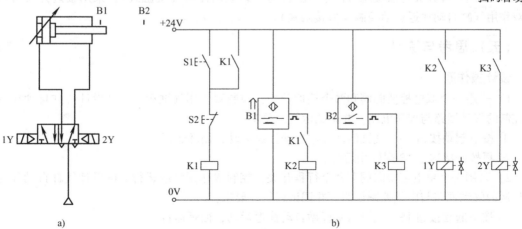

图7-4-6 双作用气缸自动往返运动控制（非接触式）的气动回路与控制电路

选择电气元件，见表 7-4-3。

表 7-4-3　双作用气缸自动往返运动控制（非接触式）的电气设备元件

标　号	元 件 名 称
S1、S2	按钮（瞬动型）
B1、B2	电感式接近开关
K1、K2、K3	中间继电器
1Y、2Y	电磁线圈

（4）操作说明

1）按下按钮 S1 使继电器 K1 回路闭合，触点 K1 动作。松开按钮 S1 后，由于触点 K1 所在的自锁电路使继电器 K1 回路仍然闭合。继电器 K2 回路通过触点 K1 闭合，触点 K2 动作。电磁线圈 1Y 通电，二位五通电磁阀左位工作。气缸活塞杆运动至前端并接通接近开关 B2。活塞杆离开了末端后，由接近开关 B1 使继电器 K2 的回路断开，1Y 断电。

2）通过接近开关 B2 使继电器 K3 回路接通，触点 K3 动作，电磁线圈 2Y 回路闭合，二位五通电磁阀右位工作，活塞杆运动至末端并接通接近开关 B1。活塞杆离开了前端后，由接近开关 B2 使继电器 K3 回路断开，2Y 断电。

3）继电器 K2 回路通过接近开关 B1 接通，触点 K2 动作，电磁线圈 1Y 闭合，二位五通电磁阀开启，双作用气缸的活塞杆重新运动到前端。

4）如此循环动作，直至按下另一按钮 S2（常闭），气缸活塞杆停止运动。

（四）任务小结

1）采用一个闭锁式按钮，可以控制双作用气缸自动往返运动的起动与停止，电气回路简单，操作方便。

2）采用一个常开瞬动型按钮，可以通过自保持电路，控制双作用气缸自动往返运动的起动，必须采用另一个常闭瞬动型按钮控制停止。

3）采用行程开关可以实现双作用气缸自动往返运动控制（接触式），采用接近开关可以实现双作用气缸自动往返运动控制（非接触式）。

（五）思考与练习

设计操作题

1）采用一个双电控换向阀和两个接近开关，控制双作用气缸运行。试设计气缸自动往返运动控制的气动回路与控制电路，并调试运行。要求：

① 按下起动按钮 1S，气缸活塞杆做自动往返运动，循环运行。

② 再按一次这个 1S 则停止运行。

2）采用一个单电控换向阀和两个行程开关，控制双作用气缸运行。试设计气缸自动往返运动控制的气动回路与电气控制线路，并调试运行。要求：

① 按下起动按钮 1S，气缸活塞杆做自动往返运动，循环运行。

② 按另一个按钮 2S 则停止运行。

3）采用一个单电控换向阀和两个行程开关，控制单作用气缸运行。试设计气缸自动往返运动控制的气动回路与电气控制线路，并调试运行。要求：

① 按下按钮 1S，气缸活塞杆做自动往返运动，循环运行。
② 按另一个按钮 2S 则停止运行。

任务五　摄影箱加工夹紧装置的顺序控制

（一）任务描述

如图 7-5-1 所示，选择摄影箱加工夹紧装置为典型案例，综合应用按钮、行程开关和传感器，选择单电控换向阀或双电控换向阀，控制气缸按照特定的程序要求，完成先后顺序动作，实现摄影箱加工夹紧装置的双气缸顺序控制。

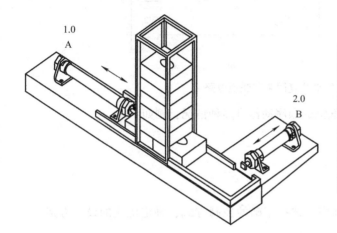

典型案例：摄影箱加工夹紧装置双气缸运行的顺序控制。

操作要求：当按下按钮，气缸 1 将从料斗中落下的、用作摄影箱体的铸件推到加工台并夹紧；而后，气缸 2 与气缸 1 呈 90°角伸出，将铸件夹紧。当摄影加工完毕，再次按下这个按钮，两气缸回程。

图 7-5-1　摄影箱加工夹紧装置

（二）任务目标

熟练掌握按钮、行程开关和传感器的灵活应用，在完成电磁换向阀和气缸选型的基础上，绘制气动回路图和电气控制线路图并仿真运行，通过实训平台进行接线和调试，实现双气缸顺序控制，并掌握故障诊断与排查方法。

（三）任务实施

1. 联锁电路的应用

当设备中存在相互矛盾的动作（如电动机的正转与反转，气缸的伸出与缩回时），为防止同时输入相互矛盾的动作信号，使电路短路或线圈烧坏，控制电路应具有联锁的功能。即电动机正转时不能使反转接触器动作，气缸伸出时不能使控制气缸缩回的电磁铁通电。

图 7-5-2a 所示为双电磁铁中位封闭式三位五通换向阀控制的气缸往复回路。

图 7-5-2b 所示为具有互锁功能的控制电路（垂直梯形图）。将继电器 K1 的常闭触点加到第二行上，将继电器 K2 的常闭触点加到第一行上，这样就保证了继电器 K1 被励磁时继电器 K2 不会被励磁；同样，继电器 K2 被励磁时继电器 K1 也不会被励磁。

2. 双气缸运行的顺序控制

气动系统采用两个气缸 A 和 B，假设气缸 A 的伸出和缩回分别用 A + 和 A - 表示，气缸 B 的

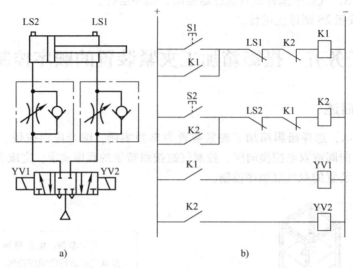

图 7-5-2 气缸往复回路和联锁电路

伸出和缩回分别用 B + 和 B - 表示，则两气缸的顺序动作有多种情况，例如：

① A + →B + →A - 且 B -
② A + →A - 且 B + →B -
③ A + →B + →A - →B -
④ A + →B + →B - →A -

在实际应用中，可以依据不同动作顺序，选择正确的控制方式，确定优化的设计方案。

3. 摄影箱加工夹紧装置的顺序控制

（1）操作要求　按下一个按钮，气缸 1.0 的活塞杆向前伸出；当到达末端时，气缸 2.0 的活塞杆向前伸出，同时气缸 1.0 回缩复位；气缸 2.0 的活塞杆到达末端后，自动回缩复位。

（2）气动回路构建　构建的摄影箱加工夹紧装置顺序控制的气动回路如图 7-5-3 所示。

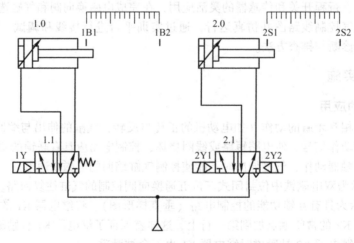

图 7-5-3　摄影箱加工夹紧装置顺序控制的气动回路

选择气动元件，见表 7-5-1。

表 7-5-1　摄影箱加工夹紧装置顺序控制的气动元件

标　号	元 件 名 称
1.0、2.0	双作用气缸
1.1	二位五通单电控换向阀
2.1	二位五通双电控换向阀

(3) 控制电路连接　控制电路如图 7-5-4 所示。

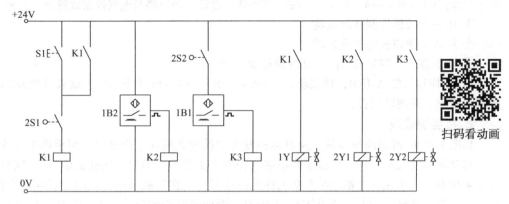

图 7-5-4　摄影箱加工夹紧装置顺序控制的控制电路图

选择电气设备元件，见表 7-5-2。

表 7-5-2　摄影箱加工夹紧装置顺序控制的电气设备元件

标　号	元 件 名 称
S1	按钮
1B1、1B2	传感器
2S1、2S2	电信号行程开关
K1、K2、K3	中间继电器
1Y、2Y1、2Y2	电磁线圈

(4) 操作说明

1) 按下按钮 S1 使继电器 K1 的回路闭合，触点 K1 动作。按钮 S1 松开后，通过继电器 K1 的自锁回路，使继电器 K1 的回路仍然闭合。通过触点 K1 使电磁线圈 1Y 的回路闭合，二位五通单电控换向阀 1.1 换至左位。气缸 1.0 的活塞杆运动到前端并接通传感器 1B2。

2) 继电器 K2 的回路闭合，触点 K2 动作，电磁线圈 2Y1 的回路闭合，二位五通双电控换向阀 2.1 换至左位，气缸 2.0 的活塞杆运动至前端并作用于限位开关 2S2。活塞杆离开了末端后，通过限位开关 2S1 使继电器 K1 的回路断开，触点 K1 回到静止位置。电磁线圈 1Y 的回路断开，二位五通电磁阀 1.1 回到初始右位，气缸 1.0 的活塞杆运动至末端并接通传感器 1B1。

3) 气缸 1.0 的活塞杆离开前端，传感器 1B2 使继电器 K2 的回路断开，触点 K2 复位。电磁线圈 2Y1 的回路断开。传感器 1B1 使继电器 K3 的回路闭合，触点 K3 动作。电磁线圈 2Y2 的回路闭合，二位五通双电控换向阀 2.1 回到初始右位。气缸 2.0 的活塞杆向后运动至末端。继电器 K3 的回路由于限位开关 2S2 而断开，触点 K3 回到静止位置，电磁线圈 2Y2 的回路断开。

(四) 任务小结

1) 多缸顺序动作回路中，对相互矛盾的动作可以设计联锁电路进行控制。

2) 可以选择单电控换向阀或双电控换向阀进行气缸往复运动控制。

3) 可以通过选择按钮和若干个行程开关或传感器进行双气缸先后顺序动作控制。

(五) 思考与练习

1. 设计操作题

1) 双作用气缸 A 和 B，分别由两个单电控二位五通换向阀控制，采用间接控制方式，预实现顺序动作：A+→B+→A-且B-。按以下条件，设计气动回路与电气控制线路图，并调试运行。

① 用一个按钮控制往返运动。

② 用两个按钮控制往返运动。

③ 按下按钮，控制双气缸自动往返运动一次。

2) 双作用气缸 A 和 B，预实现 A+→B+→B-→A- 的顺序动作，试设计气动回路与电气控制线路图，并调试运行。

2. 拓展训练题

如图7-5-5a所示的冲口器，预对夹持器上工件的孔端冲三个开口。用手将工件放在夹持器内。起动信号使气缸1.0(A) 移送冲模进入长方形工件内。随后，气缸2.0(B)、气缸3.0(C)、气缸4.0(D) 一个接一个推动冲头在工件孔内冲开口。在气缸4.0(D) 的最后冲口操作完成后，所有三个冲口气缸2.0(B)、3.0(C)、4.0(D) 返回至它们的起始位置。气缸1.0(A) 从工件中抽回冲模，完成最后动作。用手将已冲口工件从夹持器上拿出。该设备的位移-步骤图如图7-5-5b所示。试设计该设备的气动回路与控制电路图，并仿真运行。

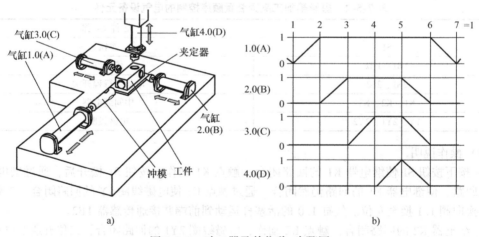

图 7-5-5 冲口器及其位移-步骤图

任务六 包扎推送装置的计数控制

(一) 任务描述

如图7-6-1所示，选择包扎推送装置为典型案例，掌握计数器的使用方法，综合应用按钮、行程开关、传感器和计数器，选择单电控换向阀或双电控换向阀，控制气缸往复运动，进行计数控制回路的设计与调试，实现包扎推送装置的计数控制。

项目七 送料机的电气动控制 211

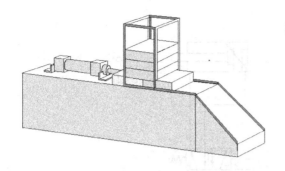

典型案例：包扎推送装置的计数控制。

操作要求：按一下按钮 S1，气缸 1 将两个工件连续推送到下一个工作站；在下一工作站由气缸 2 进行包扎，连续不断……再次按一下按钮 S1，气缸 1 和气缸 2 停止运动。

图 7-6-1 包扎推送装置

（二）任务目标

掌握计数器的使用方法，综合应用按钮、行程开关、传感器和计数器，完成电磁换向阀和气缸的选型，对双气缸的运行进行计数控制。

（三）任务实施

1. 计数器的应用

计数继电器（Counting Relay）简称计数器，适用于交流 50Hz、额定工作电压 380V 及以下或直流工作电压 24V 的控制电路中作为计数元件，按预置的数字接通和分断电路。计数器采用单片机电路和高性能的计数芯片，具有计数范围宽，正/倒计数，多种计数方式和计数信号输入，计数性能稳定、可靠等优点，广泛应用于工业自动化控制中。

实训平台计数器操作面板如图 7-6-2a 所示，其图形符号如图 7-6-2b 所示，图示计数器的计数设定值为"2"。拨盘用于设置计数次数。多次按下按钮 S1，使 Count 导通计数，达到计数器预设次数后，公共输入端 COM 与 NO 端（常开触点）导通，公共输入端 COM 与 NC 端（常闭触点）断开。按下按钮 S2，Reset 导通，使计数器的计数复位归零。

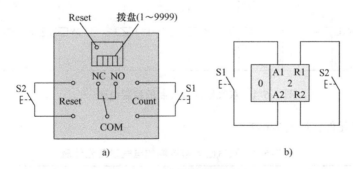

图 7-6-2 计数器操作面板

2. 双气缸运行的计数控制

（1）操作要求 按下按钮，气缸 1.0 的活塞杆往复运动两次，气缸 2.0 往复运动一次，如此循环运行。再次按下此按钮，两个气缸停止运动。

（2）气动回路构建 构建双气缸计数控制的气动回路如图 7-6-3 所示。

选择气动元件，见表 7-6-1。

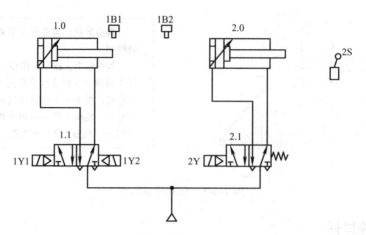

图 7-6-3　双气缸计数控制的气动回路图

表 7-6-1　双气缸计数控制的气动设备元件表

标　号	元件名称
1.0、2.0	双作用气缸
1.1	二位五通双电控换向阀
2.1	二位五通单电控换向阀

（3）控制电路连接　控制电路如图 7-6-4 所示。

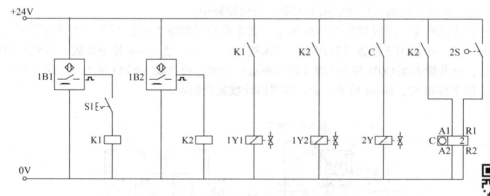

图 7-6-4　双气缸计数控制的控制电路

扫码看动画

选择电气设备元件，见表 7-6-2。

表 7-6-2　双气缸计数控制的电气设备元件表

标　号	元件名称
S1	按钮（闭锁式）
1B1、1B2	传感器
2S	行程开关
K1、K2	中间继电器
1Y1、1Y2、2Y	电磁线圈
C	计数器

(4) 操作说明

1) 按下自锁按钮 S1 使继电器 K1 的回路闭合，触点 K1 动作。通过触点 K1 使电磁线圈 1Y1 的回路闭合，二位五通双电控换向阀 1.1 换至左位。气缸 1.0 的活塞杆离开末端后，1B1 断开，使 K1 断开，1Y1 断电，换向阀 1.1 保持左位，气缸 1.0 的活塞杆继续运动到前端并接通传感器 1B2。

2) 1B2 闭合，使继电器 K2 闭合，计数器 C 计数 1 次，同时，1Y2 通电，二位五通双电控换向阀 1.1 切换至右位，气缸 1.0 的活塞杆缩回，1B2 断开，继电器 K2 断开，1Y2 断电，二位五通双电控换向阀 1.1 保持右位，气缸 1.0 的活塞杆继续缩回到末端并接通传感器 1B1。如此循环 2 次。

3) 计数器 C 计数 2 次，计数器的常开触点闭合，2Y 通电，二位五通单电控换向阀 2.1 左位工作，气缸 2.0 的活塞杆伸出。

4) 气缸 2.0 的活塞杆伸出至终端，行程开关 2S 闭合，计数器 C 计数复位，计数器的常开触点断开，2Y 断电，换向阀 2.1 在弹簧力作用下自动复位，气缸 2.0 的活塞杆缩回。如此循环动作。

5) 再次按下自锁按钮 S1，循环动作结束。

(四) 任务小结

1) 计数器可用于气缸往复动作需要计数控制的场合。
2) 计数器的接线和操作有其特殊性，应按照其操作规范进行接线。
3) 综合应用按钮、行程开关、传感器和计数器，正确选择电磁换向阀和气缸，构建双气缸计数控制回路，实现对包扎推送装置的计数控制。

(五) 思考与练习

设计操作题

分别选用单电控换向阀和双电控换向阀，对双作用气缸进行计数控制，试完成其气动回路和电气控制线路的设计，并调试运行。操作要求：

1) 按下按钮 S1，单气缸的活塞杆自动往返运动三次后停止，且指示灯亮。
2) 按下按钮 S2，第二次运动循环开始。

项目八　压合装配机的电气液联合控制

图 8-0-1 所示为某电冰箱厂用于蒸发器与内胆压合装配的设备，该压合装配机以压缩空气为动力源，装置简单，成本低；气动执行元件选用了气液增压缸，加压时间由时间继电器控制；多缸顺序动作由 PLC 控制，自动化程度高，电气箱结构紧凑，充分体现了电气液联合控制的优越性。

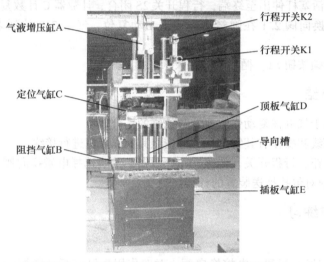

图 8-0-1　采用电气液联合控制的压合装配机

任务一　气缸运动的时间控制

（一）任务描述

本任务要求认识时间继电器的功能、分类及工作原理，了解延时电路的应用，掌握时间继电器的接线方法，运用时间继电器实现气缸动作的时间控制。

（二）任务目标

了解时间继电器及延时电路的应用，掌握时间继电器的接线方法，正确选择气动和电气控制元件，组建气缸动作的时间控制回路。

（三）任务实施

1. 时间继电器的应用

时间继电器（Time Relay）是指当加入（或去掉）输入的动作信号后，其输出电路需经过规定的准确时间才产生跳跃式变化（或触头动作）的一种继电器。它是一种使用在较低的电压或较小电流的电路上，用来接通或切断较高电压、较大电流的电路的电气元件。同时，时间继电器也是一种利用电磁原理或机械原理实现延时控制的控制电器。

时间继电器的主要功能是作为简单程序控制中的一种执行器件，当它接受了起动信号后开始计时，计时结束后它的工作触头进行开或合的动作，从而推动后续的电路工作。

时间继电器的种类很多，有空气阻尼型、电动型和电子型等。以空气阻尼型时间继电器为例，它是利用气囊中空气通过小孔节流的原理来获得延时动作的，可分为通电延时型和断电延时型两种类型。通电延时型继电器的工作原理是线圈通电后触点要延长一段时间才动作；而线圈失电时，触点立即复位。断电延时型时间继电器与通电延时型时间继电器的原理与结构均相同，只是将其电磁机构翻转180°安装。

时间继电器线圈及其动合触点和动断触点的图形符号如图8-1-1所示。

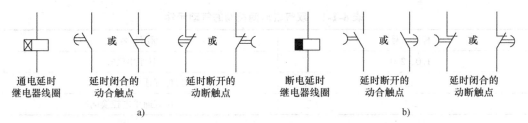

图 8-1-1　时间继电器线圈及其动合触点和动断触点的图形符号

2. 延时电路的应用

随着自动化设备的功能和工序越来越复杂，各工序之间需要按一定的时间紧密配合，各工序时间要求可在一定范围内调节，这需要利用延时电路来实现。延时控制分为延时闭合和延时断开两种。

图8-1-2a所示为延时闭合电路。当按下起动按钮S1后，时间继电器KT开始计时，经过设定的时间后，时间继电器触点接通，指示灯H点亮。松开按钮S1，时间继电器KT的触点立刻断开，指示灯H熄灭。

图8-1-2b所示为延时断开电路。当按下起动按钮S1时，时间继电器KT的触点也同时接通，指示灯H点亮。当松开按钮S1时，时间继电器开始计时，到规定时间后，时间继电器KT的触点才断开，指示灯H熄灭。

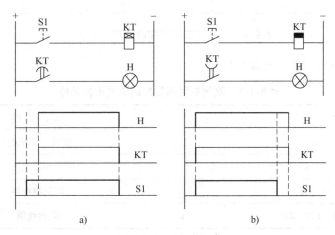

图 8-1-2　延时电路

3. 双气缸运动的时间控制

（1）操作要求

1）按下按钮，气缸1.0的活塞杆向前伸出，同时气缸2.0的活塞杆缩回复位；3s后，气缸1.0的活塞杆缩回复位，同时气缸2.0的活塞杆向前伸出；2s后，气缸1.0的活塞杆再次向前伸出，同时气缸2.0的活塞杆缩回复位，如此往复。

2）再次按下此按钮，气缸运动停止。

（2）气动回路构建　构建双气缸时间控制的气动回路如图8-1-3所示。

选择气动元件，见表8-1-1。

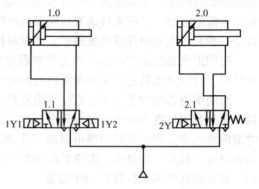

图 8-1-3　双气缸时间控制的气动回路

表 8-1-1　双气缸时间控制的气动元件

标　号	元件名称
1.0、2.0	双作用气缸
1.1	二位五通双电控换向阀
2.1	二位五通单电控换向阀

（3）控制电路连接　控制电路如图8-1-4所示。

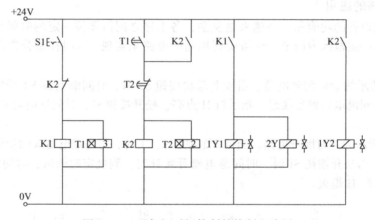

扫码看动画

图 8-1-4　双气缸时间控制的控制电路图

选择电气设备元件，见表8-1-2。

表 8-1-2　双气缸时间控制的电气设备元件

标　号	元件名称
S1	按钮（闭锁式）
K1、K2	中间继电器
T1、T2	时间继电器
1Y1、1Y2、2Y	电磁线圈

(4) 操作说明

1) 按下自锁按钮 S1，时间继电器 T1 开始计时，同时中间继电器 K1 通电，触点 K1 闭合，使电磁线圈 1Y1 和 2Y 通电，二位五通双电控换向阀 1.1 和二位五通单电控换向阀 2.1 换至左位，气缸 1.0 的活塞杆向前伸出，同时气缸 2.0 的活塞杆回缩复位。

2) 时间继电器 T1 延时 3s 后，其触点闭合，时间继电器 T2 开始计时，中间继电器 K2 通电；常闭触点 K2 断开，电磁线圈 1Y1 和 2Y 断电；常开触点 K2 闭合，1Y2 通电，气缸 1.0 的活塞杆缩回复位，同时气缸 2.0 的活塞杆向前伸出。

3) 时间继电器 T2 延时 2s 后，其触点断开，中间继电器 K2 断电，常闭触点 K2 闭合，进入下一循环。

4) 再次按下按钮 S1，动作循环结束，气缸运动停止。

(四) 任务小结

1) 时间继电器是一种实现延时控制的控制电器，当它接受了起动信号后开始计时，计时结束后它的工作触头进行断开或闭合的动作，从而推动后续的电路工作。

2) 延时电路通常分为延时闭合电路和延时断开电路两种。

3) 正确选择时间继电器及其工作触点类型，与其他电气元件组合使用，可以构建气缸运动的时间控制回路。

(五) 思考与练习

设计操作题

1) 简单时间控制回路的连接与调试。操作要求：
① 按下按钮 S1，延时 3s，指示灯 H 点亮。
② 按下按钮 S1，指示灯 H 点亮，延时 5s，指示灯 H 熄灭。

2) 气缸延时伸出，立即返回。操作要求：
① 按下按钮 S1，延时 2s，气缸活塞杆伸出。
② 活塞杆伸出到位后立即返回；活塞杆缩回到原位后再延时 2s，活塞杆再次伸出，如此循环……
③ 再次按下按钮 S1，气缸停止运动。

3) 气缸延时伸出，延时返回。操作要求：
① 按下按钮 S1，延时 2s，气缸活塞杆伸出。
② 活塞杆伸出到位后，延时 3s 返回；活塞杆缩回到原位后再延时 2s，活塞杆再次伸出，如此循环……
③ 按下按钮 S2，气缸停止运动。

任务二 压合装配机的控制

(一) 任务描述

本任务要求认识压合装配机的类型及控制方式。借助实训平台，对简易压合装置的电气动系统进行设计、调试、运行；基于企业典型案例，分析压合装配机的电气液联合控制系统的工作原理，比较继电器和 PLC 两种控制方式的区别。

(二) 任务目标

了解压合装配机的控制及应用,熟练掌握时间继电器及其他常用电气元件的组合使用方法,构建简易压合装置的气动和电气控制回路;掌握典型压合装配机电气液联合控制系统的分析方法。

(三) 任务实施

1. 简易压合装置的继电器控制

(1) 分析工作流程　图 8-2-1 所示为一个简易压合装置,其工作流程如下:

1) 将工件放在运送台上。
2) 按下按钮后,运送气缸 A 伸出。
3) 运送台到达行程末端时,压下气缸 B 下降,将工件压入。
4) 在工件压入状态保持时间 T。
5) 压入结束后,压下气缸 B 上升。
6) 压下气缸到达最高处后,运送气缸 A 后退。

(2) 绘制位移-步骤图　将两个气缸的顺序动作用位移-步骤图表示,如图 8-2-2 所示。由图 8-2-2 可知,该程序共有五个顺序动作:气缸 A 伸出→气缸 B 伸出→延时 T→气缸 B 缩回→气缸 A 缩回。

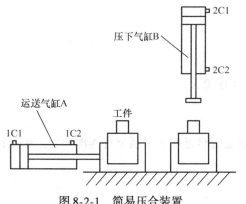

图 8-2-1　简易压合装置

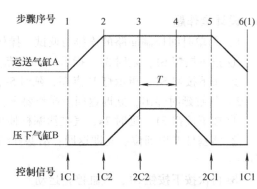

图 8-2-2　简易压合装置的位移-步骤图

(3) 绘制气动回路图　图 8-2-3 所示为工件压入装置的气动回路,其中运送气缸采用双电控阀控制,压下气缸采用单电控阀控制。

(4) 绘制继电器控制电路图　图 8-2-4 所示为简易压合装置中常用的继电器控制回路。

继电器控制系统的特点是动作状态比较清楚,但电路比较复杂,变更控制过程以及扩展比较困难,灵活性和通用性较差,主要适用于小规模的气动顺序控制系统。

2. 压合装配机的电气液联合控制

以某电冰箱厂蒸发器与内胆压合装配设

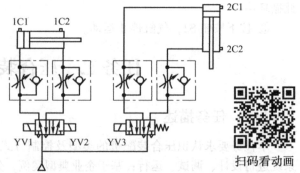

图 8-2-3　简易压合装置的气动回路图

扫码看动画

备为例,介绍电气液联合控制压合装配机的设计方案。

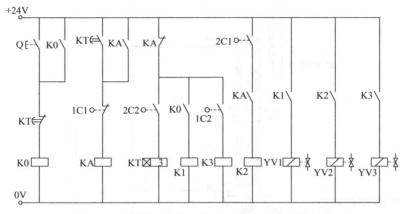

图 8-2-4 简易压合装置中常用的继电器控制电路

(1) 气动系统的组成 电冰箱厂在制作电冰箱的过程中需要将蒸发器与内胆压合,由于电冰箱内胆的结构尺寸较大,内胆和蒸发器装配时不但有定位要求,而且装配压合作用力需达到 3kN,并保压一段时间。为了实现该设备高出力、多动作、自动化操作为主等要求,现设计由多个执行元件组成的气动系统。图 8-0-1 所示为压合装配机的设备实物图。

图 8-2-5 所示为压合装配机的气动系统原理。

该系统由完成压合的气液增压缸 A、内胆定位阻挡气缸 B、蒸发器定位气缸 C、提升内胆的顶板气缸 D 和支承内胆的插板气缸 E 组成,各气缸的运动方向由电控换向阀控制,运动速度由单向节流阀调节。

气源供气压力达 0.6~0.7 MPa,主要气动元件选用 MARTO 和 SMC 产品,各气缸的型号规格分别为:增压缸 A(MPT63-200-20-3T),气缸 B(CP95SDB40-100),气缸 C(CP95SDB40-75-Z73L),气缸 D(CP95SDB80-500-Z73L),气缸 E(CP95SDB50-75-Z73L)。

(2) 工作原理分析

1) 气液增压缸的工作过程。

① 空行程。当电磁铁 7YA 通电时,换向阀 4 左位工作,增压缸 A 的 a2、a3 进气,a1、a4 排气,增压活塞向上缩回,工作活塞快速向下带动工作部件实现空运行。

② 增压行程。当电磁铁 7YA 和 8YA 同时通电时,阀 4 和阀 5 同时左位工作,缸 A 的 a1、a3 进气,a2、a4 排气,增压活塞下行,使工作活塞上腔压力增大,工作活塞继续下行,并输出大推力,工作部件完成压合装配动作。

③ 返回行程。当电磁铁 7YA 和 8YA 同时断电时,阀 4 和阀 5 右位工作,缸 A 的 a2、a4 进气,a1、a3 排气,增压活塞和工作活塞同时向上运动,工作部件处于返回复位状态。

2) 阻挡气缸的伸缩运动。阻挡气缸用于限定内胆左右方向的定位,它由二位五通单电控换向阀 6 控制,该阀的电磁铁 9YA 由光电感传感器和 PLC 控制。当 9YA 断电时,该阀处于常态位(左位),阻挡气缸 B 的活塞保持向上伸出状态,当电冰箱内胆沿导向槽被推入时,阻挡气缸 B 限制其前行,起限位作用;当 9YA 通电时,阀 6 右位工作,阻挡气缸 B 的活塞向下缩回。由于阻挡气缸 B 的活塞伸出时间远长于缩回时间,因此选用弹簧复位式单电控阀控制。

3) 顶板气缸的升降运动。当电冰箱内胆传送到位后,需要由顶板气缸 D 驱动顶板上升,以

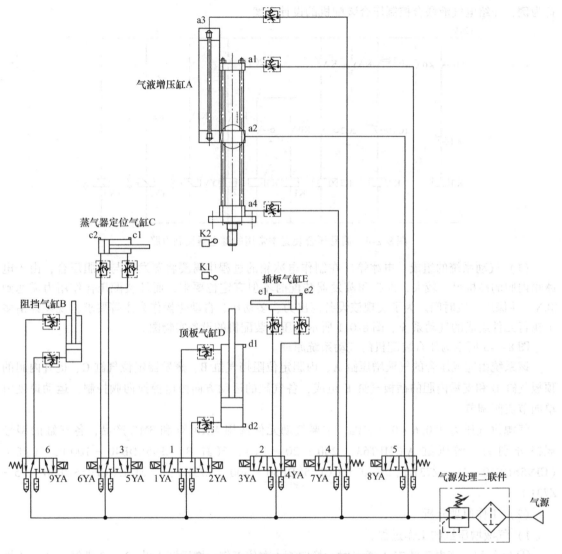

图 8-2-5 压合装配机的气动系统原理

便托住内胆。此处,采用三位五通双电控换向阀 1 进行控制,当 2YA 通电时,顶板上升,托住内胆;当 1YA 通电时,顶板下降,顶板脱离内胆;当 1YA、2YA 都断电时,顶板可以停留在任意位置,以便在紧急情况下停止动作,确保安全可靠。

4)插板气缸的伸缩运动。在顶板上升托住电冰箱内胆的同时,为了防止受压后顶板下落,所以设计了插板气缸 E,该气缸由二位五通双电控换向阀 2 控制。当 3YA 通电时,插板伸出,插入顶板底部,防止托板下降;当 4YA 通电时,插板退回。

5)蒸发器定位气缸的进退运动。蒸发器定位气缸 C 的进退运动由二位五通双电控换向阀 3 控制。当 5YA 通电时,气缸活塞向外伸,实现蒸发器的定位;当 6YA 通电时,气缸活塞向内退回,使定位元件离开蒸发器,避免压合装配过程中的碰撞,防止定位元件和蒸发器之间发生摩擦磨损。

(3)工作过程控制 压合装配机的气动系统中,气液增压缸 A 的工作过程由行程开关 K1、K2 控制;阻挡气缸 B 动作的信号控制元件是光电传感器;蒸发器定位气缸 C、顶板气缸 D、插板气缸 E 的两端均装有磁性开关，而且均采用双电控换向阀控制，具有断电保持功能。

在实际应用中，欲完成电冰箱蒸发器和电冰箱内胆的压合装配作业，其工作流程如图 8-2-6 所示。

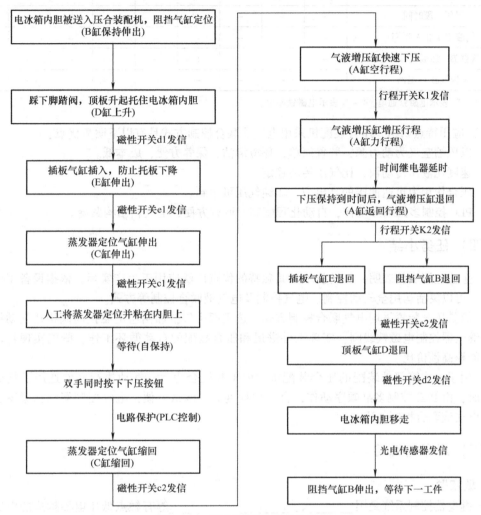

图 8-2-6　压合装配机的工作流程

与压合装配机气动执行元件动作顺序相对应的各电磁铁的动作顺序见表 8-2-1。压合装配机的动作程序由 PLC 控制，工作可靠、控制方便。

表 8-2-1　压合装配机电磁铁动作顺序表

动 作 程 序	1YA	2YA	3YA	4YA	5YA	6YA	7YA	8YA	9YA
阻挡气缸 B 伸出	−	−	−	−	−	−	−	−	−
顶板气缸 D 上升	+	−	−	−	−	−	−	−	−
插板气缸 E 伸出	−	−	+	−	−	−	−	−	−
蒸发器定位气缸 C 伸出	−	−	−	−	+	−	−	−	−
蒸发器定位气缸 C 缩回	−	−	−	−	−	+	−	−	−
气液增压缸 A 空行程	−	−	−	−	−	−	+	−	−

(续)

动作程序	1YA	2YA	3YA	4YA	5YA	6YA	7YA	8YA	9YA
气液增压缸 A 增压行程	-	-	-	-	-	-	+	+	-
保压一段时间	-	-	-	-	-	-	+	+	-
气液增压缸 A 返回	-	-	-	-	-	-	-	-	-
阻挡气缸 B、插板气缸 E 退回	-	-	-	+	-	-	-	-	+
顶板气缸 D 退回	-	+	-	-	-	-	-	-	-

注："+"表示电磁铁通电，"-"表示电磁铁断电。

(4) 应用特点归纳　压合装配机采用电气液联合控制方式具有以下明显优点：
1) 以压缩空气为动力源，装置简单，环境清洁，保养方便，成本低。
2) 速度比液压传动快，比气压传动稳定。
3) 压合作用力可达油压的高出力，非纯气压可达到。
4) PLC 控制多缸顺序动作，自动化程度高，调试方便，电气箱结构紧凑。

(四) 任务小结

1) 企业应用实例表明：气动技术以其独特的优点广泛应用于生产实际，依据设备工作的具体要求，可以灵活运用全气动控制、电气控制及电气液联合控制等方式。

2) 简易压合装置采用电气联合控制方式。选用两个气缸和两组电磁换向阀构建气动换向回路，用继电器控制电磁铁线圈，实现工件进退和压合装配的自动循环工作，既能实现自动化操作，又能提高性价比。

3) 用于电冰箱部件装配的压合装配机，由于其压合力大，气动执行元件选用了气液增压缸，同时，由 PLC 控制多缸顺序动作，自动化程度高，调试方便，电气控制箱结构紧凑，充分体现了电气液联合控制的优越性。

(五) 思考与练习

1. 填空题

1) 继电器控制系统是用_____、_____、_____等有触点低压电器构成的电器控制系统。

2) 继电器控制系统的特点是动作状态比较清楚，但电路比较复杂，变更控制过程以及扩展比较困难，灵活性和通用性较差，主要适用于_____的气动顺序控制系统。

3) 以压缩空气为动力源，要求输出较稳定运动和高出力时，可以选择_____作为执行元件。

2. 判断题

1) 继电器控制电路中使用的主要元件为电磁继电器。　　　　　　　　　(　　)
2) 梯形图是利用气动元件符号进行顺序控制系统设计的最常用的一种方法。(　　)
3) 在气动顺序控制系统中，不管系统多么复杂，其电路都是由一些基本的控制电路组成的。　　　　　　　　　　　　　　　　　　　　　　　　　　　(　　)
4) 全气动控制方式是一种从控制到操作全部采用气动元件来实现的一种控制方式，该系统无需控制电路，使用比较方便。　　　　　　　　　　　　　　　　(　　)

3. 选择题

1）全气动系统中不属于其主要控制元件的是_____。

A. 起动阀　　　　B. 梭阀　　　　C. 延时阀　　　　D. 时间继电器

2）液压增压缸的输出力大小与_____的二次方成反比。

A. 压缩空气的压力　　　　　　B. 增压活塞的直径

C. 工作活塞的直径　　　　　　D. 增压活塞杆的直径

3）_____是顺序控制系统的核心部分。

A. 指令部分　　　B. 控制器　　　C. 操作部分　　　D. 执行机构

4. 问答题

1）全气动顺序控制系统主要采用哪些控制元件以实现顺序动作？

2）继电器控制气动系统的电路主要由哪些基本控制电路组成？

3）简述电气液联合控制气动系统的优越性。

项目九 卧式加工中心液压气动系统的维护与维修

图 9-0-1 所示为纽威数控装备（苏州）有限公司生产的 HM634TP 卧式加工中心，该设备的工作台进退、刀具松夹、刀库的运作等均采用了液压装置，主轴孔吹气、自动门开关等采用了气动装置。为了确保设备的正常运行，需掌握液压与气动系统维护保养、故障处理的基本方法。

图 9-0-1　HM634TP 卧式加工中心

任务一　液压系统的使用与维护

（一）任务描述

本任务要求能正确安装及调试液压设备，熟悉液压系统的使用注意事项，对液压设备进行定期维护保养，对液压系统的故障进行诊断与排查。

（二）任务目标

了解液压系统安装与调试的操作步骤，熟悉液压设备的使用与维护方法，掌握液压系统常见故障及其排除方法。

(三) 任务实施

1. 液压系统的安装及调试

(1) 液压系统的安装

1) 安装前的准备工作和要求。液压系统的安装应按液压系统的工作原理图、系统管道连接图以及有关的泵、阀、辅助元件使用说明书的要求进行。安装前应对上述资料进行仔细分析，了解工作原理及元件、部件、辅件的结构和安装使用方法等，按图样准备好所需的液压元件、部件、辅件，并进行认真检查，看元件是否完好、灵活，仪器仪表是否灵敏、准确、可靠。检查密封件型号是否合乎图样要求和完好。管件应符合要求，有缺陷应及时更换，油管应清洗及干燥。

2) 液压元件的安装与要求。

① 安装各种泵和阀时，必须注意各油口的位置不能接错，各接口要紧固，密封要可靠，不得漏油。

② 液压泵输入轴与电动机驱动轴的同轴度应控制在 $\phi 0.1$ mm 以内；安装好后用手转动时，应轻松无卡滞现象。

③ 液压缸安装时应使活塞杆（或柱塞）的轴线与运动部件导轨面平行度控制在 0.1mm 以内；安装好后，用手推拉工作台时，应灵活轻便无局部卡滞现象。

④ 方向阀一般应保持水平安装，蓄能器一般应保持轴线竖直安装。

⑤ 各种仪表的安装位置应考虑便于观察和维修。

⑥ 阀件安装前后应检查各控制阀移动或转动是否灵活，若出现卡滞现象，应查明是否由于脏物、锈斑、平直度不好或紧固螺钉扭紧力不均衡使阀体变形等引起，应通过清洗、研磨、调整加以消除，如不符合要求应及时更换。

3) 液压管道的安装与要求。

① 管道的布置要整齐，油路走向应平直、距离短，直角转弯应尽量少，同时应便于拆装、检修。各平行与交叉的油管间距离应大于10mm，长管道应用支架固定。各油管接头要固紧可靠，密封良好，不得出现泄漏。

② 吸油管与液压泵吸油口处应涂以密封胶，以保证良好的密封；液压泵的吸油高度一般不大于500mm；吸油管路上应设置过滤器，过滤精度为 0.1~0.2mm，要有足够的通油能力。

③ 回油管应插入油面以下有足够的深度，以防飞溅形成气泡，伸入油中的一端管口应切成45°，且斜口向箱壁一侧，使回油平稳，便于散热；凡外部有泄油口的阀（如减压阀、顺序阀等），其泄油路不应有背压，应单独设置泄油管通油箱。

④ 溢流阀的回油管口与液压泵的吸油管口不能靠得太近，以免吸入温度较高的油液。

(2) 液压系统的调试

1) 空载调试。空载调试的目的是全面检查液压系统各回路、各液压元件工作是否正常，工作循环或各种动作的自动转换是否符合要求，其步骤如下：

① 起动液压泵，检查泵在卸荷状态下的运转。正常后，即可使其在工作状态下运转。

② 调整系统压力，在调整溢流阀压力时，压力从零开始，逐步提高使之达到规定压力值。

③ 调整流量控制阀，先逐步关小流量阀，检查执行元件能否达到规定的最低速度及平稳性，然后按其工作要求的速度来调整。

④ 将排气装置打开，使运动部件速度由低到高，行程由小至大运行，然后运动部件全程快速往复运动，以排出系统中的空气，空气排尽后将排气装置关闭。

⑤ 调整自动工作循环和顺序动作，检查各动作的协调性和顺序动作的正确性。

⑥ 各工作部件在空载条件下，按预定的工作循环或工作顺序连续运转 2~4h 后，应检查油温及液压系统所要求的精度（如换向、定位、停留等），一切正常后，方可进入负载调试。

2) 负载调试。负载调试是使液压系统在规定的负载条件下运转，进一步检查系统的运行质量和存在的问题，检查机器的工作情况，安全保护装置的工作效果，有无噪声、振动和外泄漏等现象，系统的功率损耗和油液温升等。

负载调试时，一般先在低于最大负载和速度的情况下调试，如果轻载调试一切正常，才逐渐将压力阀和流量阀调节到规定值，以进行最大负载和速度调试，以免调试时损坏设备。若系统工作正常，即可投入使用。

2. 液压系统的使用及维护

（1）液压油的污染与防护　对液压油的污染控制工作主要是从两个方面着手：一是防止污染物侵入液压系统；二是把已经侵入的、内部固有的或内部产生的污染物从系统中清除出去。为防止油液污染，在实际工作中常采取如下措施：

1) 对新油进行过滤净化。

2) 使液压系统在装配后、运转前保持清洁。

3) 使液压油在工作中保持清洁。液压系统应保持严格的密封，防止空气、水分和各种固体颗粒的侵入。

4) 及时更换液压油。液压系统的油液更换一般采用以下方式：

① 定期更换。一般每隔 2000~4000h 更换一次油。

② 按照规定的换油性能指标或根据化验结果，科学地确定是否需要换油。

③ 更换新油前，油箱必须先清洗一次。

5) 采用合适的过滤器，对一些重要的回路采用高精度过滤器，并定期检查和清洗过滤器。

6) 控制液压油的工作温度。液压油的工作温度过高不但对液压装置不利，而且会加速液压油的老化变质，缩短其使用期限。一般液压系统的工作温度最好控制在 65℃ 以下，机床液压系统则应控制在 55℃ 以下。

（2）液压系统的使用注意事项　在实际工作中，除了必须采取各种措施控制油液的污染外，还应注意以下事项：

1) 液面：必须经常检查液面并及时补油。

2) 过滤器：对于不带堵塞指示器的过滤器，一般每隔 1~6 个月更换一次。对于带堵塞指示器的过滤器，要不断监视。

3) 蓄能器：只准向充气式蓄能器中充入氮气。

4) 定期检查、调整：所有压力控制阀、流量控制阀、泵调节器及压力继电器、行程开关、热继电器之类的信号装置，都要进行定期检查、调整。

5) 冷却器：冷却器的积垢要定期清理。

6) 设备若长期不用，应将各调节旋钮全部放松，防止弹簧产生永久变形而影响元件的性能。

（3）液压系统的维护保养　对液压系统的维护保养应分以下三个阶段：

1) 日常检查：也称点检，是减少液压系统故障最重要的环节，主要是操作者在使用中经常通过目视、耳听及手触等比较简单的方法，在泵起动前、起动后和停止运转前检查油量、油温、油质、压力、泄漏、噪声及振动等情况。出现不正常现象应停机检查原因，及时排除。

2）定期检查：也称定检，为保证液压系统正常工作以及提高其寿命与可靠性，必须进行定期检查，以便早日发现潜在的故障，及时进行修复和排除。定期检查的内容包括调整日常检查中发现而又未及时排除的异常现象，潜在的故障预兆，并查明原因给予排除。对规定必须定期维修的基础部件，应认真检查加以保养，对需要维修的部位，必要时分解检修。定期检查的时间一般与过滤器的检修间隔时间相同，约三个月。

3）综合检查：综合检查大约每年一次，其主要内容是检查液压装置的各元件和部件，判断其性能和寿命，并对产生的故障进行检修或更换元件。

（4）液压系统的故障排除　在确定了液压系统故障部位和产生故障的原因后，应本着"先外后内""先调后拆""先洗后修"的原则，制订出修理工作的具体措施。液压系统的常见故障、产生原因及排除方法见表9-1-1。

表9-1-1　液压系统的常见故障、产生原因及排除方法

常见故障	产生原因	排除方法
系统中压力不足或完全没有压力	检查液压泵是否存在如下问题： 1）转向错误 2）进油管或排油管泄漏 3）液压泵零件磨损或损坏	1）改正转向 2）保证接合处密封 3）修复或更新
	检查溢流阀是否存在如下问题： 1）压力调整错误 2）溢流阀被脏物卡住不能关闭 3）弹簧变形或折断	1）调整正确 2）清洗干净，使阀芯动作灵活 3）更换弹簧
	检查液压缸是否存在如下问题： 1）密封间隙过大 2）密封圈损坏	1）修配活塞 2）更换密封圈
	检查压力表是否失灵	更换压力表
	检查蓄能器内是否有空气泄漏	修复漏气处，充气
	油路集成块开孔有误	检查修理油路集成块
	油液通过系统内的某个阀返回油箱	检查各阀的动作，改正不良工作状况
工作机构运动速度不够或完全不动	液压泵供油不足： 1）泵转向错误 2）泵转速不足	1）改正泵转向 2）增加转速
	液压泵吸油量不足： 1）吸油管或吸油过滤网堵塞 2）吸油管密封不好 3）泵安装位置过高 4）油的黏度过高 5）油箱内液面过低	1）清洗过滤网 2）检查管道连接部分，清除泄漏 3）降低安装高度 4）降低油的黏度 5）向油箱加油至适当的液面高度
	变量泵流量调整太小	调整变量机构，增大流量
	液压泵内部机构磨损或损坏	修理或更换元件

（续）

常见故障	产生原因	排除方法
系统产生噪声和振动	液压泵故障： 1）齿轮泵的齿形精度不够高 2）叶片泵的叶片配合不良 3）柱塞泵柱塞移动不灵或被卡死	1）修复或更换 2）修复或更换 3）修复或更换
	液压泵吸空： 1）补油泵供油不足 2）泵进油口管路漏气 3）吸油管浸入油面太少 4）泵吸油高度过高 5）过滤器堵塞或通流面积过小 6）油箱中的油液不足 7）油液黏度过大	1）检查补油泵 2）拧紧进油口螺母 3）吸油口应浸入油箱液面高度2/3处 4）应小于500mm 5）经常清洗或增大通流面积 6）加油 7）降低油液黏度
	溢流阀动作失灵： 1）阻尼孔被堵塞 2）弹簧变形、卡死或损坏 3）阀座损坏，配合间隙不合适	1）清洗，换油 2）更换弹簧 3）修研阀座
	机械振动： 1）油管振动 2）油管互相碰击 3）液压泵与电动机安装不同心 4）液压泵和电动机的振动引起共振 5）系统进入空气	1）适当加设支承 2）将碰击的油管分开 3）重新安装联轴器，保证同心度误差小于0.1mm 4）平衡各运转部件 5）排除系统内的空气
工作机构产生爬行现象	空气进入系统： 1）液压泵吸空 2）液压缸两端油封不严密	1）见"液压泵吸空"的排除方法 2）调整油封，或拧紧液压缸两端螺母
	液压组件故障： 1）节流阀性能不好，最小流量不稳定 2）板式阀内部串腔 3）液压缸拉毛	1）更换节流阀 2）检修排除 3）修磨液压缸
	导轨精度不够，局部阻力变化大，接触不良，油膜不易形成	修复导轨至规定精度
	油液不干净	保持系统清洁，换油
	回油无背压	使回油增加背压

(续)

常见故障	产生原因	排除方法
液压系统中的油温过高	系统的油压调整不当，比实际需要的高得多	合理调整系统的压力
	泵与阀漏损多，容积损失大	修理泄漏处，严防泄漏
	泵、阀运动件的机械摩擦生热	改善润滑条件，注意加工精度
	油箱： 1）油箱容积小，散热差 2）油箱内油量不足	1）加大油箱容积，改善散热条 2）加油
	冷却器： 1）冷却器容量不足 2）冷却水量不足	1）加大冷却器 2）加大冷却水量
	加热器工作不良引起发热	检修加热器
	管路的阻力大	采用适当的管径
	周围环境温度高，由其他热源传来的辐射热	减少或隔离外界热量

（四）任务小结

1）科学、合理、正确地使用液压系统，对液压系统能不能充分发挥其工作效益、减少故障发生、延长液压系统的使用寿命有直接关系。

2）液压系统的安装应按液压系统工作原理图、系统管道连接图以及有关的泵、阀、辅助元件使用说明书的要求进行。

3）液压系统使用中必须采取各种措施控制油液的污染，同时需定期进行维护保养。

4）当液压系统出现故障时，首先应分析其产生原因，有针对性地进行排查。

（五）思考与练习

1. 填空题

1）液压系统的安装与调试正确与否直接影响液压系统工作的_____和_____。

2）防止液压油污染的主要措施：防止_____侵入液压系统，把已经侵入或存在于液压系统内部的_____清除出去。

3）液压系统的维护保养分为_____、_____、_____三个阶段。

4）液压系统故障诊断与排除一般遵循_____、_____、_____的原则。

2. 判断题

1）液压泵转向错误可能导致系统中没有压力、工作机构无法运动。（   ）

2）液压工作机构产生爬行的原因是油液不干净。（   ）

3）液压元件的安装应注意接口紧固、密封可靠。（   ）

3. 选择题

1）液压泵吸油高度一般不大于_____mm。

A. 50　　　　　　B. 100　　　　　　C. 500　　　　　　D. 1000

2）液压系统产生噪声和振动的原因是_____。

A. 液压泵吸空　　B. 油温过高　　C. 液压缸磨损　　D. 液压泵转向错误
3) 溢流阀因阻尼孔堵塞而导致动作失灵应采取的措施是_____。
A. 更换溢流阀　　B. 更换弹簧　　C. 修研阀座　　D. 清洗、换油

4. 问答题
1) 简述液压系统正确安装与使用的重要性。
2) 布置液压系统回油管时应注意哪些问题？
3) 简述液压系统空载调试的主要步骤。
4) 液压系统正常使用过程中有哪些注意事项？

任务二　气动系统的使用与维护

（一）任务描述

本任务要求能正确安装及调试气动设备，熟悉气动系统的维护保养，对气动系统的故障进行诊断与排查，熟悉气动系统维修的工作流程。

（二）任务目标

了解气动系统使用与维护的基本知识，掌握气动系统常见故障诊断与排除的方法，以便在实际工作中能解决问题。

（三）任务实施

1. 气动系统的维护保养

气动设备如果不注意维护保养，就会频繁发生故障或过早损坏，使其使用寿命大大降低，因此必须进行及时的维护保养工作。在对气动装置进行维护保养时，应针对发现的事故征兆及时采取措施，这样可减少和防止故障的发生，延长元件和系统的使用寿命。

（1）经常性维护工作　经常性维护工作是指每天必须进行的维护工作，主要包括冷凝水排放、检查润滑油和空气压缩机系统的管理等。

1) 冷凝水排放。冷凝水排放涉及整个气动系统，从空气压缩机、后冷却器、储气罐、管道系统直到各处的空气过滤器、干燥器和自动排水器等。在作业结束时，应当将各处的冷凝水排放掉，以防夜间温度低于0℃时导致冷凝水结冰。由于夜间管道内温度下降，会进一步析出冷凝水，故气动装置在每天运转前，也应将冷凝水排出。并要注意察看自动排水器是否工作正常，水杯内不应存水过量。

2) 检查润滑油。在气动装置运转时，应检查油雾器的滴油量是否符合要求，油色是否正常，即油中不要混入灰尘和水分。

3) 空气压缩机系统的管理。对空气压缩机系统的管理是指检查空气压缩机系统是否向后冷却器供给了冷却水（指水冷式）；检查空气压缩机是否有异常声音和异常发热现象，检查润滑油油位是否正常。

（2）定期性维护工作　定期性维护工作是指可以在每周、每月或每季度进行的维护工作。

1) 每周维护工作。每周维护工作的主要内容是漏气检查和油雾器管理，目的是及早地发现事故的征兆。

① 漏气检查：漏气检查应在白天车间休息的空闲时间或下班后进行。这时气动装置已停止

工作,车间内噪声小,但管道内还有一定的空气压力,根据漏气的声音便可知何处存在泄漏。严重泄漏处必须立即处理,如软管破裂、连接处严重松动等。

② 油雾器管理:油雾器最好选用一周补油一次规格的产品。补油时,要注意油量减少的情况。若耗油量太少,应重新调整滴油量;调整后滴油量仍少或不滴油,应检查油雾器进、出口是否装反、油道是否堵塞、所选油雾器的规格是否合适。

2) 每月或每季度的维护工作。每月或每季度的维护工作应比每日和每周的维护工作更仔细,但仍限于外部能够检查的范围。每月或每季度的维护工作内容见表9-2-1。

表9-2-1 每月或每季度的维护工作内容

元 件	维 护 内 容
减压阀	当系统的压力为零时,观察压力表的指针能否回零;旋转手柄,压力可否调整
安全阀	使压力高于设定压力,观察安全阀能否溢流
换向阀	检查排气口油雾喷出量,有无冷凝水排出,有无漏气
电磁阀	检查电磁线圈的温升,阀的切换动作是否正常
速度控制阀	调节节流阀开度,能否对气缸进行速度控制或对其他元件进行流量控制
自动排水器	能否自动排水,手动操作装置能否正常动作
过滤器	过滤器两侧压差是否超过允许压降
压力开关	在最高和最低的设定压力下,观察压力开关能否正常接通和断开
压力表	观察各处压力表指示值是否在规定范围内
空气压缩机	检查入口过滤器网眼有否堵塞
气缸	检查气缸运动是否平稳,速度和循环周期有无明显变化,气缸安装架是否有松动和异常变形,活塞杆连接有无松动,活塞杆部位有无漏气,活塞杆表面有无锈蚀、划伤和磨损

2. 气动系统的故障诊断与排除

在气动系统的维护过程中,常见故障都有其产生原因和相应排除方法。了解和掌握这些故障现象、产生原因和排除方法,可以协助维护人员快速解决问题。

(1) 压力异常 气动系统压力异常的故障现象、产生原因及排除方法见表9-2-2。

表9-2-2 气动系统压力异常的故障现象、产生原因及排除方法

故障现象	产 生 原 因	排 除 方 法
气路无气压	气动回路中的开关阀、起动阀、速度控制阀等未打开	予以开启
	换向阀未换向	查明原因后排除
	管路扭曲、压扁	纠正或更换管路
	滤芯堵塞或冻结	更换滤芯
	介质或环境温度太低,造成管路冻结	及时清除冷凝水,增设除水设备

(续)

故障现象	产生原因	排除方法
供压不足	耗气量太大，空气压缩机输出流量不足	选择流量合适的空气压缩机或增设一定容积的储气罐
	空气压缩机的活塞环等磨损	更换零件
	漏气严重	更换损坏的密封件或软管，紧固管接头及螺钉
	减压阀输出压力低	调节减压阀至使用压力
	速度控制阀开度太小	将速度控制阀打开到合适开度
	管路细长或管接头选用不当	重新设计管路，加粗管径，选用流通能力大的管接头及气阀
	各支路流量匹配不合理	改善各支路流量匹配性能，采用环形管道供气
异常高压	因外部振动冲击产生冲击压力	在适当部位安装安全阀或压力继电器
	减压阀损坏	更换

(2) 气动控制阀的故障　气动控制阀的常见故障有减压阀故障、溢流阀故障及换向阀故障等。

1) 减压阀的故障现象、产生原因及排除方法见表 9-2-3。

表 9-2-3　减压阀的故障现象、产生原因及排除方法

故障现象	产生原因	排除方法
阀体漏气	密封件损坏	更换密封件
	弹簧松弛	调紧弹簧
压力调不高	调压弹簧断裂	更换弹簧
	膜片撕裂	更换膜片
	阀口径太小	换阀
	阀下部积存冷凝水	排除积水
	阀内混入异物	清洗阀
压力调不低，出口压力升高	复位弹簧损坏	更换弹簧
	阀杆变形	更换阀杆
	阀座处有异物、伤痕，阀芯上密封垫剥离	清洗阀和过滤器，调换密封圈
输出压力波动大或变化不均匀	减压阀通径或进出口配管通径选小了，当输出流量变动时，输出压力波动大	根据最大输出流量选用阀或配管通径
	进气阀芯或阀座间导向不良	更换阀芯或修复
	弹簧的弹力减弱，弹簧错位	更换弹簧
	耗气量变化使阀频繁起闭阀引起的共振	尽量稳定耗气量

(续)

故障现象	产生原因	排除方法
溢流孔处向外漏气	溢流阀座有伤痕	更换溢流阀座
	膜片破裂	更换膜片
	出口侧压力意外升高	检查输出侧回路
溢流口不溢流	溢流阀座孔堵塞	清洗检查阀及过滤器
	溢流孔座橡胶垫太软	更换橡胶垫

2）溢流阀的故障现象、产生原因及排除方法见表9-2-4。

表9-2-4 溢流阀的故障现象、产生原因及排除方法

故障现象	产生原因	排除方法
压力超过调定值，但不溢流	阀内部孔堵塞，导向部分进入杂质	清洗阀
压力阀虽没有超过调定值，但溢流口处却已有气体溢出	阀内进入杂质	清洗阀
	膜片破裂	更换膜片
	阀座损坏	调换阀座
	调压弹簧损坏	更换弹簧
溢流时发生振动	压力上升慢，溢流阀放出流量多	出口处安装针阀，微调溢流量，使其与压力上升量匹配
	从气源到溢流阀之间被节流，阀前部压力上升慢	增大气源到溢流阀的管道通径
阀体和阀盖处漏气	膜片破裂	更换膜片
	密封件损坏	更换密封件
压力调不高	弹簧损坏	更换弹簧
	膜片破裂	更换膜片

3）换向阀的故障现象、产生原因及排除方法见表9-2-5。

表9-2-5 换向阀的故障现象、产生原因及排除方法

故障现象	产生原因	排除方法
不能换向	阀的滑动阻力大，润滑不良	进行润滑
	密封圈变形，摩擦力增大	更换密封圈
	杂质卡住滑动部分	清除杂质
	弹簧损坏	调换弹簧
	膜片破裂	更换膜片
	阀操纵力太小	检查阀的操纵部分
	阀芯锈蚀	调换阀或阀芯
	阀芯另一端有背压（放气小孔被堵）	清洗阀
	配合太紧	重新装配

(续)

故障现象	产生原因	排除方法
电磁铁有蜂鸣声	铁心吸合面上有脏物或生锈	清除脏物或锈屑
	活动铁心的铆钉脱落、铁心叠层分开不能吸合	更换活动铁心
	杂质进入铁心的滑动部分，使铁心不能紧密接触	清除进入电磁铁内的杂质
	短路环损坏	更换固定铁心
	弹簧太硬或卡死	调整或更换弹簧
	电压低于额定电压	调整电压到规定值
	外部导线拉得太紧	使用有多余长度的引线
线圈烧毁	环境温度高	按规定温度范围使用
	换向过于频繁	改用高频阀
	吸引时电流过大，温度升高，绝缘破坏短路	用气控阀代替电磁阀
	杂质夹在阀和铁心之间，活动铁心不能吸合	清除杂质
	线圈电压不合适	使用正常电源电压，使用符合电压的线圈
阀漏气	密封件磨损、尺寸不合适、扭曲或歪斜	更换密封件、正确安装
	弹簧失效	更换弹簧

（3）气动执行元件的故障　气缸的常见故障现象、产生原因及排除方法见表9-2-6。

表 9-2-6　气缸的故障现象、产生原因及排除方法

故障现象		产生原因	排除方法
气缸漏气	活塞杆处	导向套、活塞杆密封圈磨损	更换导向套和密封圈
		活塞杆有伤痕、腐蚀	更换活塞杆、清除冷凝水
		活塞杆和导向套的配合处有杂质	去除杂质，安装防尘圈
	缸体与端盖处	密封圈损坏	更换密封圈
		固定螺钉松动	紧固螺钉
	缓冲阀处	密封圈损坏	更换密封圈
	活塞两侧串气	活塞密封圈损坏	更换密封圈
		活塞被卡住	重新安装，消除活塞的偏载
		活塞配合面有缺陷	更换零件
		杂质挤入密封面	除去杂质

（续）

故障现象	产生原因	排除方法
气缸不动作	外负载太大	提高压力、加大缸径
	有横向载荷	使用导轨消除
	安装不同轴	保证导向装置的滑动面与气缸轴线平行
	活塞杆或缸筒锈蚀、损伤而卡住	更换并检查排污装置及润滑状况
	润滑不良	检查给油量、油雾器规格和安装
	混入冷凝水、油泥、灰尘使运动阻力增大	检查气源处理系统是否符合要求
	混入灰尘等杂质，造成气缸卡住	注意防尘
气缸动作不平稳	外负载变动大	提高使用压力或增大缸径
	气压不足	见表9-2-2
	空气中含有杂质	检查气源处理系统是否符合要求
	润滑不良	检查油雾器是否正常工作
气缸爬行	低于最低使用压力	提高使用压力
	气缸内泄漏大	排除泄漏
	回路中耗气量变化大	增设储气罐
	负载太大	增大缸径
气缸走走停停	限位开关失控	更换开关
	继电器接点已到使用寿命	更换
	接线不良	检查并拧紧接线螺钉
	触头接触不良	插紧或更换
	电磁阀换向动作不良	更换
	气液缸的油中混入空气	除去油中的空气
气缸动作速度太快	没有速度控制阀	增设速度控制阀
	速度控制阀尺寸不合适	选择调节范围合适的阀
	回路设计不合理	使用气液阻尼缸或气液转换器来控制低速运动
气缸动作速度太慢	气压不足	提高压力
	负载过大	提高使用压力或增大缸径
	速度控制阀开度太小	调整速度控制阀的开度
	供气量不足	查明气源与气缸之间节流太大的元件，更换大通径的元件或使用快排阀让气缸迅速排气
	气缸摩擦力增大	改善润滑条件
	缸筒或活塞密封圈损伤	更换密封圈
气缸行程终端存在冲击现象	无缓冲措施	增设合适的缓冲措施
	缓冲密封圈密封性差	更换密封圈
	缓冲节流阀松动、损伤	调整锁定、更换
	缓冲能力不足	重新设计缓冲机构

(续)

故障现象	产生原因	排除方法
气液联用缸内产生气泡	因漏油造成油量不足	解决漏油，补足油量
	油路中节流最大处出现气蚀	防止节流过大
	油中未加消泡剂	加消泡剂

（4）气动辅件的故障　气动辅件的故障主要有空气过滤器故障、油雾器故障、排气口和消声器故障以及密封圈损坏，见表9-2-7～表9-2-10。

表9-2-7　空气过滤器的故障现象、产生原因及排除方法

故障现象	产生原因	排除方法
漏气	排水阀自动排水失灵	修理或更换
	密封不良	更换密封件
压力降太大	滤芯过滤精度太高	更换过滤精度合适的滤芯
	滤芯网眼堵塞	用净化液清洗滤芯
	过滤器的公称流量小	更换公称流量大的过滤器
从输出端流出冷凝水	未及时排除冷凝水	定期排水或安装自动排水器
	自动排水器发生故障	修理或更换
	超出过滤器的流量范围	在适当流量范围内使用或更换大规格的过滤器
输出端出现异物	过滤器滤芯破损	更换滤芯
	滤芯密封不严	更换滤芯密封垫
	错用有机溶剂清洗滤芯	改用清洁的热水或煤油清洗
塑料水杯破损	在有机溶剂的环境中使用	使用不受有机溶剂侵蚀的材料
	空气压缩机输出某种焦油	更换空气压缩机润滑油或用金属杯
	对塑料有害的物质被空气压缩机吸入	用金属杯

表9-2-8　油雾器的故障现象、产生原因及排除方法

故障现象	产生原因	排除方法
不滴油或滴油量太小	油雾器装反了	改变安装方向
	通往油杯的空气通道堵塞，油杯未加压	检查修理，加大空气通道
	油道堵塞，节流阀未开启或开度不够	修理，调节节流阀开度
	通过流量小，压差不足以形成油滴	更换合适规格的油雾器
	油黏度太大	换油
	气流短时间间歇流动，来不及滴油	使用强制给油方式
油滴数无法减少	节流阀开度太大，节流阀失效	调至合理开度，更换节流阀
油杯破损	在有机溶剂的环境中使用	选用金属杯
	空气压缩机输出某种焦油	更换空气压缩机润滑油或用金属杯
漏气	油杯破裂	更换油杯
	密封不良	检修密封
	观察玻璃破损	更换观察玻璃

表 9-2-9 排气口和消声器的故障现象、产生原因及排除方法

故障现象	产生原因	排除方法
有冷凝水排出	忘记排放各处冷凝水	每天排放各处冷凝水，确认自动排水器能正常工作
	后冷却器能力不足	加大冷却水量，重新选型
	空气压缩机进气口潮湿或淋入雨水	调整空气压缩机位置，避免雨水淋入
	缺少除水设备	增设后冷却器、干燥器、过滤器等必要的除水设备
	除水设备太靠近空气压缩机，无法保证大量水分呈液态，不便排出	除水设备应远离空气压缩机
	空气压缩机油黏度低，冷凝水多	选用合适的空气压缩机油
	环境温度低于干燥器的露点	提高环境温度或重新选择干燥器
	瞬时耗气量太大，节流处温度下降太大	提高除水装置的除水能力
有灰尘排出	从空气压缩机入口和排气口混入灰尘等	空气压缩机吸气口装过滤器，排气口装消声器或洁净器，灰尘多时加保护罩
	系统内部产生锈屑、金属末和密封材料粉末	元件及配管应使用不生锈、耐蚀的材料，保证良好润滑条件
	安装维修时混入灰尘	安装维修时应防止铁屑、灰尘等杂质混入，安装完应用压缩空气充分吹洗干净
有油雾喷出	油雾器离气缸太远，油雾达不到气缸，阀换向时油雾便排出	油雾器尽量靠近需润滑的元件，提高其安装位置，选用微雾型油雾器
	一个油雾器供应多个气缸，很难均匀输入各气缸，多出的油雾便排出	改成一个油雾器只供应一个气缸
	油雾器的规格、品种选用不当，油雾送不到气缸	选用与气量相适应的油雾器规格

表 9-2-10 密封圈损坏的故障现象、产生原因及排除方法

故障现象	产生原因	排除方法
挤出	压力过高	避免高压
	间隙过大	重新设计
	沟槽不合适	重新设计
	放入的状态不良	重新装配
老化	温度过高，低温硬化，自然老化	更换密封圈
扭转	有横向载荷	消除横向载荷
表面损伤	摩擦损耗	检查空气质量、密封圈质量、表面加工精度
	润滑不良	改善润滑条件
膨胀	与润滑油不相容	换润滑油或更换密封圈材质
损坏黏着变形	压力过高	检查使用条件、安装尺寸和密封圈材质
	润滑不良	
	安装不良	

3. 气动系统的维修

气动系统中各类元件的使用寿命差别较大，如换向阀、气缸等有相对滑动部件的元件，其使用寿命较短。而许多辅助元件，由于可动部件少，使用寿命则较长。各种过滤器的使用寿命主要取决于滤芯寿命，这与气源处理后空气的质量关系很大。如急停开关这种不经常动作的阀，要保证其动作可靠性，就必须定期进行维护。因此，气动系统的维修周期，只能根据系统的使用频度，气动装置的重要性和日常维护、定期维护的状况来确定，一般是每年大修一次。

维修之前，应根据产品样本和使用说明书预先了解该元件的作用、工作原理和内部零件的运动状况。必要时，应参考维修手册。在拆卸之前应根据故障的类型来判断和估计哪一部分问题较多。

维修时，对日常工作中经常出问题的地方要彻底解决。对重要部位的元件、经常出问题的元件和接近其使用寿命的元件，宜按原样换成一个新元件。新元件通气口的保护塞在使用时才取下来。许多元件内仅仅是少量零件损伤，如密封圈、弹簧等，为了节省经费，这些零件只要更换一下就可以。

拆卸前，应清扫元件和装置上的灰尘，保持环境清洁。同时要注意必须切断电源和气源，确认压缩空气已全部排出后方能拆卸。仅关闭截止阀，系统中不一定已无压缩空气，因有时压缩空气被堵截在某个部位，所以必须认真分析并检查各个部位，并设法将余压排尽。如观察压力表是否回零，调节电磁先导阀的手动调节杆排气等。

拆卸时，要慢慢松动每个螺钉，以防元件或管道内有残压。一边拆卸，一边逐个检查零件是否正常而且应该以组件为单位进行。滑动部分的零件要认真检查，要注意各处密封圈和密封垫的磨损、损伤和变形情况。要注意节流孔、喷嘴和滤芯的堵塞情况。要检查塑料和玻璃制品有否裂纹或损伤。拆卸下来的零件要按组件顺序排列，并注意零件的安装方向，以便于今后装配。

更换的零件必须保证质量，锈蚀、损伤、老化的元件不得再用。必须根据使用环境和工作条件来选定密封件，以保证元件的气密性和工作的稳定性。

拆下来准备再用的零件，应放在清洗液中清洗。不得用汽油等有机溶剂清洗橡胶件、塑料件，可以使用优质煤油清洗。

零件清洗后，不准用棉丝、化纤品擦干，最好用干燥的清洁空气吹干，然后涂上润滑脂，以组件为单位进行装配。注意不要漏装密封件，不要将零件装反。螺钉拧紧力矩应均匀，力矩大小应合理。

安装密封件时应注意：有方向的密封圈不得装反，密封圈不得扭曲。为容易安装，可在密封圈上涂敷润滑脂。要保持密封件清洁，防止棉丝、纤维、切屑末、灰尘等附着在密封件上。安装时，应防止沟槽的棱角处、横孔处碰伤密封件（棱角应倒圆）。还要注意塑料类密封件几乎不能伸长，橡胶材料密封件也不要过度拉伸，以免产生永久变形。在安装带密封圈的部件时，注意不要碰伤密封圈。螺纹部分通过密封圈的，可在螺纹上卷上薄膜或使用插入用工具。活塞插入缸筒等筒壁上开孔的元件时，孔端部应倒角。

配管时，应注意不要将灰尘、密封材料碎片等异物带入管内。

装配好的元件要进行通气试验。通气时应缓慢升压到规定压力，并保证升压过程中气压达到规定压力都不漏气。

检修后的元件一定要试验其动作情况。譬如对气缸，开始将其缓冲装置的节流部分调到最小，然后调节速度控制阀使气缸以非常慢的速度移动，逐渐打开节流阀，使气缸达到规定速度。这样便可检查气阀、气缸的装配质量是否合乎要求。若气缸在最低工作压力下动作不灵活，必须仔细检查安装情况。

(四) 任务小结

1) 气动系统的维护工作可以分为经常性维护和定期性维护,做好气动系统的维护保养工作,可以减少和防止故障的发生,延长气动元件和系统的使用寿命。

2) 气动系统常见故障包括压力异常、气动元件故障等,了解故障现象,掌握其产生原因和排除方法,有助于快速解决问题。

3) 气动系统维修工作应基于对气动系统及元件性能的了解,正确判定故障源,按照规范的操作步骤,进行拆卸、清洗、更换、装配、试验,完成检修工作,尽快恢复系统正常运行。

(五) 思考与练习

1. 填空题

1) 一套气动设备,如果不注意维护保养工作,就会_____。

2) 气动系统压力异常的故障可分为_____、_____和_____。

3) 气动系统的维修周期,只能根据_____来确定。一般安排是每隔_____时间大修_____次。

2. 判断题

1) 经常性维护工作主要包括冷凝水排放、检查润滑油和空气压缩机系统的管理等。(　　)

2) 每周维护工作的主要内容是漏气检查和油雾器管理。(　　)

3) 阀体漏气可能是弹簧松弛的缘故,可以采用张紧弹簧的措施。(　　)

3. 选择题

1) 气缸不动作的原因可能是_____。
 A. 杂质挤入密封面　　　　B. 活塞配合面有缺陷
 C. 密封圈损坏　　　　　　D. 润滑不良

2) _____不属于压力异常故障。
 A. 气路无气压　　　　　　B. 供压不足
 C. 异常高压　　　　　　　D. 阀体漏气

3) 气缸密封件损坏可能导致_____。
 A. 气缸不动作　　　　　　B. 供压不足
 C. 压力调不高　　　　　　D. 气缸动作速度太慢

4. 问答题

1) 为什么气动元件和气动控制系统需要维护保养?

2) 经常性维护工作通常包括哪几项内容?

3) 换向阀不能换向的原因是什么?如何排除?

4) 气液联用缸内产生气泡有何不良后果?如何避免?

5) 气缸漏气可能产生在哪些部位?如何解决?

6) 油雾器不滴油的原因有哪些?如何使油雾器滴油正常?

任务三　卧式加工中心液压气动系统的故障诊断及维修

(一) 任务描述

认识卧式加工中心液压与气动系统的配置,能分析卧式加工中心液压气动系统的工作原理,了解其液压站、刀库等常见故障的诊断与排查，熟悉其气动装置的维护及保养。

（二）任务目标

了解卧式加工中心等典型数控机床液压系统的常见故障及处理方法，熟悉卧式加工中心气动系统的维护与保养。

（三）任务实施

1. 卧式加工中心液压系统的常见故障及维修

下面以纽威数控装备（苏州）有限公司生产的卧式加工中心 HM634TP 为例分析。

（1）液压站的组建

1）液压系统简介。卧式加工中心 HM634TP 液压系统选用国内外优质液压元件和附件，并且所有液压阀的控制回路均采用集成油路块式结构，从而使本系统液压站具有结构紧凑、性能可靠、泄漏量少及便于维修等优点。

本系统采用封闭式油箱结构，选用柱塞变量泵，并在吸油管路及回油管路上装有过滤器，因此系统中的油液能够很好地保持清洁，从而降低系统的故障率，延长元件的使用寿命。该液压站的实物图如图 9-3-1 所示。

图 9-3-1　卧式加工中心 HM634TP 液压站的实物图

2）液压系统的主要技术参数。

① 系统工作压力：7MPa。

② 系统额定流量：50L/min。

③ 电动机泵组：电动机型号为 7.5P-4H523；电动机功率为 5.5kW；电动机转速为 1430r/min；电动机工作电源为 AC380V/50Hz；柱塞变量泵型号为 V38A2R。

④ 电磁换向阀工作电压：DC24V。

⑤ 系统工作介质：46 号抗磨液压油。

⑥ 介质正常工作温度：30~55℃。

⑦ 介质污染度等级：NAS10 级（NAS1638 标准）。

3) 液压系统的工作原理。卧式加工中心 HM634TP 液压动力源的工作原理如图 9-3-2 所示。

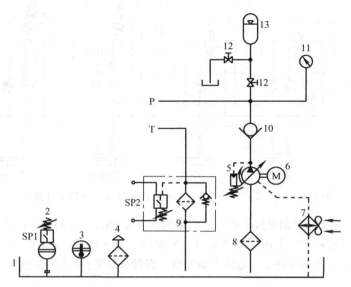

图 9-3-2　卧式加工中心 HM634TP 液压动力源工作原理

卧式加工中心 HM634TP 液压主系统的工作原理如图 9-3-3 所示。

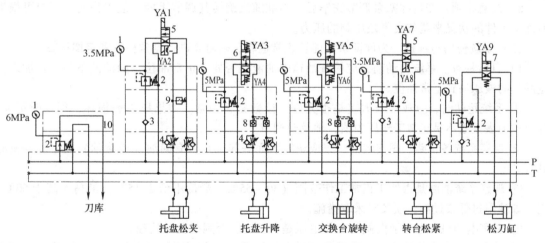

图 9-3-3　卧式加工中心 HM634TP 液压主系统的工作原理

卧式加工中心 HM634TP 配置的刀库液压系统如图 9-3-4 所示。

(2) 系统调试

1) 系统安装完毕后, 应首先根据其液压原理图、电气原理图和安装图检查是否正确无误, 否则须及时改正。

2) 检查无误后, 参阅液压主系统的工作原理图 (图 9-3-3), 对系统进行调试。

3) 用过滤精度为 $10\mu m$ 的滤油车通过油箱上的空气滤清器加入 46 号抗磨液压油至正常油位。

4) 点动电动机, 观察其转向是否为右转, 否则须及时处理。

5) 起动电动机, 当系统压力达到 7MPa 后, 分别调节 6 个叠加式减压阀, 使之达到规定的压力, 然后起动机床执行机构, 观察是否满足要求, 否则须重新调节。

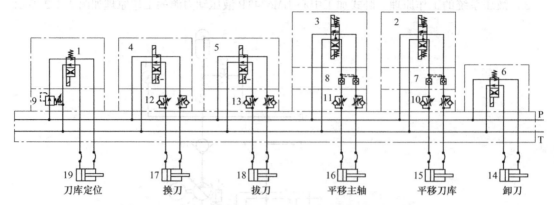

图 9-3-4 卧式加工中心 HM634TP 刀库液压系统的工作原理

6）本系统出厂前，已经调整好了变量柱塞泵的压力为 7MPa，一般不需再调整，如需重新调整系统压力，应调节变量柱塞泵上面的调节螺钉（顺时针为增加压力，逆时针为减小压力）。6 个叠加式减压阀的压力也已经调整好了，如需重新调整，应调节其调节手柄（顺时针为增加压力，逆时针为减小压力）。

7）以上各项工作完成后，应检查系统各管路、阀安装面、集成块安装面等部位是否有漏油（或渗油）现象，并检查所有的紧固螺钉是否有松动现象，否则须及时处理。

8）注意事项：变量柱塞泵调节完毕后，不准随意旋转其调节手柄；但工作时，用户可根据所加工工件的状况来调节夹紧减压阀的压力。

(3) 系统使用与维护　为保证系统能够正常运转，须对其进行日常检查和定期检查。

1）日常检查。系统启动前，应检查油箱中油液是否处于正常油位，如油液不足，须加入指定牌号的液压油到正常油位。

① 系统运转时，应观察压力表是否完好、读数是否正常。如果压力表损坏，须及时更换；如果压力表读数不是正常工作压力值，须及时调节。

② 观察系统各管路、阀安装面、集成块安装面等部位是否有漏油（或渗油）现象，并及时处理。

③ 观察系统油温是否处于正常工作范围（30～55℃，最低不低于15℃，最高不高于60℃）内，如油温过低或过高，须及时采取措施。

④ 观察电动机和电磁换向阀的工作电压是否稳定，否则须及时处理。

⑤ 听电动机和变量柱塞泵的噪声是否正常，如噪声过大，须及时查找原因，以防止损坏电动机和变量柱塞泵。

2）定期检查。

① 应至少每三个月检查一次所有管接头和紧固螺钉是否有松动现象，如果有须及时紧固。

② 应至少每年校验一次压力表，以保证其示值准确无误。

③ 根据现场使用情况，定期换吸油过滤器和高压油管。

④ 当液压油被污染，超出系统所要求的污染度等级（NAS10级）时，须及时更换液压油。为保证液压油的污染度能满足系统要求，应至少半年更换一次液压油。

⑤ 停机 4h 以上时，应先让泵空转 5min，再起动机床执行机构。

⑥ 各液压元、附件未经主管部门同意，任何人不得私自调节或拆换。

⑦ 系统出现故障时，不准擅自乱动，应立即通知主管部门维修。

⑧ 系统大修时，一般不允许拆开泵、阀等主要液压元件。有条件的单位可根据情况拆卸检查，但组装完毕后一定要上试验台试验，确认满足要求后才能使用，否则须更换。

3) 更换液压油时的注意事项。

① 更换（或补加）的新液压油必须是本系统指定牌号的液压油，并且符合相关标准，否则不准更换（或补加）。

② 更换液压油时，必须将油箱里的旧油全部排出，并把油箱清洗干净。

③ 新液压油只有过滤后才能加入油箱，过滤精度不低于系统的过滤精度。建议用过滤精度为 $10\mu m$ 的滤油车，并通过油箱上的空气滤清器加油。

④ 加油时，应注意油桶口、滤油车进出油管和空气滤清器等处的清洁。

(4) 系统常见故障及排除方法　卧式加工中心 HM634TP 液压系统常见故障现象、产生原因及排除方法见表 9-3-1。

表 9-3-1　卧式加工中心 HM634TP 液压系统常见故障现象、产生原因及排除方法

故障现象	产生原因	排除方法
泵不出油或系统无压力	1. 液压泵转向不对 2. 吸油过滤器严重堵塞 3. 吸油管路严重漏气 4. 油箱油面过低 5. 泵磨损或损坏 6. 液压油的黏度太高 7. 液压油温度太低	1. 改变泵的转向 2. 清洗或更换过滤器 3. 拧紧吸油管 4. 油面应符合规定要求 5. 修复或更换液压泵 6. 油的黏度要合适 7. 油的温度要适中
泵噪声过大	1. 吸油过滤器堵塞 2. 吸油管漏气 3. 泵磨损或损坏 4. 液压油太脏	1. 清洗或更换过滤器 2. 拧紧吸油管 3. 修复或更换液压泵 4. 更换液压油
减压阀出口压力过高、过低或不稳定	1. 调压弹簧变形 2. 阀芯卡死或变形 3. 液压油太脏	1. 更换调压弹簧或减压阀 2. 修复阀芯或更换减压阀 3. 更换液压油
电磁换向阀不能换向	1. 阀芯卡死 2. 电磁铁烧坏 3. 液压油太脏	1. 修复或更换电磁阀 2. 更换电磁铁或电磁阀 3. 更换液压油

2. 卧式加工中心气动系统的维护与保养

(1) 气动系统的组建　卧式加工中心 HM634TP 主轴吹气的动作是依靠压缩空气来实现的，还有一些其他辅助动作，包括自动门开关、副工作台定位、锥座吹气、气密检测及主轴气封等，也是由气压驱动的。其气动系统的工作原理如图 9-3-5 所示。

气源要求：机床气源流量要求大于 500L/min，气源压力为 0.6~0.8MPa。气压经过除去水分后将压缩空气送至各个执行口。过滤器具有除水作用，分离出的水从过滤器底部排出，但是用户也应该经常检查排水阀是否堵塞。

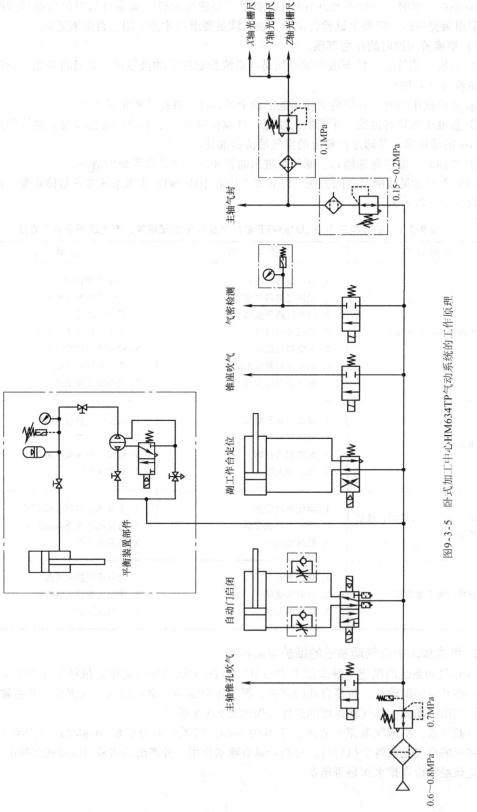

图9-3-5 卧式加工中心HM634TP气动系统的工作原理

(2) 气动系统的维护　气动系统的维护周期比较长，日检中发现空气过滤器中滤芯的颜色已经变暗，此时需更换滤芯；如果定期检查时发现过滤器进、出口压力差较大，说明滤芯已经堵塞，需要更换滤芯。空气过滤器清理周期为半年。

空气过滤器的清理步骤如下：

1）切断气源。
2）按住过滤器上的按钮，旋转罩杯（左、右旋转均可），取下过滤器的杯罩及滤芯。
3）如果杯罩底部附有污垢，可用中性清洗剂冲洗杯罩，洗后用喷气枪吹干。
4）将空气组合元件按拆装顺序安装好。

（四）任务小结

1）卧式加工中心 HM634TP 同时配置了液压系统和气动装置。
2）机床液压系统的故障来源很多，包括液压泵、液压阀及液压油等，需要针对实际情况进行具体分析。
3）对气动系统进行正确的维护与保养，有助于保障系统的正常运行。

（五）思考与练习

分析题

1）试说明卧式加工中心 HM634TP 液压动力源各元件的名称及功能。
2）试分析卧式加工中心 HM634TP 液压主系统的结构组成及工作原理。
3）试分析卧式加工中心 HM634TP 刀库液压系统主要由哪些基本回路组成。
4）简述卧式加工中心 HM634TP 气动系统空气过滤器的维护和保养措施。

附 录

附录 A 液压元件图形符号

（摘自 GB/T 786.1—2009）

附表 A-1 基本符号、管路及连接

名称及描述	图形符号	名称及描述	图形符号
工作管路		组合元件线	
控制管路		管口在液面以上的油箱	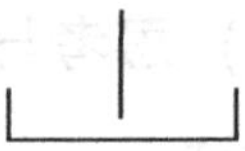
连接管路		管口在液面以下的油箱	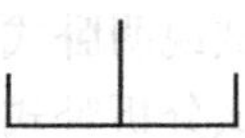
交叉管路	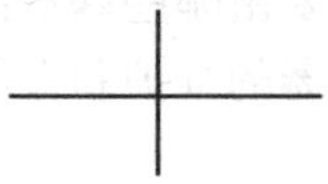	不带单向阀的快换接头，断开状态	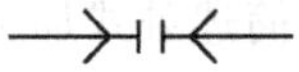
软管总成		不一个单向阀的快换接头，连续状态	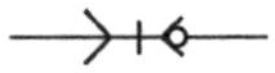

附表 A-2 控制方法

名称及描述	图形符号	名称及描述	图形符号
按钮式人力控制	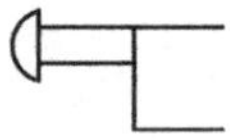	手动锁定控制机构	
手柄式人力控制	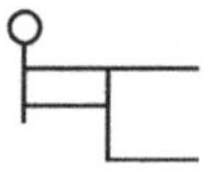	具有可调行程限制装置的顶杆	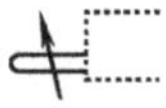
踏板式人力控制	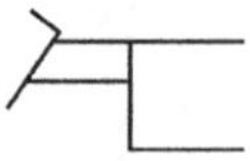	用作单方向行程操作的滚轮杠杆	
弹簧控制		电气操纵的带有外部供油的液压先导控制	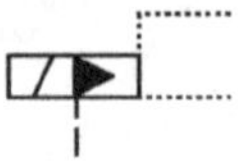
单作用电磁铁，动作指向阀芯		加压或卸压控制	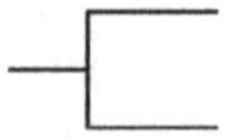
单作用电磁铁，动作背离阀芯，连续控制		内部压力控制	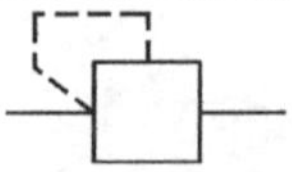

附表 A-3 液压泵、液压马达和液压缸

名称及描述	图形符号	名称及描述	图形符号
变量泵		操纵杆控制，限制转盘角度的泵	
双向流动，带外泄油路单向旋转的变量泵		限制摆动角度，双向摆动执行器	
双向变量液压泵或马达单元，双向流动，带外泄油路，双向旋转		单作用的半摆动执行器	
单向旋转的定量泵或马达		变量泵，先导控制，带压力补偿，单向旋转，带外泄油路	
单作用单杆缸，靠弹簧力返回行程，弹簧腔带连接油口		单作用伸缩缸	
双作用单杆缸		双作用伸缩缸	
双作用双杆缸，双向缓冲，右侧带调节		双作用带状无杆缸，活塞两端带终点位置缓冲	
单作用缸，柱塞缸		双作用磁性无杆缸，仅右边终端位置切换	

附表 A-4 液压控制阀

名称及描述	图形符号	名称及描述	图形符号
单向阀		二位二通电磁换向阀,常开	
单向阀,带有弹簧复位		二位四通换向阀,单电磁铁操纵,弹簧复位	
双单向阀,先导型		二位四通换向阀,双电磁铁操纵,定位销式	
二位三通换向阀,单电磁铁操纵,弹簧复位,定位销式手动定位		二位四通换向阀,电磁铁操纵液压先导控制,弹簧复位	
二位三通换向阀,滚轮杠杆控制,弹簧复位		三位四通换向阀,电磁铁操纵先导级和液压操作主阀,主阀及先导阀弹簧居中,外部先导供油和先导回油	
二位五通换向阀,踏板控制		三位五通换向阀,定位销式,各位置杠杆控制	
直动式比例方向控制阀		伺服阀,内置电反馈和集成电子器件,带预设动力故障位置	
直动式溢流阀		可调节流阀	
顺序阀,手动调节设定值		可调节流阀,单向自由流动	
顺序阀,带有旁通阀		流量控制阀,滚轮杠杆操纵,弹簧复位	
二通减压阀,直动型,外泄型		二通流量控制阀。可节流,带旁通阀,固定设置,单向流动	

(续)

名称及描述	图形符号	名称及描述	图形符号
二通减压阀，先导式，外泄型	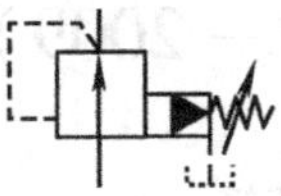	分流器，将输入流量分成两路输出	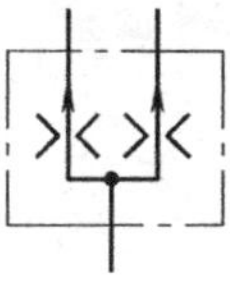
电磁溢流阀，先导式，电器操纵预设定压力	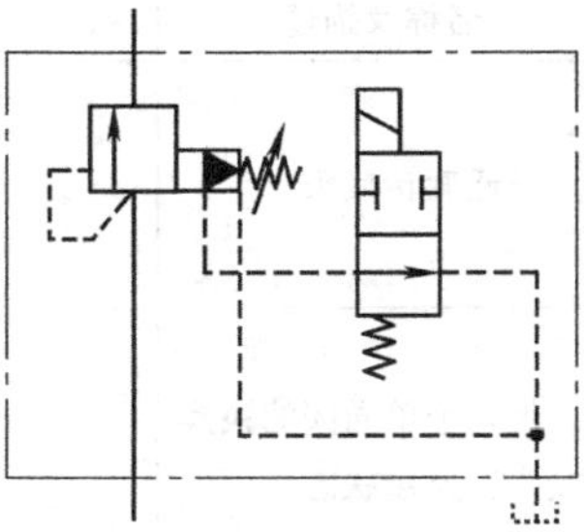	集流阀，保持两路输入流量相互恒定	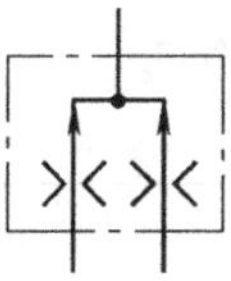
比例溢流阀，直控式	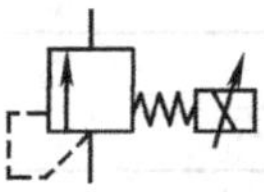	比例流量控制阀，直控式	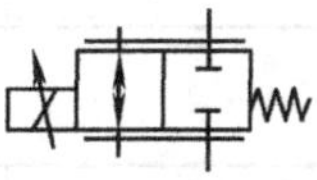

附表 A-5　液压辅助元件

名称及描述	图形符号	名称及描述	图形符号
可调节的机械电子压力继电器	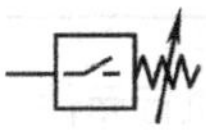	带附属磁性滤芯的过滤器	
压力表		带压力表的过滤器	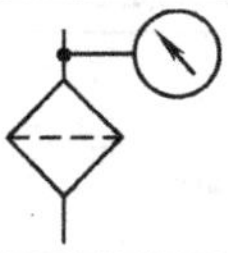
温度计		带旁路节流的过滤器	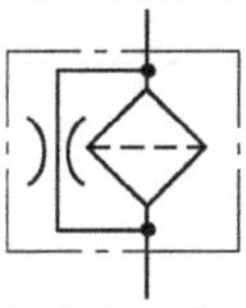
液位指示器		带旁路单向阀的过滤器	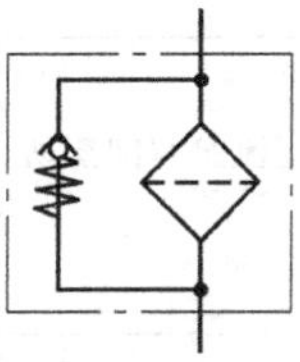
流量计	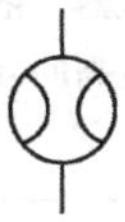	隔膜式充气蓄能器	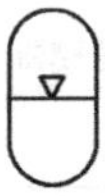
过滤器	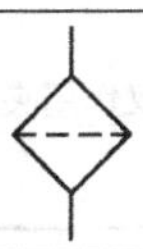	活塞式充气蓄能器	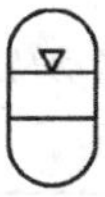

附录 B 气动元件图形符号
（摘自 GB/T 786.1—2009）

附表 B-1 管路及连接

名称及描述	图形符号	名称及描述	图形符号
直接排气口		三通旋转接头	
带连接排气口	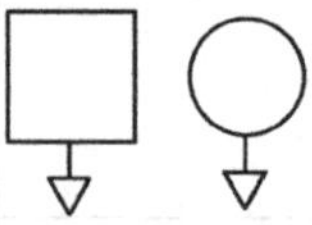	带两个单向阀的快换接头，连接状态	

附表 B-2 控制方法

名称及描述	图形符号	名称及描述	图形符号
电气操纵的气动先导控制	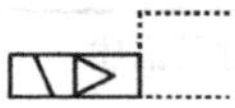	气压复位，从阀进气口提供内部压力	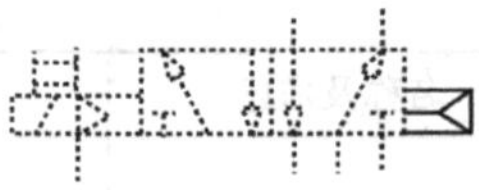

附表 B-3 气动动力元件和执行元件

名称及描述	图形符号	名称及描述	图形符号
空气压缩机	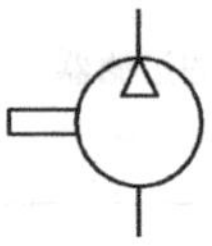	连续增压器，将气体压力转为较高的液体压力	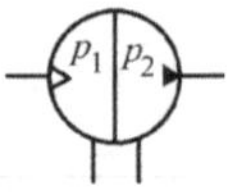
气动马达	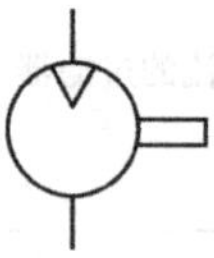	活塞杆终端带缓冲的单作用膜片缸，排气口不连接	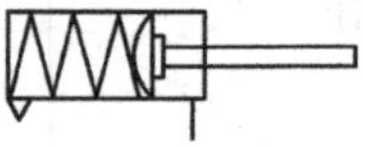
方向定流量双向摆动马达	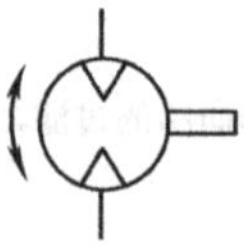	单作用压力介质转换器，将气体压力转换为等值的液体压力，反之亦然	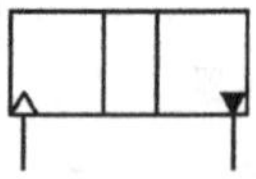
摆动气缸或摆动马达	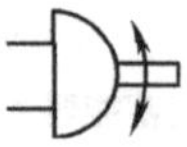	单作用增压器，将气体压力转为更高的液体压力	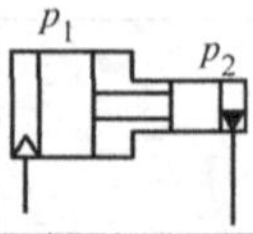
单作用的摆动马达	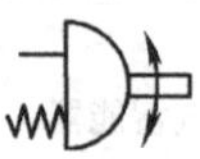	永磁活塞双作用夹具	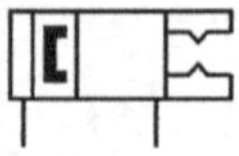

附表 B-4　气动控制元件

名称及描述	图形符号	名称及描述	图形符号
直动式溢流阀	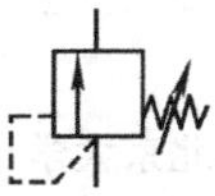	双压阀（"与"逻辑）	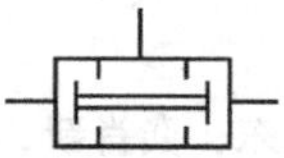
外部控制的顺序阀	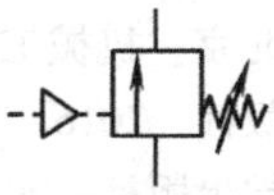	梭阀（"或"逻辑）	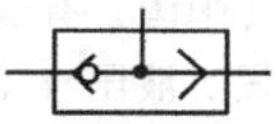
内部流向可逆调压阀	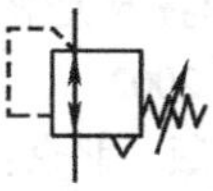	快速排气阀	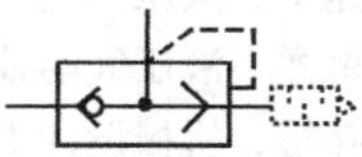
调压阀，远程先导可调，溢流，单向流动	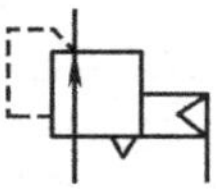	三位五通直动式气动换向阀，弹簧对中	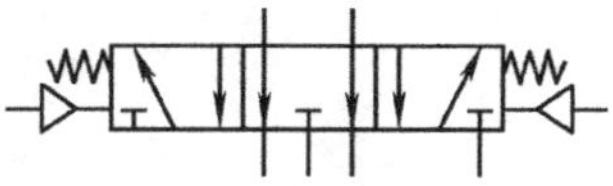

附表 B-5　气动辅助元件

名称及描述	图形符号	名称及描述	图形符号
输出开关信号，可电子调节的压力转换器		空气干燥器	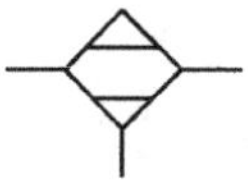
模拟信号输出压力传感器	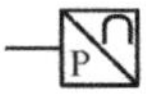	油雾器	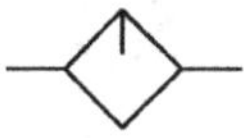
压差计		手动排水式油雾器	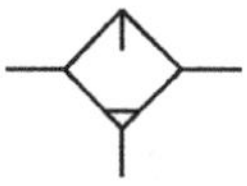
计数器		气罐	
自动排水聚结式过滤器	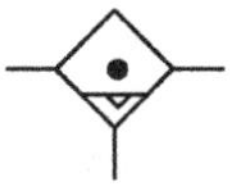	真空发生器	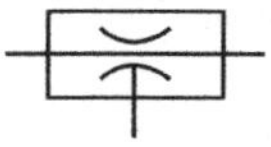
油雾分离器	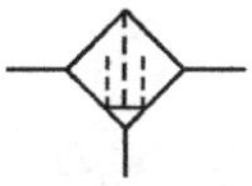	吸盘	

参 考 文 献

[1] 曹建东，龚肖新．液压传动与气动技术［M］．3版．北京：北京大学出版社，2017．
[2] 龚肖新．液压传动［M］．北京：北京大学出版社，2010．
[3] SMC（中国）有限公司．现代实用气动技术［M］．3版．北京：机械工业出版社，2008．
[4] 左健民．液压与气压传动［M］．5版．北京：机械工业出版社，2016．
[5] 赵家文．液压与气动应用技术［M］．2版．苏州：苏州大学出版社，2013．
[6] 王建军．液压与气压传动项目式教程［M］．合肥：中国科学技术大学出版社，2014．
[7] 路甬祥．液压气动技术手册［M］．北京：机械工业出版社，2002．
[8] 闻邦椿．机械设计手册：第4卷，流体传动与控制［M］．5版．北京：机械工业出版社，2010．